계절별
나무 생태도감

계절별 나무 생태도감

초판인쇄 | 2017년 4월 7일
초판발행 | 2017년 4월 14일

지 은 이 | 오찬진 · 장경수
펴 낸 이 | 고명흠
펴 낸 곳 | 푸른행복

출판등록 | 2010년 1월 22일 제312-2010-000007호
주　　소 | 경기도 고양시 덕양구 통일로 140(동산동)
　　　　　　삼송테크노밸리 B동 329호
전　　화 | (02)3216-8401 / **팩스** (02)3216-8404
E-MAIL | munyei21@hanmail.net
홈페이지 | **www.munyei.com**

ISBN 979-11-5637-065-9 (13480)

※ 이 책의 내용을 저작권자의 허락없이 복제, 복사, 인용, 무단전재하는 행위는 법으로 금지되어 있습니다.

※ 잘못된 책은 바꾸어 드립니다.

※ 이 도서의 국립중앙도서관 출판예정도서목록(CIP)은 서지정보유통지원시스템 홈페이지(http://seoj.nl.go.kr)와 국가자료공동목록시스템(http://www.nl.go.kr/kolisnet)에서 이용하실 수 있습니다.(CIP제어번호: CIP2017005042)

계 절 별
나무 생태 도감

수형, 수피, 암꽃, 수꽃, 열매, 잎 등
나무의 모든 생장과정 수록

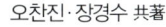

오찬진·장경수 共著

푸른행복

머리말

식물이 살아가는 데 필요한 것은 여러 가지가 있으나 그중에서 없어서는 안 될 것은 빛, 흙, 물, 공기이다. 공기는 대부분 질소와 산소로 이루어져 있는데 이 중에서 산소를 만들어내는 생명체가 바로 식물이다.

중학교 시절부터 학교에 있는 나무와 꽃 이름을 알아가며 식물에 대한 애정을 갖게 되었으며, 집 안팎에서 화분과 나무를 가꾸는 데 남다른 열정을 쏟았다.

"허구한 날 나무만 만지작거리고 있으면 밥이 나오냐, 돈이 나오냐!" 하시던 부모님의 염려가 지금은 취미이자 특기이며 직업이고, 일상생활이 되어 전국의 산과 들, 섬을 찾아다니며 나무와 풀들을 벗삼아 지내온 지도 벌써 30여 년이 되었다.

지난 17년 동안 난·온대 상록활엽수림의 보고라 할 수 있는 완도수목원에 근무하면서 보다 많은 식물에 대해 알고 싶어 우리나라 전국의 유·무인 도서 지역과 식물 자원 보고인 설악산, 한라산, 지리산, 계룡산, 속리산, 내장산, 덕유산, 오대산, 월악산, 소백산, 월출산, 무등산 등 국립공원 지역을 30년 넘도록 탐사하며, 나무, 풀들과 함께해 오고 있다. 이렇게 전국을 누비며 확보한 자료들과 그동안 쌓아 온 나무에 관한 지식을 모아 책으로 엮어 독자들에게 알려 줄 수 있는 기회를 가지게 된 것을 매우 뜻깊게 생각한다.

 이 책에는 우리나라에서 자생하거나 외국에서 들여와 심어진 주요 목본식물 323분류군이 계절별로 수록되어 있다. 323분류군에는 낙엽침엽교목 5분류군, 낙엽활엽관목 68분류군, 낙엽활엽반관목 3분류군, 낙엽활엽소교목 46분류군, 낙엽활엽교목 90분류군, 낙엽활엽덩굴성 목본 20분류군, 상록기생관목 1분류군, 상록침엽관목 1분류군, 상록침엽소교목 3분류군, 상록침엽교목 23분류군, 상록활엽관목 19분류군, 상록활엽소교목 13분류군, 상록활엽교목 22분류군, 상록덩굴성 목본 9분류군이 포함되어 있다. 또한 나무의 잎, 꽃, 열매, 수형 등 계절별 생장 사진을 수록하여 나무의 생태와 특징을 한눈에 관찰할 수 있도록 하였다. 식물 분류는 엥글러(Engler) 시스템을 참고하였고, 학명 및 국명은 국가생물종지식정보시스템을 기준으로 하였다.

 이 책을 통해 우리나라에서 자라고 있는 나무를 좀더 가깝게 느끼고 이해하며 독자 여러분이 궁금해 하는 점을 알아가는 데 많은 도움이 되기를 바란다.

2017년 2월,
지은이 씀

차례

머리말 • 4

봄 나무

가래나무
20

가문비나무
22

가시나무
24

갈매나무
26

갈참나무
28

감나무
30

감탕나무
32

개나리
34

개느삼
36

개비자나무
38

개암나무
40

개옻나무
42

갯버들
44

거제수나무
46

계수나무
48

고광나무
50

고로쇠나무
52

고욤나무
54

고추나무
56

골담초
58

곰솔
60

괴불나무
62

구상나무
64

국수나무
66

굴거리나무
68

굴참나무 70	 굴피나무 72	 귀룽나무 74	 금송 76	 까마귀밥나무 78
 까마귀베개 80	 까치박달 82	 꽝꽝나무 84	 꾸지나무 86	 꾸지뽕나무 88
 낙우송 90	 너도밤나무 92	 노간주나무 94	 노린재나무 96	 노박덩굴 98
 녹나무 100	 느티나무 102	 능금나무 104	 능수버들 106	 다래 108
 다정큼나무 110	 닥나무 112	 단풍나무 114	 당단풍나무 116	 대추나무 118

		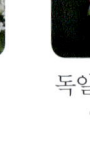		
대팻집나무 **120**	댕강나무 **122**	덜꿩나무 **124**	독일가문비 **126**	돈나무 **128**

돌가시나무 **130**	두충 **132**	등 **134**	등칡 **136**	딱총나무 **138**

땅비싸리 **140**	때죽나무 **142**	떡갈나무 **144**	뜰보리수 **146**	리기다소나무 **148**

마가목 **150**	말발도리 **152**	말오줌때 **154**	말채나무 **156**	매발톱나무 **158**

머귀나무 **160**	먼나무 **162**	멀구슬나무 **164**	멀꿀 **166**	멍석딸기 **168**

메타세쿼이아 **170**	모과나무 **172**	모란 **174**	목련 **176**	무환자나무 **178**

물오리나무 **180**	물푸레나무 **182**	미루나무 **184**	미선나무 **186**	박달나무 **188**

박쥐나무 **190**	박태기나무 **192**	밤나무 **194**	방크스소나무 **196**	배나무 **198**

백당나무 **200**	백량금 **202**	백목련 **204**	백송 **206**	백정화 **208**

백합나무 **210**	버드나무 **212**	벚나무 **214**	병꽃나무 **216**	보리수나무 **218**

복분자딸기 **220**	복사나무 **222**	복자기 **224**	분꽃나무 **226**	분비나무 **228**

붉가시나무 **230**	붓순나무 **232**	비목나무 **234**	비술나무 **236**	비자나무 **238**

뽕나무 240	사방오리 242	사스레피나무 244	사시나무 246	산가막살나무 248
산개나리 250	산돌배 252	산딸기 254	산뽕나무 256	산사나무 258
산수유 260	살구나무 262	삼나무 264	삼지닥나무 266	상산 268
상수리나무 270	생강나무 272	서어나무 274	서향 276	석류나무 278
섬잣나무 280	세쿼이아 282	소나무 284	소사나무 286	솜대 288
쇠물푸레나무 290	수수꽃다리 292	수양버들 294	스트로브잣나무 296	시무나무 298

식나무 300	신갈나무 302	신나무 304	아그배나무 306	아까시나무 308
앵도나무 310	야광나무 312	양버즘나무 314	연필향나무 316	영춘화 318
오동나무 320	오리나무 322	오미자 324	올괴불나무 326	옻나무 328
왕머루 330	왕벚나무 332	용버들 334	월계수 336	위성류 338
유동 340	유자나무 342	윤노리나무 344	으름덩굴 346	은단풍 348
은사시나무 350	은행나무 352	이나무 354	이팝나무 356	일본목련 358

일본잎갈나무 360	 잎갈나무 362	 자금우 364	 자두나무 366	 자목련 368
 자작나무 370	 잣나무 372	 장미 374	 전나무 376	 조릿대 378
 조팝나무 380	 족제비싸리 382	 졸참나무 384	 종가시나무 386	 주목 388
 중국굴피나무 390	 중국단풍 392	 진달래 394	 쪽동백나무 396	 찔레꽃 398
 참가시나무 400	 참빗살나무 402	 참죽나무 404	 처진개벚나무 406	 천선과나무 408
 철쭉 410	 청미래덩굴 412	 초피나무 414	 측백나무 416	 층층나무 418

 칠엽수 420
 큰꽃으아리 422
 태산목 424
 탱자나무 426
 팥꽃나무 428

 팥배나무 430
 팽나무 432
 편백 434
 푸조나무 436
 풀명자 438

 풍게나무 440
 함박꽃나무 442
 해당화 444
 향나무 446
 호두나무 448

 호랑가시나무 450
 홍가시나무 452
 화살나무 454
 황매화 456
 황벽나무 458

 회양목 460
 후박나무 462
 히어리 464

여름 나무

 가죽나무 468
 개다래 470
 개머루 472
 개오동 474
 계요등 476

 광나무 478
 광대싸리 480
 구기자나무 482
 구실잣밤나무 484
 귤 486

 꽃댕강나무 488
 나도밤나무 490
 나래회나무 492
 낙상홍 494
 남천 496

 노각나무 498
 누리장나무 500
 눈잣나무 502
 능소화 504
 다릅나무 506

 담쟁이덩굴 508
 담팔수 510
 두릅나무 512
 마삭줄 514
 만병초 516

| 망개나무 518 |  모감주나무 520 |  모람 522 |  무궁화 524 |  무화과나무 526 |

| 미역줄나무 528 |  배롱나무 530 |  백리향 532 |  벽오동 534 |  부용 536 |

| 붉나무 538 |  사람주나무 540 |  사위질빵 542 |  사철나무 544 |  산딸나무 546 |

| 산수국 548 |  산초나무 550 |  생달나무 552 |  섬국수나무 554 |  소태나무 556 |

| 수국 558 |  순비기나무 560 |  쉬나무 562 |  싸리 564 |  예덕나무 566 |

오갈피나무 568	오죽 570	왕대 572	우묵사스레피 574	육박나무 576
음나무 578	인동덩굴 580	자귀나무 582	작살나무 584	장구밤나무 586
정금나무 588	조록싸리 590	좀깨잎나무 592	좀작살나무 594	주엽나무 596
죽순대 598	청가시덩굴 600	층꽃나무 602	치자나무 604	칡 606
포도 608	피나무 610	피라칸다 612	합다리나무 614	헛개나무 616
협죽도 618	황칠나무 620	회화나무 622	후피향나무 624	

가을 나무

개잎갈나무
628

까마귀쪽나무
630

목서
632

박달목서
634

보리밥나무
636

보리장나무
638

비파나무
640

상동나무
642

송악
644

차나무
646

참느릅나무
648

참식나무
650

통탈목
652

팔손이
654

겨울 나무

겨우살이
658

동백나무
660

매실나무
662

초령목
664

풍년화
666

봄
나무

가래나무_수피 호두나무_잎(왼쪽), 가래나무_잎(오른쪽)

옛날에는 조상의 무덤가에 소나무와 가래나무를 많이 심었다. 이를 잘 가꾸는 것이 조상에게 효도하는 것으로 여겼으며, 뽕나무와 더불어 집 근처에 심어 유산으로 삼았다.

가래나무

학명 *Juglans mandshurica* Maxim.
과명 가래나무과
형태 낙엽활엽교목
꽃 4~5월
열매 9~10월

가래나무_잎

가래나무_암꽃　　　　　　　　　가래나무_수꽃

가래나무_열매(미성숙)　　　가래나무_씨앗　　　　가래나무_씨앗 속

생태적 특성

  열매가 흙을 파헤치는 농기구 가래를 닮았다고 해서 붙여진 이름이다. 한자로는 추목(楸木) 또는 추자목(楸子木), 핵도추(核桃楸)라고 한다. 또 승려들의 염주를 만드는 데 쓰이고, 손 안에 넣고 지압용으로 사용한다. 한편 덜 익은 열매의 겉껍질이나 잎에는 독성이 있어서 이것을 찧어 냇가나 개울가에 풀어 놓아 물고기들을 마취시켜 잡기도 하며, 열매의 겉껍질은 물감을 들이는 염료용으로도 사용한다.

  낙엽활엽교목으로 높이는 20m이고 지름이 80cm이다. 줄기는 암회색으로 곧게 자라고 수피는 세로로 갈라지며 가지는 굵다. 잎은 기수우상복엽이고 타원형의 소엽이 7~17개씩 달려 있으며 소엽의 가장자리는 잔톱니가 있으나 점차 없어진다. 수꽃은 길게 늘어져서 녹갈색으로 피고 암꽃은 가지 끝에 5~10개가 나오며 암술머리는 빨갛고 4~5월에 핀다. 핵과인 열매는 난원형으로 녹색이며 선모로 덮이고 안쪽열매껍질(내열매껍질)는 8개의 능각이 지고 종자는 끝이 뾰족한 난형으로 9~10월에 익는다.

가문비나무 하면 우선 이름이 예쁘다. 한자로 흑껍질눈(黑皮木)이라고 하는데, 이 흑껍질눈이 검은피나무로 불리다 가문비나무로 바뀌었을 것으로 생각된다.

가문비나무

- **학명** *Picea jezoensis* (Siebold & Zucc.) Carrière
- **과명** 소나무과
- **형태** 상록침엽교목
- **꽃** 5~6월
- **열매** 9~10월

가문비나무_잎

가문비나무_잎차례

가문비나무_암꽃

가문비나무_열매

가문비나무_수피

생태적 특성

　가문비나무 하면 우선 이름이 예쁘다. 가문비라는 이름은 수피가 검은 데에서 유래한다. 한자로 흑껍질눈(黑皮木)이라고 하는데, 이 흑껍질눈이 검은 피나무로 불리다 가문비나무로 바뀌었을 것으로 생각된다. 수형이 탑처럼 생겨서 탑회(塔檜)라고도 하며, 생선 비늘처럼 생긴 잎을 가졌다고 해서 어린송(魚鱗松) 또는 어린운삼(魚鱗云杉)이라고도 부르고, 간단히 감비라고도 한다.

　밋밋한 듯하면서도 곧게 자라는 나무로 높이는 $40m$ 이상까지 자라며, 지름이 $1m$ 이상 자란다. 수피는 검은빛을 띤 갈색으로 비늘처럼 벗겨진다. 잎은 길이 1~2cm의 줄 모양으로 뾰족하고 곧거나 구부러지며, 뒷면에 공기구멍이 나 있다. 암수한그루로 꽃은 5~6월에 핀다. 수꽃은 원통 모양으로 황갈색이며, 암꽃은 난상의 타원형으로 자줏빛이다. 종자는 난형으로 끝이 둥글고 9~10월에 익는다.

가시나무_수피

가시나무_새잎

가시나무는 일본어로 참나무를 뜻하는 '가시(かし)'에 그 어원이 있는 것으로 보이며, 이러한 이유로 상록활엽성 참나무류 '가시'라는 말이 붙었다. 한자명은 소엽청풍(小葉靑風)이다.

가시나무

- **학명** *Quercus myrsinifolia* Blume
- **과명** 참나무과
- **형태** 상록활엽교목
- **꽃** 4~5월
- **열매** 10~11월

가시나무_잎(앞면)

가시나무_잎(뒷면)

가시나무_암꽃

가시나무_열매

가시나무_수꽃

생태적 특성

 가시나무는 일본어로 참나무를 뜻하는 '가시(かし)'에 그 어원이 있는 것으로 보이며, 이러한 이유로 상록활엽성 참나무류에 '가시'라는 말이 붙었다. 가시나무의 한자명은 소엽청풍(小葉青風)이다.

 상록활엽교목으로 난대림의 대표적인 나무이다. 높이는 15m 정도이고 지름이 50cm 이상으로 줄기는 곧게 자라 둥근 수형을 이룬다. 수피는 회흑색이고 평활하며 작은 가지에는 털이 없다. 잎은 어긋나며 타원상의 피침형으로 상반부나 가장자리에 잔톱니가 나 있다. 수꽃은 여러 개가 전년 가지에 밑으로 매달려 피고 암꽃은 새 가지에 위로 서며 4~5월에 핀다. 각두는 견과를 1/3~1/2 정도 감싸며 견과는 난형의 타원형으로 10~11월에 익는다.

갈매나무_수피

갈매나무_잎차례

짙은 초록색을 갈맷빛이라고 부른다. 여기에서 갈매라는 말은 갈매나무의 열매로 크기는 팥알만 하고 둥글며 짙은 초록색에서 검은색으로 익는다.

갈매나무

- **학명** *Rhamnus davurica* Pall.
- **과명** 갈매나무과
- **형태** 낙엽활엽관목 또는 소교목
- **꽃** 5~6월
- **열매** 9~10월

갈매나무_잎

갈매나무_꽃   갈매나무_열매

생태적 특성

짙은 초록색을 갈맷빛이라고 부른다. 여기에서 갈매라는 말은 갈매나무의 열매를 말하는데, 갈매나무 열매는 크기가 팥알만 하고 둥글며 짙은 초록색에서 검은색으로 익는다. 갈매나무는 한자로 서리(鼠李)라고 말하며, 짝자래나무의 이명으로도 사용된다.

낙엽활엽관목 또는 소교목으로 높이는 $5m$ 정도이고 수피는 회백색으로 무늬가 옆으로 난다. 잎은 마주나며 타원상의 도란형 및 긴 타원형이고 가장자리에 둔한 잔톱니가 있다. 꽃은 암수딴그루로 가지의 밑부분 잎겨드랑이에 1~2개씩 5~6월에 황록색으로 핀다. 열매는 팥알만 하고 둥근 핵과로 짙은 초록색에서 9~10월에 검은색으로 익는다. 작은 가지의 끝이 가시로 변하는 특징이 있다.

갈참나무_수피

갈참나무_새순

갈참나무는 낙엽이 떨어지는 참나무, 가을참나무라는 의미이다. 즉 가을에 단풍이 들어 잎이 지고 봄에 새로운 잎으로 갈아입는 나무라는 뜻이다.

갈참나무

- **학명** *Quercus aliena* Blume
- **과명** 참나무과
- **형태** 낙엽활엽교목
- **꽃** 5월
- **열매** 10월

갈참나무_잎

갈참나무_잎차례

갈참나무_암꽃

갈참나무_수꽃

갈참나무_열매

갈참나무_씨앗

생태적 특성

재잘나무, 톱날갈참나무, 큰갈참나무, 홍갈참나무 등으로도 불리며 영어명은 Oriental white oak이다.

낙엽활엽교목으로 높이는 $20m$ 이상이고 지름이 $1m$까지 자란다. 수피는 세로로 얕게 갈라지고 작은 가지와 겨울눈에는 털이 있다. 잎은 도란형 및 긴 타원형으로 가장자리에 물결무늬의 톱니가 있다. 수꽃은 길게 늘어지고 암꽃은 곧게 서며 5월에 핀다. 각두는 견과를 1/2 정도 감싸고 견과는 타원상의 난형으로 10월에 익는다.

우리나라와 일본, 중국, 타이완, 아시아의 난대, 인도 등지에 분포한다. 우리나라는 전국 해발 $50~1,000m$에 자생하는데, 비옥한 곳을 좋아하고 음지와 양지에서 모두 잘 자라며 생장속도도 빠른 편이다.

감나무_수피    감나무_잎차례

감은 예로부터 우리 민족이 즐겨 먹는 과일이다. 단맛이 강한 편으로, 감나무라는 이름도 본래 단맛이 나는 열매가 맺히는 나무라 하여 달 감(甘) 자를 붙여 부르게 되었다고 한다.

감나무

- 학명 *Diospyros kaki* Thunb.
- 과명 감나무과
- 형태 낙엽활엽교목
- 꽃 5~6월
- 열매 10월

감나무_잎

감나무_암꽃

감나무_수꽃

감나무_어린 열매

감나무_열매(미성숙)

감나무_열매(성숙)

생태적 특성

　감은 예로부터 우리 민족이 즐겨 먹는 과일이다. 탄수화물, 포도당, 과당, 만니톨, 능금산, 카로틴, 리코펜, 펙틴, 카탈라아제, 비타민 C 등이 풍부하게 들어 있어 건강에도 매우 유익한 과일로 유명하다. 수정과나 곶감 등도 만들어 먹고 감식초도 만든다. 감은 단맛이 강한 편으로, 감나무라는 이름도 본래 단맛이 나는 열매가 맺히는 나무라 하여 달 감(甘) 자를 붙여 부르게 되었다고 한다. 돌감나무, 산감나무, 똘감나무와 같은 이명이 있으며, 한자명은 시수(柿樹), 유시자(油柿子)라고 한다.

　낙엽활엽교목으로 높이는 15m 정도이다. 수피는 회갈색으로 잘게 갈라지고 작은 가지에는 갈색 털이 나 있다. 잎은 어긋나고 혁질로 두꺼우며 타원상의 난형이다. 꽃은 양성화 또는 단성화로 액생하며 황백색으로 5~6월에 핀다. 열매는 장과로 난상의 원형 및 편구형이며 10월에 황홍색으로 익는다.

감탕나무_수피 　　　　　　　　　감탕나무_새잎

나무의 껍질을 찧으면 실제로 끈끈한 물질이 나오는데, 옛날에는 이것을 끈끈이용으로 쓰거나 반창고, 페인트의 재료로 사용했다.

감탕나무

- **학명** *Ilex integra* Thunb.
- **과명** 감탕나무과
- **형태** 상록활엽소교목 또는 교목
- **꽃** 3~4월
- **열매** 9~10월

감탕나무_잎

감탕나무_암꽃

감탕나무_수꽃

감탕나무_열매(미성숙)

감탕나무_열매(성숙)

감탕나무_씨앗

생태적 특성

감탕(甘湯)이란 엿을 고아낸 솥을 가시어낸 단물을 말한다. 또 메주를 쑤어 낸 솥에 남은 진한 물을 뜻하기도 하고, 새를 잡거나 나무를 붙이는 데 쓰던 찐득찐득한 풀을 말하기도 한다. 이 나무의 껍질을 찧으면 실제로 끈끈한 물질이 나오는데, 옛날에는 이것을 끈끈이용으로 쓰거나 반창고, 페인트의 재료로 사용했다. 떡가지나무, 끈제기나무라고도 하고, 한자로는 세엽동청(細葉冬靑), 전연동청(全緣冬靑)이라고 한다.

상록활엽소교목 또는 교목으로 높이는 10m 정도이고 수피는 흑갈색이며 작은 가지는 녹색이다. 잎은 혁질이며 도란형 및 긴 타원상의 도란형이다. 잎 가장자리가 밋밋하거나 윗부분에 2~3개의 톱니가 있고 양면에 털이 없다. 암수딴그루로 암꽃은 잎겨드랑이에 모여 달리며, 수꽃은 꽃자루에 여러 개가 모여 달리고 황록색으로 3~4월에 핀다. 열매는 둥글고 열매자루가 있으며 9~10월에 적색으로 익는다.

개나리_수피

개나리_잎차례

봄의 전령사는 아무래도 개나리를 최고로 칠 수 있다. 봄을 맞이하는 꽃이라고 해서 영춘화(迎春花), 꽃이 노란 종처럼 생겼다고 해서 금종화(金鍾花)라고도 한다.

개나리

- **학명** *Forsythia koreana* (Rehder) Nakai
- **과명** 물푸레나무과
- **형태** 낙엽활엽관목
- **꽃** 3~4월
- **열매** 9월

개나리_잎

개나리_새순   개나리_꽃   개나리_열매

생태적 특성

개나리라는 이름은 나리에 '개'를 붙인 것으로, 곧 좋지 않은 나리라는 의미라고 한다. 긴 가지에 달려 있는 노란 꽃의 모습이 새의 긴 꼬리 같다고 해서 한자로 연교(連翹)라고 한 것을 풀어 썼다는 설도 있다. 신리화, 가을개나리, 어사리, 서리개나리, 개나리꽃나무 등으로도 불리며, 봄을 맞이하는 꽃이라고 해서 영춘화(迎春花), 꽃이 노란 종처럼 생겼다고 해서 금종화(金鍾花)라고도 한다.

낙엽활엽관목으로 높이는 $3m$ 정도이고 밑에서 많은 줄기를 낸다. 높은 곳에서는 밑으로, 낮은 곳에서는 위로 자라는 특성이 있다. 작은 가지는 녹색이지만 점차 회갈색을 띠게 된다. 잎은 마주나고 난형의 긴 타원형으로 피침형이다. 어린 가지의 잎은 3개로 깊게 갈라지는 것이 많고 위쪽 가장자리에 톱니가 있거나 밋밋하다.

암수딴그루로 꽃은 잎겨드랑이에 1~3개씩 달리며 화관은 종 모양이고 3~4월에 잎이 나기 전에 핀다. 열매는 난형이며 삭과로 겉에 사마귀 같은 돌기 모양이 있으며 9월에 익는다.

우리나라에서만 자생하는 특산종이다. 강원도 양구 개느삼 자생지는 천연기념물 제372호로 지정되었다. 그리고 2010년 지리산 칠선 계곡 근처에서도 군락지가 발견되었다.

개느삼

학명	*Echinosophora koreensis* (Nakai) Nakai
과명	콩과
형태	낙엽활엽관목
꽃	5월
열매	7월

개느삼_잎과 잎차례

개느삼_꽃　　　　　　개느삼_열매　　　　　　개느삼_수피

생태적 특성

느삼과 비슷하다고 해서 개느삼이라고 하며 개능함, 개미풀, 개너삼, 느삼나무, 구고삼(狗苦蔘)이라고도 한다. 그런데 아쉽게도 느삼이라는 식물명은 없고, 고삼이라고 해서 개느삼과 거의 흡사한 약재용 식물이 존재한다. 이 뿌리를 흔히 '쓴너삼뿌리'라고 하는데, 이와 비슷하다고 해서 개느삼이라고 한 것으로 생각된다.

낙엽활엽관목으로 높이는 $1m$ 정도이고 땅속줄기로 번식한다. 줄기는 곧게 자라고 가지는 털이 있고 암갈색이며 겨울눈은 털로 덮여 있어 잘 보이지 않는다. 잎은 어긋나고 13~17개의 소엽으로 된 기수우상복엽이며 소엽은 타원형이고 끝이 원형이며 잎맥 끝이 약간 오목하게 파여 있다. 소엽의 뒷면에 흰색 밀모가 있으며 소엽 잎자루와 꽃대에 털이 많다. 꽃은 5~6개가 모여 새로 난 가지 끝에 총상화서를 이루고 피침형 소포가 있으며 황색으로 5월에 핀다. 열매는 협과로 겉에 돌기가 많고 7월에 익는다.

개비자나무_수피

개비자나무_새순

비자나무에 '개' 자가 붙었으니 본래의 비자나무보다 좀 떨어지는 나무라는 뜻이다. 하지만 실제 개비자나무를 보면 나무 형태가 깨끗하고 붉은 열매가 아름답다.

개비자나무

- **학명** *Cephalotaxus koreana* Nakai
- **과명** 개비자나무과
- **형태** 상록침엽관목 또는 소교목
- **꽃** 3~4월
- **열매** 이듬해 9~10월

개비자나무_잎

개비자나무_암꽃

개비자나무_수꽃

개비자나무_열매(성숙)

개비자나무_열매(1년생)

개비자나무_씨앗

생태적 특성

개비자나무라는 이름은 잎 모양이 비자나무처럼 아닐 비(非) 자로 배열되어 붙여졌다. 좀비자나무, 조선조비(朝鮮粗榧)라고도 하는데, 학명(*Cephalotaxus koreana*)에도 붙어 있듯 우리나라가 원산지이다.

우리나라 중부 이남 해발 100~1,300m의 계곡과 산기슭에 자생하는 개비자나무과의 상록침엽관목 또는 소교목으로 높이는 3~6m 정도이고 지름은 5cm이다.

수피는 짙은 갈색으로 세로로 갈라지며 벗겨지는 것이 특징이다. 잎은 선형으로 끝이 뾰족한 것이 비자나무 잎과 닮았으나 부드러워 쉽게 휘어지며 따갑지 않은 것이 다른 점이다. 또 잎의 주맥이 양면에 도드라지고 뒷면에는 두 줄로 된 숨구멍이 있다. 암수딴그루로 꽃은 3~4월에 피는데, 수꽃은 잎겨드랑이 아래쪽에 20~30송이가 주렁주렁 모여 달리고, 암꽃은 가지 끝에 2송이씩 달린다. 열매는 타원형으로 이듬해 9~10월에 붉게 익는다.

개암이 커피의 맛을 더 좋게 내는 데에도 쓰이니 바로 헤이즐넛이 그것이다.
헤이즐넛이란 개암나무의 열매를 뜻한다.

개암나무

- **학명** *Corylus heterophylla* Fisch. ex Trautv.
- **과명** 자작나무과
- **형태** 낙엽활엽관목 또는 소교목
- **꽃** 3~4월
- **열매** 9~10월

개암나무_잎

개암나무_암꽃 개암나무_수꽃

개암나무_열매 개암나무_수피

생태적 특성

산에 나는 하얀 열매란 뜻으로 한자로는 산백과(山白果)라고 하기도 하며, 개암나무 진(榛) 자를 붙여서 대진수(大榛樹)라고도 한다. 난퇴잎개암나무, 개암나무, 물개암나무, 깨금나무, 난퇴물개암나무 등으로도 불리는데, 개암나무와 난티잎개암나무를 별도로 구분하기도 하고 통합해 부르기도 한다. 전라도에서는 깨금, 제주도에서는 처낭이라고 한다.

낙엽활엽관목 또는 소교목으로 높이는 $3m$ 정도이고 수피는 회갈색이며 겨울눈은 난형이다. 잎은 도란상 긴 타원형 및 장원형으로 앞면은 털이 있다가 없어지고 자주색의 무늬가 있으며 뒷면에는 녹황색으로 잔털이 있으며 측맥에는 샘털이 나 있다. 수꽃은 전년도 가지에 2~5개가 밑으로 처지며 달리고, 암꽃은 겨울눈 같은 붉은 암술대가 선단에서 나오고 3~4월에 핀다. 열매는 2~6개가 모여 달리거나 1개씩 달리며 과포는 종 모양으로 잎처럼 발달하여 열매를 둘러싸고 견과는 구형으로 9~10월에 갈색으로 익는다.

개옻나무_수피

개옻나무_새순

옻나무나 개옻나무는 우리나라 산에 지천으로 자라는데, 중요한 점은 옻나무는 재배하던 것이 야생화된 것이고, 개옻나무는 우리나라에 본래부터 자생하던 수종이다.

개옻나무

학명 *Rhus trichocarpa* Miq.
과명 옻나무과
형태 낙엽활엽소교목
꽃 5~7월
열매 10월

개옻나무_잎

개옻나무_암꽃

개옻나무_수꽃

개옻나무_열매

개옻나무_단풍

생태적 특성

옻나무와 비슷하게 생겼지만 옻을 채취하는 진짜 옻나무가 아니라고 하여 '개' 자를 붙인 것이다. 개옷나무, 새옷나무, 털옻나무, 털옷나무라고도 한다. 옻나무나 개옻나무는 우리나라 산에 지천으로 자라는데, 중요한 점은 옻나무는 재배하던 것이 야생화된 것이고, 개옻나무는 우리나라에 본래부터 자생하던 수종이다.

낙엽활엽소교목으로 높이는 $7m$ 정도이다. 줄기껍질은 회갈색으로 세로줄이 있고 작은 가지에는 갈색의 짧은 털이 나 있다. 잎은 어긋나며 기수우상복엽이며, 소엽은 난형 및 긴 타원형으로 13~17개이다. 잎 뒷면에 털이 있으며 잎자루는 짧고 꽃은 암수딴그루로 5~7월에 누런색으로 핀다. 꽃차례가 아래를 향하는 점은 옻나무과 다른 점이다. 열매는 암나무에만 달리는데 둥글납작하며 겉에 가시와 털이 많고 10월에 황갈색으로 익는다. 잎은 가을에 붉은 빛으로 물든다.

갯버들_수피

갯버들_꽃눈

학명에서 *Salix*는 고대 켈트 어로 '가까이'라는 뜻의 sal과 물을 뜻하는 lis 의 합성어로서 물에 가까이 사는 갯버들의 특징을 나타낸다.

갯버들

- **학명** *Salix gracilistyla* Miq.
- **과명** 버드나무과
- **형태** 낙엽활엽관목
- **꽃** 3~4월
- **열매** 4~5월

갯버들_잎

갯버들_암꽃   갯버들_수꽃

갯버들_열매   갯버들_씨앗

생태적 특성

 버들은 가지가 부드럽다는 뜻에서 부들나무가 되었고, 다시 버드나무로 되었다는 설이 있다. 버들 또는 버드나무라고 일컫는 종류는 우리나라에만도 30여 종이나 되는데, '갯'이라는 접두어는 개울가에서 주로 자라기 때문에 붙여진 것이다. 흔히 버들강아지라고도 한다.

 낙엽활엽관목으로 높이는 $2m$ 정도이다. 뿌리 근처에서 가지가 여러 개 나오고 작은 가지는 황록색으로 털이 있으나 곧 없어진다. 잎은 도피침형이거나 넓은 피침형으로 양끝이 뾰족하다. 암수딴그루로 수꽃은 전년 가지에 액생하며 암꽃은 타원형으로 3~4월에 잎보다 먼저 핀다. 열매는 긴 타원형으로 털이 나 있고 4~5월에 익는다.

거제수나무_수피    거제수나무_잎

고로쇠나무, 층층나무와 함께 우리나라 3대 수액 채취 나무로 손꼽힌다. 고로쇠나무 수액보다 단맛이 덜하고 곡우에는 빛깔이 불그스름해진다.

거제수나무

- **학명** *Betula costata* Trautv.
- **과명** 자작나무과
- **형태** 낙엽활엽교목
- **꽃** 5~6월
- **열매** 9~10월

거제수나무_잎차례

거제수나무_암꽃 거제수나무_수꽃 거제수나무_열매

거제수나무_자생지

생태적 특성

열로 인한 병을 막아주는 수액이 나오는 나무라고 하여 거재수(去災樹)나무로 불리던 이름이 바뀌어 거제수나무로 불리게 되었다. 실제로 수액에는 황, 칼륨, 칼슘, 염소, 나트륨, 마그네슘, 망간 등 미네랄 성분과 과당이 들어 있다. 경상도에서는 거자수나무라 부르며 물자작나무, 자작나무, 무재작이 등으로도 불린다. 황화수(黃樺樹), 풍엽(風葉), 석화(碩樺)라고도 한다.

낙엽활엽교목으로 높이 30m 이상, 지름 1m까지 자란다. 줄기는 곧고 가지는 짧고 가늘며 수피는 홍황색이다. 줄기껍질이 얇은 종잇장을 덧댄 듯이 너덜너덜하며 얇은 조각처럼 벗겨진다. 잎은 난형의 타원형으로 끝이 뾰족하고 어긋난다. 암수한그루로 꽃은 5~6월에 피며 열매는 9~10월에 도란형으로 익으며 날개가 있다.

고로쇠나무, 층층나무와 함께 우리나라 3대 수액 채취 나무로 손꼽힌다. 3~4월 고로쇠나무 수액 채취가 끝날 무렵, 거제수나무 수액이 나오는데 고로쇠나무 수액보다 단맛이 덜하고 곡우에는 빛깔이 불그스름해진다.

계수나무_수형   계수나무_수형(가을)

연향수(連香樹), 산백과(山白科), 계(桂), 오군수(五君樹)라고도 한다. 연향수는 '연이어서 향기가 계속 나는 나무'라는 뜻이다.

계수나무

학명 *Cercidiphyllum japonicum* Siebold & Zucc. ex J. J. Hoffm. & J. H. Schult. bis
과명 계수나무과
형태 낙엽활엽교목
꽃 4~5월
열매 8월

계수나무_잎(앞면과 뒷면)

계수나무_새잎

계수나무_암꽃

계수나무_수꽃

계수나무_열매

계수나무_꼬투리

계수나무_수피

생태적 특성

연향수(連香樹), 산백과(山白科), 계(桂), 오군수(五君樹)라고도 한다. 이 중 연향수라는 이름은 '연이어서 계속 향기가 나는 나무'라는 뜻이다. 비슷한 명칭으로는 월계수가 있는데, 월계수는 녹나무과에 속하는 나무로, 그리스 신화에 나오는 해의 신 아폴론이 짝사랑하던 다프네를 끈질기게 쫓아다니자 그녀가 한 그루의 월계수로 변해 버렸다는 이야기가 서려 있다.

낙엽활엽교목으로 높이는 27m이고 지름이 1.3m이다. 수피는 붉은 갈색으로 세로로 얇게 갈라져서 박편상으로 떨어진다. 잎은 원형 및 난원형이며 가장자리에는 물결무늬의 톱니가 있고 5~7개의 장상맥이 나 있다. 꽃은 암수딴그루로 잎겨드랑이에 1개씩 4~5월에 피는데 향기가 진하게 난다. 골돌과의 열매는 굽은 원기둥꼴로 8월에 암자갈색으로 익는데 씨는 한쪽에 날개가 있다.

고광나무_수피

고광나무_잎(뒷면)

꽃과 잎을 물속에서 강하게 비비면 꼭 비누처럼 향기가 나고 거품도 인다. 실제로 미국의 인디언들은 예전에 고광나무를 이용해서 머리를 감았다고 한다.

고광나무

- 학명 *Philadelphus schrenkii* Rupr.
- 과명 범의귀과
- 형태 낙엽활엽관목
- 꽃 4~5월
- 열매 9월

고광나무_잎(앞면)

고광나무_꽃봉오리

고광나무_꽃

고광나무_꽃차례

고광나무_열매(미성숙)

고광나무_열매(성숙)

생태적 특성

쇠영꽃나무, 털고광나무라고도 하며 조선산매화(朝鮮山梅花), 동북산매화(東北山梅花)라는 한자명도 있다. 여기에서 산매화는 아름답고 흰 꽃이 매화를 닮아 붙여진 것이다.

낙엽활엽관목으로 높이는 2~4m이고 오래된 가지는 회색이며 벗겨진다. 잎은 마주나고 난형 및 난형의 타원형이며 가장자리에 뚜렷하지 않은 톱니가 있다. 꽃은 5~7개씩 액생하는 총상화서에 달리며 꽃잎은 4장으로 원형이고 4~5월에 흰색으로 피는데 향기가 좋다. 열매는 타원형의 삭과로 끝이 뾰족하게 9월에 익는다.

꽃과 잎을 물속에서 강하게 비비면 꼭 비누처럼 향기가 나고 거품도 인다. 실제로 미국의 인디언들은 예전에 고광나무를 이용해서 머리를 감았다고 한다.

고로쇠나무_수피

고로쇠나무_잎

고로쇠나무 하면 수액으로 유명하다. 수액의 채취 시기는 경칩 전후인 2월 중순부터 3월 말이며 경칩 일주일 전후에 약효가 가장 좋다고 한다.

고로쇠나무

- **학명** *Acer pictum* subsp. *mono* (Maxim.) Ohashi
- **과명** 단풍나무과
- **형태** 낙엽활엽교목
- **꽃** 4~5월
- **열매** 9~10월

고로쇠나무_단풍

고로쇠나무_새잎

고로쇠나무_꽃

고로쇠나무_꽃차례

고로쇠나무_열매

생태적 특성

뼈에 이로운 나무라고 하여 골리수(骨利樹)라고 부르다가 고로쇠나무로 변했다고 한다. 골리수 이외에도 신나무, 단풍나무, 당단풍나무, 참고리실나무, 개고리실나무, 개고로쇠나무 등으로도 불리며, 잎이 5개로 갈라져서 오각풍(五角楓)이라고도 한다. 고로쇠나무는 평안북도 방언에서 유래된 이름이며, 함경남도 방언으로는 당단풍나무라고 한다.

수액을 받으려면 줄기를 통해 내려가는 사관부인 내수피에 2개 정도의 구멍을 내 호스를 꽂아 받는다. 수액의 채취 시기는 경칩 전후인 2월 중순부터 3월 말이며 경칩 일주일 전후에 약효가 가장 좋다고 한다.

낙엽활엽교목으로 높이는 20m 정도이고 지름은 50cm 정도이며 수피는 회색으로 갈라진다. 잎은 마주나고 원형이며 5~7개로 얕게 갈라지고 가장자리는 밋밋하며 뒷면 맥 사이에 털이 모여 있다. 꽃은 잡성화로 다수가 새 가지 끝에 원추상 산방화서를 이루며 황록색으로 4~5월에 잎과 함께 핀다. 열매는 시과로 녹자색이고 예각으로 벌어지며 9~10월에 익는다.

고욤나무_수피

고욤나무_잎(뒷면)

고욤은 떫은맛이 많이 나서 바로 먹지는 못하고, 서리가 내린 뒤에 따서 항아리에 가득 담아 놓았다가 눈이 내리는 겨울에 꺼내면 발효가 잘되어 제법 맛이 있다.

고욤나무

학명 *Diospyros lotus* L.
과명 감나무과
형태 낙엽활엽교목
꽃 5~6월
열매 10월

고욤나무_잎(앞면)

고욤나무_꽃

고욤나무_열매(미성숙)

고욤나무_열매(성숙)

생태적 특성

옛말에 '고욤 일흔이 감 하나만 못하다'라는 말이 있다. 이는 자질구레한 것이 많아도 큰 것 하나를 못 당한다는 뜻으로, 고욤은 별로 쓸모없는 과일이라는 의미를 담고 있다. 실제로 고욤은 떫은맛이 많이 나서 바로 먹지는 못하고, 서리가 내린 뒤에 따서 항아리에 가득 담아 놓았다가 겨울에 꺼내면 제법 맛이 있다.

고양나무, 민고욤나무라고도 하며, 한자명은 소시(小柿), 군천(桾櫏), 흑조(黑棗), 군천자목(桾櫏子木) 등이다.

낙엽활엽교목으로 높이는 10~15m이고 수피는 암회색이다. 잎은 어긋나고 타원형이다. 암수딴그루로 꽃은 새 가지 밑부분에 액생한다. 수꽃은 2~3개가 모여 달리고 암꽃은 하나씩 달리며, 화관은 종 모양의 연황색으로 5~6월에 핀다. 열매는 둥근 장과로 10월에 황색에서 검은색으로 익는데 흰 가루가 많이 묻어 있다.

고추나무_수피

고추나무_잎차례

개절초나무, 매대나무, 고치때나무, 까자귀나무, 미영꽃나무, 쇠열나무, 철쭉잎, 반들잎고추나무, 민고추나무, 넓은잎고추나무, 둥근잎고추나무 등으로도 불린다.

고추나무

- **학명** *Staphylea bumalda* DC.
- **과명** 고추나무과
- **형태** 낙엽활엽관목 또는 소교목
- **꽃** 4~5월
- **열매** 9~10월

고추나무_잎

고추나무_새순

고추나무_꽃

고추나무_어린 열매

고추나무_열매(성숙)

생태적 특성

고추나무라는 이름은 잎 모양이 고춧잎과 비슷해 붙여졌다. 고춧잎처럼 어린순과 잎은 데쳐서 나물로 해 먹거나 튀겨 먹기도 한다. 개절초나무, 매대나무, 고치때나무, 까자귀나무, 쇠열나무, 철쭉잎, 반들잎고추나무, 민고추나무, 넓은잎고추나무, 둥근잎고추나무 등으로도 불린다. 한자명은 성고유(省沽油), 수조(水條)이다.

낙엽활엽관목 또는 소교목으로 높이는 3~5m 정도이고 수피는 흑자색이다. 잎은 마주보고 달리고 3개의 소엽으로 된 작은 복엽이며, 소엽은 타원형 및 난형의 타원형이고 가장자리에 침상의 잔톱니가 있으며 뒷면 맥 위에 털이 있다. 꽃은 새로 난 가지 끝에 원추화서를 이루며 꽃잎과 꽃받침은 5개이고 4~5월에 흰색으로 핀다. 열매는 고무베개처럼 부푼 반원형으로 윗부분이 둘로 갈라지고 9~10월에 익는다. 씨는 도란형으로 1~2개가 들어 있다.

골담초_수피   골담초_꽃봉오리와 가지

영주 부석사 조사당 추녀 밑에는 조그마한 나무 한 그루가 자라고 있다. 이 나무는 흔히 조사당 선비화라고 하는데, 바로 골담초이다.

골담초

- **학명** *Caragana sinica* (Buc'hoz) Rehder
- **과명** 콩과
- **형태** 낙엽활엽관목
- **꽃** 5월
- **열매** 9월

골담초_잎

골담초_꽃봉오리 　　　　골담초_꽃 　　　　골담초_꼬투리

생태적 특성

골담초라는 이름은 뿌리가 골담(骨膽)에 잘 듣는다고 해서 붙여진 것이다. 즉 신경통이나 관절염 등에 좋다는 것이다. 금작목(金雀木), 금계아(金鷄兒) 등으로도 불리며 선비화(禪扉花)라고도 한다.

중국 원산으로 우리나라에서는 중부지방에 분포한다. 주로 해가 잘 드는 곳에서 잘 자라지만 반그늘이나 마른땅에서도 잘 자란다. 낙활엽관목으로 높이는 2m 정도이고 밑에서 많은 줄기가 올라와 큰 포기를 이루며 자라는데 털이 없고 가시가 있다. 잎은 어긋나고 4개의 소엽이 달려 있는데, 가운데 소엽은 혁질이며 긴 타원상의 피침형으로 뒷면 맥 위에 털이 없다. 꽃은 액생 또는 정생하며 총상화서에 달리고 누른빛이 도는 흰색으로 5월에 핀다. 열매는 협과로 원기둥꼴이고 털이 없으며 9월에 익는다.

곰솔_수피

곰솔_새순

우리나라 곳곳에는 흥미로운 곰솔이 많다. 제주도 아라동에 있는 곰솔은 수령이 500~600년 정도로 단연 우리나라 곰솔의 할아버지뻘이다.

곰솔

- **학명** *Pinus thunbergii* Parl.
- **과명** 소나무과
- **형태** 상록침엽교목
- **꽃** 4~5월
- **열매** 이듬해 9월

곰솔_잎차례

곰솔_암꽃　　　　　　　　　　곰솔_수꽃

곰솔_열매　　　　　　　　　　곰솔_전년도 열매

생태적 특성

　곰솔이라는 이름은 잎이 억세 마치 곰의 털 같다고 해서 붙여졌다는 설도 있고, 전라남도 사투리라는 의견도 있다. 또 나무껍질이 검어 흑송(黑松)이라고도 하는데, 이를 검은솔로 부르다가 줄여서 곰솔로 부르게 되었다고도 한다. 이외에 남송(男松)으로도 불린다.

　곰솔의 겨울눈은 은백색이다. 잎은 진녹색으로 짧은 가지에 두 개씩 달리고 보통 2~3년간 달려 있다가 떨어진다. 암수한그루로 꽃은 4~5월에 핀다. 수꽃은 원통형으로 1.5cm가량 되고, 암꽃은 난형으로 붉은색이었다가 자주색으로 바뀌어가는 것이 특징이다. 열매는 난형의 긴 타원형으로 녹갈색이며 씨는 도란상의 타원형이다. 씨에는 긴 날개가 달려 있으며 이듬해 9월에 익는다.

괴불나무_수피

괴불나무_잎차례

괴불나무는 두 개씩 마주 보며 달려 있는 열매 모양이 개불알을 닮기도 하고, 툭 튀어나와 벌어진 꽃잎 조각이 괴불주머니라는 노리개와 비슷하다고 하여 붙여진 이름이다.

괴불나무

학명 *Lonicera maackii* (Rupr.) Maxim.
과명 인동과
형태 낙엽활엽관목 또는 소교목
꽃 5~6월
열매 9~10월

괴불나무_잎

괴불나무_꽃봉오리

괴불나무_꽃

괴불나무_어린 열매

괴불나무_열매(성숙)

생태적 특성

괴불나무는 두 개씩 마주 보며 달려 있는 열매 모양이 개불알을 닮았다 하여 붙여진 이름이다. 또 꽃잎 조각이 옛날 어린아이들이 차고 다니던 괴불주머니라는 노리개와 비슷하여 지어졌다는 설도 있다. 금은인동(金銀忍冬), 금은목(金銀木), 마씨인동(馬氏忍冬), 계골두(鷄骨頭)나무라고도 한다.

낙엽활엽관목 또는 소교목으로 높이는 5m이다. 줄기는 속이 비어 있으며, 잔가지에 털이 난다. 잎은 마주나며 난상의 타원형 또는 피침형이다. 잎의 크기는 길이 5~10cm, 너비 4cm이며 잎끝은 뾰족하고 잎 뒷면의 맥 위와 잎자루에 털이 난다.

꽃은 5~6월에 잎겨드랑이에 달린다. 화관의 지름은 2cm 정도이고 향기가 나며, 인동덩굴처럼 흰색에서 노란색으로 변해간다. 수술대는 0.7~1cm 길이로 꽃밥은 노란색이며, 암술대는 1cm 길이로 암술머리는 노란빛을 띤 녹색이다. 열매는 9~10월에 붉은색으로 둥글게 익는다.

구상나무_수피

구상나무_새잎

제주도에서는 이 나무를 쿠살낭 또는 쿠상낭이라고 하는데, 여기에서 '낭'은 제주도 방언으로 나무라는 말이고, 쿠살이나 쿠상은 온몸에 가시가 많은 보라성게를 뜻한다.

구상나무

학명 *Abies koreana* E. H. Wilson
과명 소나무과
형태 상록침엽교목
꽃 4~5월
열매 9~10월

구상나무_잎

구상나무_암꽃

구상나무_수꽃

구상나무_열매

구상나무_겨울눈

생태적 특성

구상나무는 열매조각에 붙은 포 끝의 바늘이 밖으로 나와 젖혀진 모습이 갈고리같이 생겼다 하여 붙여진 이름이다. 곧 구상은 '갈고리 구(鉤)' 자와 '형상 상(狀)' 자로 이루어진다.

잎은 전나무와 비슷하나 끝이 둘로 갈라져 있으며 바퀴 모양으로 돌려난다. 잎의 뒷면에는 순백색의 기공조선이 발달하여 흰빛을 띤다. 암수한그루로 꽃은 4~5월에 핀다. 수꽃은 한 가지에 5~10개씩 달리며 암꽃은 1~2개씩 달린다. 꽃 색깔은 짙은 자줏빛이며 자라서 타원형의 솔방울이 되는데, 이 솔방울은 어떤 것은 푸르고, 어떤 것은 검고, 어떤 것은 붉다.

열매는 9~10월경에 원통형으로 익으며, 길이는 4~6cm, 지름은 2~3cm이다. 종자는 난형으로 길이 6mm 정도이다. 이 열매는 떨어질 때 산산조각이 나서 바람에 날려간다. 바로 종족을 보존하기 위한 구상나무의 생존 전략이다.

국수나무_수피

국수나무_수피 속

가지를 잘라 벗기면 껍질이 국수같이 얇게 벗겨진다고 해서 국수나무라고 한다. 옛날 어린이들이 소꿉놀이할 때 이용되기도 했던 나무이다.

국수나무

- **학명** *Stephanandra incisa* (Thunb.) Zabel
- **과명** 장미과
- **형태** 낙엽활엽관목
- **꽃** 5~6월
- **열매** 9월

국수나무_잎

국수나무_꽃

국수나무_열매

생태적 특성

가지를 잘라 벗기면 껍질이 국수같이 얇게 벗겨진다고 해서 국수나무라고 한다. 옛날 어린이들이 소꿉놀이할 때 이용되기도 했던 나무로 고광나무, 뱁새더울, 거렁방이나무라고도 한다.

낙엽활엽관목으로 높이는 1~$2m$ 정도이다. 많은 줄기가 밑에서 형성하며 가지는 밑으로 처지고 잎은 어긋나며 난형의 결각상 톱니가 있고 뒷면 맥 위에 털이 나 있다. 꽃은 5~6월에 새 가지 끝에서 원추화서를 이루며 흰색으로 피고, 열매는 9월에 구형으로 익는데 잔털이 있으며 씨는 광택이 난다.

우리나라와 일본, 중국 등지에 분포한다. 우리나라 전 지역의 산야에 자라는데, 숲속의 그늘이나 건조지에서도 잘 자라고 맹아력이 강하다. 양봉농가에서는 밀원식물로 심고, 농촌에서는 국수나무의 가는 줄기로 삼태기 등을 만드는 데 사용한다.

굴거리나무_수피

굴거리나무_새잎

순박한 이름에 비해 한자명은 교양목(交讓木)이다. 잎이 나올 때 먼저 달렸던 잎이 떨어지면서 자리를 물려준다고 해서 서로 사귀고 사양한다는 뜻으로 붙여진 것이다.

굴거리나무

- **학명** *Daphniphyllum macropodum* Miq.
- **과명** 굴거리나무과
- **형태** 상록활엽소교목 또는 교목
- **꽃** 5~6월
- **열매** 10~11월

굴거리나무_잎

굴거리나무_암꽃 굴거리나무_수꽃

굴거리나무_열매 굴거리나무_씨앗 굴거리나무_단풍

생태적 특성

 굴거리나무는 순박한 이름에 비해 한자명은 교양목(交讓木)이라고 해서 상당히 지적인 느낌이 든다. 이는 잎이 나올 때 먼저 달렸던 잎이 떨어지면서 자리를 물려준다고 해서 서로 사귀고 사양한다는 뜻으로 붙여진 것이다. 굴거리라는 이름은 제주도 방언에서 유래된 것으로 이 나무를 이용해 굿을 해서 '굿거리'라고 부르던 것이 바뀐 것이라고 한다. 산황수(山黃樹)라고도 하고 만병초, 청대동이라고도 부른다.

 상록활엽소교목 또는 교목으로 높이는 10m 정도이고 지름이 30㎝이다. 작은 가지는 녹색이지만 어릴 때는 붉은빛을 띤다. 잎은 어긋나며 긴 타원형으로 혁질이다. 표면은 녹색이고 뒷면은 회백색이며 잎자루는 연한 홍색이 돈다. 꽃은 단성화이고 화피가 없는 녹색으로 액생하는 총상화서에 달리며 5~6월에 핀다. 열매는 타원형의 핵과로 10~11월에 암벽색으로 익는다.

굴참나무_수피

굴참나무_잎(뒷면)

강감찬 장군이 지나가다 지팡이를 꽂은 것이 자랐다는 서울 신림동의 굴참나무는 수령이 1,000년, 높이 17m, 지름 2.9m로 천연기념물 제271호로 지정되어 있다.

굴참나무

- **학명** *Quercus variabilis* Blume
- **과명** 참나무과
- **형태** 낙엽활엽교목
- **꽃** 5월
- **열매** 이듬해 9~10월

굴참나무_잎(앞면)

굴참나무_암꽃

굴참나무_수꽃

굴참나무_열매

굴참나무_씨앗

생태적 특성

굴참나무는 세로로 골이 파여 있어 '골이 파인 참나무'라는 뜻으로 골참나무라고 하던 것이 지금의 굴참나무로 변하였다. 한자명은 전피력(栓皮櫟), 대엽상(大葉橡) 등이며, 영어명은 Oriental oak 또는 Cork oak이다. 껍질이 술병의 코르크 마개로도 많이 사용되어 붙여진 명칭이다.

낙엽활엽교목으로 높이는 25m이고 지름이 1m이다. 수피는 두꺼운 코르크층으로 되어 있고 작은 가지는 회갈색이며 털이 없다. 잎은 어긋나며 난형의 피침형 및 긴 타원상의 피침형으로 뒷면은 회백색의 별 모양의 털이 밀생한다. 암수한그루로 수꽃은 새 가지 잎과 함께 나오며 밑으로 처지고, 암꽃은 새 가지 잎겨드랑이에서 나오며 5월에 핀다. 각두는 견과를 2/3쯤 감싸고 포린은 뒤로 젖혀지며, 구형의 견과는 이듬해 9~10월에 익는다.

굴피나무_수피

굴피나무_잎(복엽)

조선시대에는 왕의 관(棺)을 굴피나무로 만들었다는 기록도 있으며, 나무껍질을 이용해 머리 염색을 했다고도 한다.

굴피나무

- **학명** *Platycarya strobilacea* Siebold & Zucc.
- **과명** 가래나무과
- **형태** 낙엽활엽교목
- **꽃** 5~7월
- **열매** 9~10월

굴피나무_잎(소엽)

굴피나무_암꽃

굴피나무_수꽃

굴피나무_전년도 열매

굴피나무_잎과 줄기

생태적 특성

우리나라와 중국, 타이완, 일본 등지에 분포한다. 우리나라에서는 경기도 이남 해발 50~1,200m의 양지바른 산 중턱과 산기슭에 자생한다. 추위에 강하여 중부지방에서도 잘 자라며 바닷가에서도 잘 자란다. 재목은 성냥개비, 열매이삭은 염료, 나무껍질은 줄 대용으로 쓴다.

낙엽활엽교목으로 높이는 12m 정도이고 지름이 50cm이다. 수피는 회색으로 얕게 갈라지며 어린 가지에는 털이 있으나 점차 없어지고 황갈색 또는 갈색 껍질눈이 드문드문 나 있다. 잎은 기수우상복엽이고 소엽은 7~19개이며 난상의 피침형으로 가장자리는 깊은 톱니가 있다. 또 양면에 흰색 털이 있으나 점차 없어진다. 수꽃은 짧은 새 가지에 여러 개가 나오고 황갈색이며 미상화서로 위를 향하고, 암꽃은 타원형으로 위를 향하나 수꽃에 둘러싸여 5~7월에 핀다. 견과는 럭비공 모양으로 9~10월에 익는다.

귀룽나무_수피

귀룽나무_어린 가지와 새잎

귀룽나무의 다른 이름으로는 귀룽나무, 귀롱목, 구름나무 등이 있다. 구름나무는 북한에서 주로 부르는 명칭으로 연초록 잎 위로 하얀 꽃이 피는 것이 구름을 닮아서 붙여졌다.

귀룽나무

- **학명** *Prunus padus* L.
- **과명** 장미과
- **형태** 낙엽활엽교목
- **꽃** 5월
- **열매** 6~7월

귀룽나무_잎

귀룽나무_꽃

귀룽나무_어린 열매

귀룽나무_열매(성숙)

생태적 특성

귀룽나무는 구룡목(九龍木)이라는 한자명에서 유래되었다. 4월 초파일에는 불상에 감차를 뿌리며 공양하는 관불회라는 행사가 있는데, 이는 구룡이 하늘에서 내려와 향수로 불상을 씻고, 연꽃이 솟아 떠받치는 제사의식을 말한다. 전국 각지에 구룡이라는 지명이 많은 것도 이와 관련이 있다. 다른 이름으로는 귀롱나무, 귀롱목, 구름나무 등이 있다. 구름나무는 북한에서 주로 부르는 명칭으로 연초록 잎 위로 하얀 꽃이 피는 것이 구름을 닮아서 붙여졌다. 취이자(臭李子)라는 한자명도 있다.

낙엽활엽교목으로 높이는 15m이다. 가지는 회갈색이며 꺾으면 고약한 냄새가 난다. 잎은 어긋나고 도란상의 타원형이며 표면은 녹색으로 털이 없고 뒷면은 회녹색이며 맥에 털이 있다. 꽃은 흰색으로 5월에 새 가지 끝에 달리며 총상화서를 이룬다. 열매는 원형으로 검은색이며 6~7월에 익는데 날것으로 먹는다. 그러나 그냥 날것으로 먹기에는 너무 떫어 사람은 물론 야생동물들도 별로 달가워하지 않는다.

금송_수피

금송_잎차례

북한 개성의 송악산 기슭에 있는 개성금송은 1910년경에 30년 정도 자란 것을 옮겨 심은 것으로 북한에서 두 번째로 큰 나무로 알려져 있다.

금송

- **학명** *Sciadopitys verticillata* (Thunb.) Siebold & Zucc.
- **과명** 낙우송과
- **형태** 상록침엽교목
- **꽃** 4월
- **열매** 이듬해 10~11월

금송_잎

금송_암꽃

금송_수꽃

금송_열매(1년생)   금송_열매(2년생)   금송_전년도 열매

생태적 특성

학명 *Sciadopitys*는 고대 그리스 어로 우산을 뜻하는 sciados와 소나무를 뜻하는 pitys의 합성어이다. 또 종소명 *verticillata*는 윤생을 뜻한다. 이는 잎 같은 짧은 가지가 윤생하는 것을 표현한 것으로 한자로 표시하면 산형송(傘形松)이다.

상록침엽교목으로 높이는 30m에 달한다. 가지는 수평으로 퍼지며 어린 가지에 인편 같은 잎이 드문드문 붙어 있다. 잎은 2개가 합쳐져서 두꺼우며 윤채가 난다. 짙은 녹색으로 선형이며 끝이 파지고 양면 중앙에 얕은 홈이 있다. 가지 위에 10~40개씩 윤생한다.

꽃은 암수한그루로 4월에 핀다. 수꽃은 잔가지 끝에 여러 개가 달리며, 암꽃은 큰 가지 끝에 1개씩 달린다. 열매는 난상의 타원형으로 곧게 서며 열매 조각은 편평하면서 둥글다. 열매 안쪽 중앙에 6~9개의 씨가 들어 있다. 종자는 길이 1.2cm 정도이며 날개가 있다.

까마귀밥나무_수피    까마귀밥나무_씨앗

까마귀밥나무를 칠해목(漆解木)이라고도 하는데, 이는 이 나무의 잎과 줄기를 달여 마시면 옻이 오른 것을 해독시켜 주기 때문에 붙여진 것이다.

까마귀밥나무

학명 *Ribes fasciculatum* var. *chinense* Maxim.
과명 범의귀과
형태 낙엽활엽관목
꽃 4~5월
열매 9~10월

까마귀밥나무_잎

까마귀밥나무_암꽃

까마귀밥나무_수꽃

까마귀밥나무_열매(미성숙)

까마귀밥나무_열매(성숙)

생태적 특성

까마귀가 즐겨 먹는 열매가 달리는 나무라서 붙여진 이름일까? 까마귀밥여름나무, 가마귀밥나무, 까마귀밥여름나무라고도 하는데, 옛날에는 열매도 '여름'이라고 불렸으니 충분히 그런 추측이 가능하지만 정확하지는 않다. 칠해목(漆解木)이라고도 하는데, 이는 이 나무의 잎과 줄기를 달여 마시면 옻이 오른 것을 해독시켜 주기 때문에 붙여진 것이다.

낙엽활엽관목으로 높이는 $1{\sim}1.5m$ 정도로 작은 편이다. 수피는 검은 홍자색이거나 녹색이며, 잎은 둥글고 어긋난다. 잎의 길이는 $5{\sim}10cm$로 $3{\sim}5$개로 갈라지며 톱니가 있다. 잎의 앞에는 털이 없고 뒤에는 털이 난다. 꽃은 4~5월에 노란색으로 달린다. 열매는 장과로 둥글게 달리고 9~10월에 붉게 익으며 쓴맛이 난다.

까마귀베개_수피

까마귀베개_꽃봉오리

까마귀베개라는 이름에는 까마귀가 베고 잔다는 의미가 있다. 또 열매가 까맣게 익으므로 까마귀베개라는 이름이 붙은 것 같다. 작은 대추알처럼 생기기도 해서 푸대추나무라는 이명도 있다.

까마귀베개

- **학명** *Rhamnella franguloides* (Maxim.) Weberb.
- **과명** 갈매나무과
- **형태** 낙엽활엽소교목
- **꽃** 5~6월
- **열매** 8~10월

까마귀베개_잎과 잎차례

까마귀베개_열매(미성숙)

까마귀베개_열매(성숙)

까마귀베개_단풍

생태적 특성

까마귀베개라는 이름에는 까마귀가 베고 잔다는 의미가 있지만, 사실은 열매가 베개처럼 생겼고, 또 이것이 까맣게 익으므로 까마귀베개라는 이름이 붙은 것 같다. 그러나 어떻게 보면 작은 대추알처럼 생기기도 해서 푸대추나무라는 이명도 있으며 헛갈매나무, 까마귀마개라고도 한다.

낙엽활엽소교목으로 높이는 7m 정도이다. 가지는 갈색을 띠고 잎은 어긋난다. 잎의 모양은 긴 타원형이며 길이는 6~12cm, 너비는 2.5~4cm이다. 잎 끝은 뾰족하며 톱니가 나 있다. 꽃은 5~6월에 잎겨드랑이에서 10여 개가 취산화서를 이루며 노란빛을 띤 녹색으로 핀다. 열매는 긴 타원형의 핵과로 8~10월에 노란색에서 붉은색을 거쳐 검은색으로 익으며, 종자는 원통형이고 길이는 1cm이다. 열매는 식용이 가능하지만 특별한 맛은 없다. 잎의 질감이 좋으며 열매가 맺어 차츰 변하는 모습이 멋있다.

까치박달_수피

까치박달_새잎

새순이 나오는 모양이 박달나무와 비슷하고, 깊은 산에서 자라는 박달나무와는 달리 까치가 사는 낮은 산에서도 볼 수 있는 나무라 하여 까치박달이라는 이름이 붙었다.

까치박달

- **학명** *Carpinus cordata* Blume
- **과명** 자작나무과
- **형태** 낙엽활엽교목
- **꽃** 5월
- **열매** 10월

까치박달_잎

까치박달_수꽃

까치박달_열매

까치박달_가지

생태적 특성

새순이 나오는 모양이 박달나무와 비슷하고, 깊은 산에서 자라는 박달나무와 달리 까치가 사는 낮은 산에서도 볼 수 있는 나무라 하여 까치박달이라는 이름이 붙었다. 물박달나무, 박달서나무, 박달서어나무, 천금유, 서리낭 등으로도 불리고, 한자로는 수박달(水朴達), 동목제(棟木梯), 천금수(千金樹)라고 한다.

낙엽활엽교목으로 높이는 15m 이상이고 지름이 60cm이며, 수피는 회갈색으로 평활하고 세로로 갈라진다. 잎은 난형 및 타원형으로 가장자리에는 불규칙한 겹톱니가 있다. 측맥은 15~20쌍으로 뒷면에 잎겨드랑이와 맥 사이에 털이 나 있는데 이 나무의 잎은 주름치마를 연상하게 하는 특유의 잎 모양을 하고 있어 산에서 쉽게 찾아낼 수 있다. 수꽃은 가지 끝에 1개씩 달리고, 암꽃은 가지 끝에서 밑으로 늘어지면서 각 포에 2개씩 달리며 5월에 핀다. 열매는 10월에 긴 원형의 소견과로 익는다.

꽝꽝나무_수피

꽝꽝나무_묘목

제주 방언에서 유래된 이름으로, 불을 땔 때 나무에서 '꽝꽝' 하는 소리가 나는 데에서 유래한다고 한다. 또 나무가 단단해 제주도 말로 단단하다는 뜻의 '꽝꽝'에서 유래되었다는 설도 있다.

꽝꽝나무

- **학명** *Ilex crenata* Thunb.
- **과명** 감탕나무과
- **형태** 상록활엽관목
- **꽃** 5~6월
- **열매** 10월

꽝꽝나무_잎과 잎차례

꽝꽝나무_꽃봉오리

꽝꽝나무_꽃

꽝꽝나무_열매(미성숙)

꽝꽝나무_열매(성숙)

생태적 특성

꽝꽝나무는 제주 방언에서 유래된 이름으로, 불을 땔 때 나무에서 '꽝꽝' 하는 소리가 나는 데에서 유래한다고 한다. 또 나무가 단단해 제주도 말로 단단하다는 뜻의 '꽝꽝'에서 유래되었다는 설도 있다. 지방에 따라서 개화양, 꽝꽝낭, 꽝낭, 좀꽝꽝나무 등으로도 불린다.

상록활엽관목으로 높이는 3m 정도 자라고 수피는 회갈색이며 작은 가지에 짧은 털이 밀생한다. 잎은 어긋나며 혁질로 촘촘히 달린다. 잎의 형태는 타원형 및 도란형이고 가장자리에 둔한 톱니가 있으며 뒷면은 연한 녹색이고 갈색 선점이 있다. 꽃은 5~6월에 백록색으로 피는데 암수딴그루이다. 수꽃은 3~7개씩 모여 총상화서에 달리며 암꽃은 1개, 드물게는 2~3개가 액생한다. 열매는 구형의 핵과로 10월에 검은색으로 익는다.

꾸지나무_수피

꾸지나무_어린잎

꾸지나무에서 '꾸지'는 생김새가 '굳이' 뽕나무를 닮았다 하여 생긴 말이다. 곧 '굳이'가 '꾸지'로 변한 것이다. 이 나무로 종이를 만든 데에서 닥나무라고도 한다.

꾸지나무

- **학명** *Broussonetia papyrifera* (L.) L'Her. ex Vent.
- **과명** 뽕나무과
- **형태** 낙엽활엽소교목 또는 교목
- **꽃** 5~6월
- **열매** 9~10월

꾸지나무_잎

꾸지나무_암꽃

꾸지나무_수꽃

꾸지나무_열매

생태적 특성

꾸지나무에서 '꾸지'는 이 나무가 뽕나무 축에 낀다고 하여 또는 생김새가 '굳이' 뽕나무를 닮았다 하여 생긴 말이다. 곧 '굳이'가 '꾸지'로 변한 것이다. 한자로는 구수(構樹) 또는 저수(楮樹)라고 한다. 학명에서 *papyrifera*는 '종이를 만드는'의 뜻으로 이 나무로 종이를 만든 데에서 유래하는데, 흔히 닥나무라고도 한다.

낙엽활엽소교목 또는 교목으로 높이는 10m이고 지름이 50cm이며, 수피는 회흑갈색이나 암회색이고 하나의 줄기가 곧게 자란다. 잎은 장원상의 난형으로 어긋나거나 마주나며 3~4개로 갈라진 결각상이다. 꽃은 암수딴그루이며 수꽃은 미상화서에 달리고, 암꽃은 새로 자란 가지의 밑부분에 액생하며 두상화서를 이루고 5~6월에 핀다. 열매는 구형의 취화과로 9~10월에 익는다.

꾸지뽕나무_수피

꾸지뽕나무_가시

뽕나무라는 이름이 붙었으나 사실 뽕나무와 다른 점이 많다. 뽕나무처럼 잎을 누에 치는 데에 쓸 수 있어서 붙여졌다. 최고급 거문고 줄은 이 나뭇잎으로 기른 누에에서 뽑은 명주를 사용한다.

꾸지뽕나무

- **학명** *Cudrania tricuspidata* (Carr.) Bureau ex Lavallee
- **과명** 뽕나무과
- **형태** 낙엽활엽소교목
- **꽃** 5~6월
- **열매** 9~10월

꾸지뽕나무_잎과 잎차례

꾸지뽕나무_암꽃

꾸지뽕나무_수꽃

꾸지뽕나무_열매

생태적 특성

구지뽕나무, 굿가시나무, 활뽕나무라고도 한다. 활뽕나무라는 이름은 이 나무로 활을 만드는 데 썼기 때문이다. 한자로는 자수(柘樹), 자자(柘刺), 자상(柘桑)이라고 하는데, 여기에서 자(柘)는 산뽕나무라는 뜻으로 돌이나 자갈이 있는 척박한 곳이나 건조지에서 잘 자라는 나무임을 뜻한다.

뽕나무라는 이름이 붙었으나 사실 뽕나무와 다른 점이 많다. 암수딴그루이며 잎도 다르다. 단지 뽕나무처럼 잎을 누에 치는 데에 쓸 수 있어서 붙여진 이름이다.

우리나라와 일본, 중국에 분포한다. 우리나라에서는 황해도 이남 해발 100~700m의 양지바른 곳에 자생하는데, 산기슭이나 마을 부근에 많이 자란다. 꽃은 암수딴그루로 5~6월에 핀다. 9~10월에 동그란 홍색 열매가 달리며 식용한다. 잎은 두툼하고 수피는 회갈색으로 벗겨지며 가지에 커다란 가시가 있다.

낙우송_수피

낙우송_잎차례

침엽이면서도 잎이 낙엽처럼 떨어지는 나무로 봄에는 연둣빛 새싹, 여름에는 푸른 신록, 가을에는 노랗게 물드는 단풍, 겨울이면 벌거벗은 나무가 되어 사계의 아름다움을 뽐내는 나무이다.

낙우송

- **학명** *Taxodium distichum* (L.) Rich.
- **과명** 낙우송과
- **형태** 낙엽침엽교목
- **꽃** 4~5월
- **열매** 9~10월

낙우송_잎

낙우송_암꽃(수정 직후)   낙우송_수꽃   낙우송_열매

낙우송_기근

생태적 특성

소나무 잎처럼 생긴 잎이 마치 새의 깃털처럼 떨어진다고 해서 낙우송(落羽松)이라고 한다. 낙우송의 특징은 사람 무릎처럼 툭툭 튀어나온 뿌리이다. 이러한 뿌리는 줄기에서 맹아가 발생하고 물속에서 측근의 발달이 왕성해 생긴다. 땅을 뚫고 올라온 뿌리를 knee root(무릎뿌리), 우리말로는 '기근'이라고 부르는데, 이 나무가 물에서 자랄 때 공기를 흡입할 수 있도록 땅 위로 뿌리를 낸 것이다.

북미 남부 원산으로 우리나라에는 주로 중부 이남의 평지나 저습지에서 자라는 낙엽침엽교목으로, 높이는 30~50m 정도이고 지름은 2m까지 자란다. 수형은 원뿔형이고, 수피는 적갈색으로 잘게 벗겨진다. 잎은 밝은 녹색을 띤 선형으로 어긋나게 두 줄로 배열한다. 꽃은 4~5월에 자주색으로 피는데, 수꽃은 원뿔형으로 밑으로 처지고 암꽃은 타원형이다. 열매는 원형으로 대가 짧고 담갈색이며, 씨는 삼각형으로 날개가 있고 갈색으로 9~10월에 익는다.

너도밤나무란 밤나무와 닮았다 해서 붙여진 이름으로 '너도'란 접두어는 원래 완전히 다른 분류군이지만 비슷하게 생긴 데에서 유래되어 붙여졌다.

너도밤나무

- 학명 *Fagus engleriana* Seemen ex Diels
- 과명 참나무과
- 형태 낙엽활엽교목
- 꽃 5월
- 열매 10월

너도밤나무_잎(앞면과 뒷면)

너도밤나무_암꽃

너도밤나무_수꽃

너도밤나무_열매

너도밤나무_가지

너도밤나무_수피

생태적 특성

너도밤나무란 밤나무와 닮았다 해서 붙여진 이름으로 열매의 견과는 세모 졌으며 총포에 1~2개씩 들어 있는데 먹을 수는 없다. 너도밤나무의 영어명 은 Korean beech로 한국의 너도밤나무로서 특히 울릉도 특산 식물이다.

낙엽활엽교목으로 높이는 20m 정도이고 지름이 70cm이다. 줄기는 곧게 자라서 원뿔형의 수형을 이루며 수피는 회백색으로 평활하다. 잎은 어긋나 고 난형 및 타원형으로 가장자리는 물결 모양이며, 뒷면 기부에 털이 있고 9~13쌍의 측맥이 있다. 수꽃은 가지 끝에 모여 달리며 털이 나 있고, 암꽃 은 2개씩 달리며 5월에 핀다. 그러나 첫 꽃을 피우기 위해서는 50년이나 커 야 한다고 한다. 인간의 수명에 비하자면 정말 재수가 좋아야 이 나무의 꽃을 한 번 보게 되는 것이다. 견과는 난형의 원형으로 세모지고 목질의 총포 속에 1~2개씩 들어 있으며 10월에 익는다.

노간주나무_수피

노간주나무_가지와 잎

노간주나무의 열매인 두송실(杜松實)은 향이 특별해 고대 그리스에서도 술을 담갔으며, 우리나라에서도 두송주를 만들어 마셨다.

노간주나무

학명 *Juniperus rigida* Siebold & Zucc.
과명 측백나무과
형태 상록침엽관목 또는 소교목
꽃 4~5월
열매 이듬해 10월

노간주나무_잎

노간주나무_새순

노간주나무_수꽃

노간주나무_열매(1년생)

노간주나무_열매(2년생)

생태적 특성

노간주라는 이름은 강원도 방언에서 유래되었다고도 하며 노가자목(老柯子木)에서 유래되었다고도 한다. 이외에 코뚜레나무, 노가자나무, 노가지나무, 노간주향 등이 있다. 또 두송(杜松), 가이가(柯二柯)라고도 한다.

상록침엽관목 또는 소교목으로 높이는 8m 정도이고 지름이 40cm이다. 가지가 거의 없고 하늘을 향해 곧게 뻗어 자라는데 뿌리는 줄기에서 'ㄴ'자로 뻗는다. 수피는 적갈색이며 2년생 가지는 다갈색이고 세로로 얇게 갈라진다. 수형은 원뿔형이다. 잎은 3개씩 돌려나고 끝이 뾰족하고 단면은 V자형이다. 암수딴그루로 수꽃은 난형으로 녹갈색이다. 암꽃은 원형으로 지름 3mm이며 포린으로 되어 있고 9개의 열매조각이 있으며 녹갈색으로 4~5월에 핀다. 열매는 구형 및 타원형으로 끝이 뾰족하고 검은빛을 띤 갈색이며, 이듬해 10월에 익는다. 씨는 갈색의 난형으로 3~4개씩 들어 있다.

노린재나무_수피

노린재나무_꽃

노린재나무 이름에서 '노린재'는 벌레를 연상시키지만 벌레인 노린재와는 전혀 관계가 없다. 나무 또는 단풍이 든 잎을 태운 재가 노란빛을 띤다고 해서 붙여진 것이다.

노린재나무

- **학명** *Symplocos chinensis* f. *pilosa* (Nakai) Ohwi
- **과명** 노린재나무과
- **형태** 낙엽활엽관목
- **꽃** 5월
- **열매** 9~10월

노린재나무_잎

노린재나무_열매(미성숙)

노린재나무_열매(성숙)

생태적 특성

노린재나무 이름에서 '노린재'는 벌레를 연상시키지만 벌레인 노린재와는 전혀 관계가 없다. 나무 또는 단풍이 든 잎을 태운 재가 노란빛을 띤다고 해서 붙여진 것이다. 한자명은 우비목(牛鼻木), 화산반(華山礬), 백화단(白花丹) 등인데, 우비목은 윤노리나무의 한자명과 똑같다. 영어명은 Chinese sweetleaf로 잎이 달콤하다는 뜻을 가지고 있지만, 실제로 잎을 먹어보면 별로 단맛은 나지 않는다.

낙엽활엽관목으로 높이는 1~3m 정도이다. 하나의 줄기가 곧게 올라와 많은 가지를 내어 우산 모양의 수형을 만들며 작은 가지에 털이 있다. 잎은 어긋나고 타원형 및 긴 타원상의 도란형이다. 꽃은 새 가지 끝에 원추화서를 이루고 5월에 흰색으로 피며 향기가 있다. 열매는 벽색의 타원형 핵과로 9~10월에 익는다.

노박덩굴_수피 　　　　노박덩굴_잎차례

노박덩굴은 노란 박처럼 생긴 열매가 달리는 덩굴이라 하여 붙여진 이름이다. 줄기가 길 위에까지 뻗어 나와서 길을 가로막는 덩굴이라는 데에서 노박덩굴이라는 이름이 붙여졌다는 설도 있다.

노박덩굴

학명　*Celastrus orbiculatus* Thunb.
과명　노박덩굴과
형태　낙엽활엽덩굴성 목본
꽃　5~6월
열매　10월

노박덩굴_잎

노박덩굴_암꽃

노박덩굴_수꽃

노박덩굴_열매(미성숙)

노박덩굴_열매(성숙)

생태적 특성

노박덩굴은 노란 박처럼 생긴 열매가 달리는 덩굴이라 하여 붙여진 이름이다. 줄기가 길 위에까지 뻗어 나와서 길을 가로막는 덩굴이라는 데에서 노박덩굴이라는 이름이 붙여졌다는 설도 있다. 놉방구덩굴, 노방패너울, 노랑꽃나무, 노파위나무, 노팡개더울, 노방덩굴, 노박따위나물 등 여러 가지 이명이 있으며, 한자명은 남사등(南蛇藤)이다.

낙엽활엽덩굴성 목본으로 길이는 $10m$ 정도이고 줄기는 홍갈색이다. 잎은 타원형이고 가장자리에 둔한 톱니가 있다. 꽃은 암수딴그루로 액생하는 취산화서에 1~10개가 달리며 노란빛을 띤 연녹색으로 5~6월에 핀다. 열매는 둥근 삭과로 10월에 황색으로 익는데, 열매껍질이 세 갈래로 갈라지면 붉은색 종의(가종피)에 싸인 씨앗이 모습을 드러낸다. 덩굴성으로 큰 나무 밑에 심어 나무를 감고 올라가게 하면 아름다운 열매를 감상할 수 있어 좋으며, 학교나 주택의 담장에 심으면 자연친화적인 녹화 효과가 있어 좋다. 열매가 아름다워 휴식공간이나 울타리용, 조경용 등으로 심으면 정취를 느낄 수 있다.

녹나무_수피

녹나무_잎차례

장뇌목(樟腦木), 장수(樟樹), 향장목(香樟木)이라고도 한다. 이 나무에서 뽑은 기름을 장뇌유라고 하는데, 줄기와 잎, 뿌리를 증류시키거나 냉각시키면 장뇌유가 만들어진다.

녹나무

학명 *Cinnamomum camphora* (L.) J. Presl
과명 녹나무과
형태 상록활엽교목
꽃 5월
열매 10~11월

녹나무_잎

녹나무_새순

녹나무_꽃

녹나무_열매

생태적 특성

장뇌목(樟腦木), 장수(樟樹), 향장목(香樟木)이라고도 한다. 영어명은 Camphor tree인데, camphor는 장뇌를 뜻하는 아랍 어이다. 이 나무에서 뽑은 기름을 바로 장뇌유라고 하는데, 강장제나 흥분제 또는 심장을 자극하는 용도로 사용되는 매우 유용한 물질이다. 줄기와 잎, 뿌리를 증류시키거나 냉각시키면 장뇌유가 만들어진다. 장뇌유는 강장제, 흥분제 이외에도 방부제, 방충제, 필름 제조, 향료의 재료로 이용된다.

상록활엽교목으로 높이는 20m이고 지름이 2m로 수피는 황갈색이고 세로로 갈라진다. 잎은 어긋나며 난형의 긴 타원형으로 가장자리는 미세한 물결 모양이거나 톱니가 없이 밋밋하다. 꽃은 액생하는 원추화서로 5월에 피는데, 흰색에서 노란색으로 변한다. 열매는 둥근 핵과로 난형 및 구형의 흑자색으로 10~11월에 익는다.

느티나무_수피

느티나무_꽃봉오리

어느 마을에나 입구에는 으레 커다란 느티나무가 서 있곤 하는데, 특히 가지가 매우 넓게 퍼져 자라므로 여름날이면 나무 그늘 아래 돗자리나 평상을 깔아 두고 햇빛을 피하는 나무로도 유명하다.

느티나무

- 학명 *Zelkova serrata* (Thunb.) Makino
- 과명 느릅나무과
- 형태 낙엽활엽교목
- 꽃 4~5월
- 열매 10월

느티나무_잎

느티나무_암꽃

느티나무_수꽃

느티나무_열매

느티나무_씨앗

느티나무_단풍

생태적 특성

느티나무는 괴목(槐木)에서 유래된 이름으로, 여기에서 괴목은 본래 느티나무가 아니라 회화나무를 뜻한다. 느티나무가 꼭 회화나무를 닮았는데, 누렇다고 해서 누른회나무 즉 눌회나무라 하다가 느티나무로 바뀌었다고 한다. 한편 한자로는 규목(槻木)이라고 한다.

낙엽활엽교목으로 높이는 25m이고 지름이 3m이다. 수피는 회갈색으로 평활하나 오래되면 비늘처럼 떨어지며 작은 가지는 갈색이다. 잎은 어긋나며 타원형으로 끝이 뾰족하고 가장자리에는 톱니가 있다. 잎은 긴 타원형으로 좌우가 똑같지 않고 다소 일그러져 있는 것이 특징이다. 꽃은 4~5월에 피는데, 암꽃은 가지 끝에 1~2개씩 달리며 수꽃은 새 가지 밑에 10개씩 모여 난다. 열매는 10월에 익으며 평평하고 일그러진 둥근 편구형으로 뒷면에 능선이 있다.

능금이라는 이름은 숲속의 능금이라는 뜻의 임금(林檎)에서 유래한다. 조선 임금(朝鮮林檎), 화홍(花紅)이라고도 한다.

능금나무

학명 *Malus asiatica* Nakai
과명 장미과
형태 낙엽활엽소교목
꽃 4~5월
열매 10월

능금나무_잎과 잎차례

능금나무_꽃　　　　　　　능금나무_열매　　　　　　　능금나무_수피

생태적 특성

능금나무의 열매는 사과보다 작고 맛은 새콤달콤하나 사과보다는 그 맛이 덜하다. 능금을 개량해 여러 종의 사과를 만들어냈는데 홍옥이나 국광, 인도, 축, 욱, 스타킹, 델리셔스 등 30여 종이나 되며, 배와 사과의 교잡을 통해 만든 종도 상당히 많다. 능금이라는 이름은 숲속의 능금이라는 뜻의 임금(林檎)에서 유래한다. 조선임금(朝鮮林檎), 화홍(花紅)이라고도 한다.

낙엽활엽소교목으로 높이는 $10m$ 정도이다. 원산지는 우리나라로 영어명도 Korean apple이라고 명시되어 있다. 줄기는 곧게 자라고 원뿔형의 수형을 이루며 가지는 홍갈색이다. 잎은 어긋나며 난형 및 타원형으로 가장자리에 잔톱니가 있고 뒷면에 털이 많다. 꽃은 짧은 가지에 산형상으로 달리며 연홍색으로 4~5월에 핀다. 열매는 꽃받침의 기부가 혹처럼 부푼 돌기가 있는 것이 사과나무와 다른 점이고, 10월에 황홍색으로 익는데 하얀 가루로 덮여 있으며 지름은 $4~5.5cm$이다.

조선시대에 가로수로 많이 심어졌는데, 옛날 삼남으로 가는 대표적인 길목인 천안에는 특히 능수버들이 많아 〈흥타령〉이라는 민요도 만들어졌다.

능수버들

- **학명** *Salix pseudolasiogyne* H. Lev.
- **과명** 버드나무과
- **형태** 낙엽활엽교목
- **꽃** 4월
- **열매** 5~6월

능수버들_잎

능수버들_암꽃　　　능수버들_수꽃　　　　　　능수버들_열매

능수버들_씨앗　　　　　　능수버들_수피

생태적 특성

한자로는 조류(弔柳)라고도 하는데, 흉한 일이나 시신에 염을 할 때 저승길 양식을 입에 넣어주는 숟가락으로 이 나무를 쓴다고 해서 붙여진 것이다. 흔히 수양버들이라고도 한다.

낙엽활엽교목으로 높이는 20m 정도이고 지름이 80cm이다. 수피는 세로로 갈라지며 회갈색이고 작은 가지는 황록색이다. 꽃은 암수딴그루이나 드물게 암수한그루도 나타난다. 잎은 피침형이며 길이 7~12cm, 너비 10~17mm이다. 잎의 앞면은 녹색이나 뒷면에는 흰색이 돈다. 잎의 양끝은 뾰족하며 가장자리에 잔톱니가 난다. 수꽃의 포는 타원형으로 긴 털이 있으며 암꽃의 포는 난형으로 4월에 녹색으로 핀다. 열매는 견모가 달린 삭과로 5~6월에 익는다.

다래_수피

다래_잎차례

창덕궁에는 수령이 600년 된 천연기념물 제251호의 다래가 있다. 덩굴의 길이가 너무 길어 중간중간 버팀목으로 괴어 놓은 것이 장관이다.

다래

- **학명** *Actinidia arguta* (Siebold & Zucc.) Planch. ex Miq.
- **과명** 다래나무과
- **형태** 낙엽활엽덩굴성 목본
- **꽃** 5~6월
- **열매** 9~10월

다래_잎

다래_암꽃

다래_수꽃

다래_열매(미성숙)

다래_열매(성숙)

생태적 특성

참다래나무, 다래넌출, 다래덩굴, 청다래나무라고도 하며, 한자명은 등리(藤梨), 연조(軟棗), 연조자(軟棗子) 등이다.

낙엽활엽덩굴성 목본이며 길이는 7m 정도이고 지름은 15cm 정도이다. 가지의 골속은 흰색 또는 갈색을 띠며 계단 모양이고 어린 가지에는 잔털이 있으며 껍질눈이 뚜렷하고 가지는 갈색이다. 잎은 어긋나고 타원형으로 침상의 톱니가 나 있다. 꽃은 암수딴그루이며 액생하는 취산화서에 3~7개가 달린다. 꽃 색깔은 흰색으로 5~6월에 피는데 마치 매화꽃과 같다. 열매는 장과로 난상의 원기둥꼴이고 연한 황록색으로 9~10월에 익는다.

다정큼나무_잎(앞면)

다정큼나무_잎(뒷면)

꽃이 작지만 매화와 비슷하며, 잎이 나온 모양이 차의 바퀴살을 닮아서 한자로는 차륜매(車輪梅)라고도 한다.

다정큼나무

- **학명** *Raphiolepis indica* var. *umbellata* (Thunb.) Ohashi
- **과명** 장미과
- **형태** 상록활엽관목
- **꽃** 4~6월
- **열매** 10~12월

다정큼나무_잎

다정큼나무_새순   다정큼나무_잎차례

다정큼나무_꽃   다정큼나무_열매   다정큼나무_씨앗

생태적 특성

큰 나무라는 뜻이 들어 있으나 높이는 2~4m로 관목이다. 꽃이 작지만 매화와 비슷하며, 잎이 나온 모양이 차의 바퀴살을 닮아서 한자로는 차륜매(車輪梅)라고도 한다.

상록활엽관목으로 바닷가의 볕이 잘 드는 산기슭에서 잘 자란다. 줄기가 곧으며 가지는 돌려난다. 수피는 회갈색이며 어린 가지는 솜털이 나지만 나중에 없어진다. 어긋나는 잎은 가지 끝에서는 모여나는 것처럼 보인다. 잎의 모양은 긴 타원형 또는 도란형이며 가장자리에는 둔한 톱니가 있다. 잎의 양면은 모두 광택이 나는데, 뒷면은 연녹색으로 두껍다. 잎자루의 길이는 5~20mm 정도이다.

꽃은 4~6월에 가지 끝에 흰색으로 원추화서를 이루며 핀다. 꽃잎의 길이는 1~1.3cm이다. 꽃받침통에는 갈색 털이 밀생하나 점차 사라진다. 꽃잎과 꽃받침은 각각 5개이다. 10~12월에 콩알만 한 열매가 흑자색으로 익는데, 안에는 종자가 1개 들어 있다.

닥나무_수피    닥나무_잎(뒷면)

닥나무는 예로부터 종이를 만드는 데에 쓰였다. 실제로 닥나무 껍질로 만든 종이를 저지(楮紙)라고 하는데, 그냥 종이라는 의미로도 사용된다.

닥나무

- **학명** *Broussonetia kazinoki* Siebold
- **과명** 뽕나무과
- **형태** 낙엽활엽관목
- **꽃** 4~5월
- **열매** 9월

닥나무_잎(앞면)

닥나무_암꽃

닥나무_암꽃과 수꽃

닥나무_열매

생태적 특성

닥나무라는 이름은 이 나무의 줄기를 꺾으면 '딱' 하는 소리가 난다고 해서 붙여졌다고 한다. 실제로 딱나무라고 부르기도 하며, 한자로 구피마(構皮麻)라는 이름도 있다.

닥나무 껍질로 팽이치기를 하면 '딱딱' 하는 경쾌한 소리가 나서 예로부터 팽이치기 놀이에 많이 쓰던 나무이기도 하다. 한방에서는 열매를 저실(楮實), 구수자(構樹子)라고 한다.

여러 개의 줄기가 휘어져 올라오고 수피는 회갈색이며 작은 가지에 짧은 털이 있으나 곧 없어진다. 잎은 난상의 타원형으로 어긋나고 가장자리에는 잔톱니와 2~3개의 결각이 있다. 꽃은 암수한그루로 4~5월에 핀다. 수꽃은 새로 난 가지의 아래쪽에서 액생하고, 암꽃은 위쪽에 액생한다. 열매는 9월에 붉은색의 둥그스름한 취화과로 익는다.

단풍나무_수피

단풍나무_새잎

캐나다의 국기에 그려져 있는 단풍나무 잎은 설탕단풍(*Acer saccharum*)이다.
수액에 당분이 많아 단풍시럽을 만들어 먹는다.

단풍나무

- **학명** *Acer palmatum* Thunb.
- **과명** 단풍나무과
- **형태** 낙엽활엽소교목 또는 교목
- **꽃** 5월
- **열매** 9~10월

단풍나무_잎

단풍나무_암꽃
단풍나무_수꽃

단풍나무_열매(미성숙)

단풍나무_열매(성숙)

생태적 특성

가을이면 온 산이 울긋불긋 곱게 단풍(丹楓)이 물든다. 여러 나무들이 저마다 멋진 단풍을 보여주는데, 그중에서 가장 대표적인 것이 바로 단풍나무이다. 산단풍나무, 내장단풍, 붉은단풍나무, 색단풍나무, 모미지나무 등으로도 불린다.

낙엽활엽소교목 또는 교목으로 높이는 10m이고 수피는 진한 회색이며 작은 가지는 적갈색이다. 잎은 마주나며 원형에 가깝고 5~7개로 깊게 갈라지며 가장자리는 겹톱니가 있다. 꽃은 잡성화 또는 암수한그루로 산방화서에 달리며 5월에 핀다. 열매는 담황색의 시과로 둔각으로 벌어지며 9~10월에 익는다.

단풍이 아름다워 관상용으로 심으며 목재는 건축재, 악기재, 조각재, 가구재 등으로 쓰인다. 캐나다의 국기에 그려져 있는 단풍나무 잎은 설탕단풍(*Acer saccharum*)이다. 수액에 당분이 많아 단풍시럽을 만들어 먹는데, 자연 건강식으로 유명해 캐나다 여행을 하다보면 자주 볼 수 있다.

당단풍나무_수피

당단풍나무_단풍

당단풍나무는 중국단풍나무라는 말이다. 당단풍, 고로실나무, 박달나무, 고로쇠나무, 좁은단풍, 단풍나무, 왕단풍나무, 왕단풍, 왕실단풍나무, 넓은잎단풍나무, 산단풍나무 등 이명이 많다.

당단풍나무

학명 *Acer pseudosieboldianum* (Pax) Kom.
과명 단풍나무과
형태 낙엽활엽소교목
꽃 4~5월
열매 9~10월

당단풍나무_잎과 잎차례

당단풍나무_꽃봉오리

당단풍나무_암꽃

당단풍나무_수꽃

당단풍나무_열매

생태적 특성

당단풍나무는 중국단풍나무라는 말이다. 당단풍, 고로실나무, 박달나무, 고로쇠나무, 좁은단풍, 단풍나무, 왕단풍나무, 왕단풍, 왕실단풍나무, 넓은잎단풍나무, 산단풍나무 등 이명이 많다.

낙엽활엽소교목으로 높이는 8m 정도이고 작은 가지는 녹자색으로 흰색 털이 있다. 잎은 난원형으로 보통 9~11개로 갈라지며 뒷면에 털이 있고 잎맥을 따라 흰색 유모(柔毛)가 밀생한다. 꽃은 잡성 양성화로 정생하는 산방화서에 달린다. 양성화는 2~3개가 달리고 흰색 또는 황백색으로 4~5월에 핀다. 열매는 자갈색이며 날개는 둔각으로 벌어지고 9~10월에 익는다.

우리나라 전국의 산지에서 가장 많이 볼 수 있는 나무로, 특히 중부지방에서는 단풍나무의 대부분을 차지한다. 북한산과 관악산, 설악산 등지에서 많이 자라는데, 특히 산지 침엽수림 밑에서 많이 자란다. 단풍이 아름다워 정원수로 주로 많이 심는다.

대추나무_수피

대추나무_줄기에 난 가시

열매를 많이 열게 하기 위해 시집보내기를 하기도 한다. 정월 대보름날이나 단옷날, 아래쪽에서 갈래로 갈라진 나무줄기 사이에 큼지막한 돌을 끼우면 열매가 많이 맺힌다는 것이다.

대추나무

- **학명** *Zizyphus jujuba* var. *inermis* (Bunge) Rehder
- **과명** 갈매나무과
- **형태** 낙엽활엽소교목
- **꽃** 5~6월
- **열매** 9~10월

대추나무_잎

대추나무_새잎

대추나무_꽃

대추나무_열매(미성숙)

대추나무_열매(성숙)

생태적 특성

　대추라는 이름은 한자 대조(大棗)에서 유래된 것이다. 대조가 대초로 바뀌었다가 대추가 된 것으로 본다. 이밖에 한자명으로는 조목(棗木), 홍조(紅棗) 등이 있으며, 건조, 백조, 대조, 인조, 양조, 계조, 흑조 등의 다른 이름도 있다.

　낙엽활엽소교목으로 높이는 10m이고 수피는 흑갈색이다. 작은 가지는 한 군데에서 여러 개가 나오며 가지의 가시는 흔적만 남아 있다. 잎은 어긋나며 난형이고 가장자리에 둔한 톱니가 있으며 턱잎은 길이 3cm의 가시로 변한다. 꽃은 양성으로 액생하는 취산화서에 2~3개씩 달리며 황록색으로 5~6월에 핀다. 열매는 타원형의 핵과로 9~10월에 적갈색 또는 암갈색으로 익는다.

　목재는 매우 단단해 떡메, 달구지, 도장, 목탁, 불상, 공예품으로 사용한다. 특히 벼락을 맞은 대추나무를 벽조목(霹棗木)이라고 하는데, 예로부터 이 나뭇가지를 지니고 다니면 요사한 기운을 물리친다고 하며, 부적을 만들어 차고 다니면 잡귀를 물리칠 수 있다고 여겨왔다.

대팻집나무_수피  　　　대팻집나무_잎차례

대팻집나무는 잎이 모여나는 짧은 가지가 대팻밥처럼 보인다 하여 붙여진 이름이다. 나무의 목재가 건조 후에도 잘 갈라지지 않아 대팻집을 만드는 데 쓰인다고 해서 대팻집나무라고도 한다.

대팻집나무

- **학명** *Ilex macropoda* Miq.
- **과명** 감탕나무과
- **형태** 낙엽활엽교목
- **꽃** 5~6월
- **열매** 10월

대팻집나무_잎

대팻집나무_암꽃 　　　대팻집나무_수꽃 　　　대팻집나무_열매

대팻집나무_단풍과 열매

생태적 특성

　대팻집나무는 잎이 모여나는 짧은 가지가 대팻밥처럼 보인다 하여 붙여진 이름이다. 또한 이 나무의 목재가 치밀하고 무거우며 건조 후에도 잘 갈라지지 않아 대팻집을 만드는 데 쓰인다고 해서 대팻집나무라고도 한다. 물안포기나무, 대패집나무라고도 한다. 껍질은 회백색이고 어린 가지는 회갈색인 점이 다른 나무와 다른 점이다.

　낙엽활엽교목으로 높이는 15m 정도이고 지름이 30cm로 수피는 회갈색이며 가지는 짧다. 잎은 어긋나며 타원형으로 뒷면 맥 위에 털이 있다.

　암수딴그루이고 수꽃은 여러 개가 모여 달리며 암꽃은 짧은 가지 위에 1개 또는 몇 개가 모여 달리고 백록색으로 5~6월에 핀다. 열매는 핵과로 육질이고 10월에 붉은색으로 익는데 새들의 좋은 먹이가 된다.

북한에서 내려온 사람들에게는 향수를 느끼게 하는 나무이다. 특히 평안도 맹산과 성천 지역에는 댕강나무가 많이 자생하여 이 지역에서 살던 사람들은 댕강나무만 봐도 절로 고향이 생각난다고 한다.

댕강나무

학명	*Abelia mosanensis* T. H. Chung ex Nakai
과명	인동과
형태	낙엽활엽관목
꽃	5월
열매	9월

댕강나무_잎

댕강나무_꽃

댕강나무_열매

댕강나무_수피

생태적 특성

댕강나무라는 이름은 줄기를 분지르면 '댕강댕강' 하는 소리가 난다고 해서 붙여졌다고 한다.

낙엽활엽관목으로 높이는 약 2m이다. 밑에서 여러 개의 줄기가 올라오는데, 줄기에는 6개의 골이 있어 육조목(六條木)이라고도 한다. 줄기의 속은 하얀색을 띤다. 마주나는 잎은 길이가 3~7cm로 피침형이며 양 끝은 좁아진다. 잎의 앞면은 맥을 따라서 털이 나 있으며, 잎 가장자리는 톱니가 나 있다.

꽃은 5월에 흰색 또는 엷은 홍색으로 잎겨드랑이 또는 가지 끝에 달린다. 꽃대 하나에 꽃이 세 개씩 핀다. 꽃이 진 다음에 꽃받침이 남아 있어서 처음 본 사람은 이를 꽃으로 착각하기도 한다. 열매는 벌어지지 않고 그 안에 종자가 1개 있으며 9월에 익는다.

덜꿩나무_수피    덜꿩나무_꽃

덜꿩나무 열매는 사람이 먹을 수 있지만, 새들의 먹이로 알맞다. 들꿩이 잘 먹는다고 하여 덜꿩나무라는 이름을 얻었다고 한다.

덜꿩나무

- **학명** *Viburnum erosum* Thunb.
- **과명** 인동과
- **형태** 낙엽활엽관목
- **꽃** 5월
- **열매** 9~10월

덜꿩나무_잎

덜꿩나무_열매(미성숙)   덜꿩나무_열매(성숙)

생태적 특성

덜꿩나무 열매는 사람이 먹을 수 있지만, 새들의 먹이로 알맞다. 특히 들꿩이 잘 먹는다고 하여 덜꿩나무라는 이름을 얻었다고 한다.

낙엽활엽관목으로 높이는 2m이다. 어린 가지에는 별 모양의 털이 빽빽이 난다. 잎은 마주나며 난형 또는 도란형이다. 잎은 길이 4~10cm, 너비 2~5cm로 가장자리에 톱니가 있다. 앞면에 별 모양으로 갈라진 잔털이 조금 있고, 뒷면은 빽빽하다. 가막살나무와 잎이 매우 흡사한데, 이때는 열매를 보고 구분하는 것이 편하다. 덜꿩나무는 열매가 성기게 열리며 보통 아래로 늘어지나, 가막살나무는 열매가 잎 위로 빽빽이 뭉쳐난다.

꽃은 5월에 가지 끝에 흰색으로 달리며, 꽃받침조각은 난상의 원형이다. 열매 역시 난상의 원형으로 9~10월에 빨갛게 익는다. 종자는 양쪽에 홈이 있다.

독일가문비_수피  독일가문비_새잎

재질이 좋아 건축재, 펄프재, 보트와 맥주통의 재료로 사용되며, 피아노의 공명판이나 바이올린, 기타의 몸체를 만드는 데에도 쓰인다.

독일가문비

학명 *Picea abies* (L.) H. Karst.
과명 소나무과
형태 상록침엽교목
꽃 5월
열매 10월

독일가문비_잎

독일가문비_암꽃

독일가문비_수꽃

독일가문비_열매

독일가문비_전년도 열매

생태적 특성

　가문비나무 종류들이 대개 그렇듯 이 나무 역시 재질이 좋아 목재로 많이 이용된다. 건축재, 펄프재, 보트와 맥주통의 재료로 사용되며, 피아노의 공명판이나 바이올린, 기타의 몸체를 만드는 데에도 쓰인다. 또한 풍치수, 관상수, 기념수로도 많이 심는다.

　상록침엽교목으로 높이 50~60m이고 지름은 2~3m에 이른다. 수형은 전체적으로 원뿔형이며, 적갈색의 수피는 얇은 비늘 조각으로 벗겨진다. 잎은 바늘 모양이며 횡단면이 사각상의 선형으로 길이는 2~2.5cm이고, 끝이 뾰족하다. 꽃은 5월에 피는데, 수꽃은 자홍색 또는 황갈색이며 암꽃은 연한 자주색이고 전년도 가지 끝에 달린다. 열매는 길이 10~15cm로 긴 원뿔형이며 가지처럼 아래로 드리워지는 것이 특징이다. 색깔은 녹황색으로 10월에 익는다.

돈나무_수피

돈나무_새잎

잎과 수피, 뿌리에서 좋지 않은 냄새가 나며 열매에는 끈적끈적한 점액질이 있어 파리 같은 곤충들이 날아와 지저분하다. 그래서 똥낭 혹은 똥나무라고 불렀다.

돈나무

- 학명 *Pittosporum tobira* (Thunb.) W. T. Aiton
- 과명 돈나무과
- 형태 상록활엽관목
- 꽃 5~6월
- 열매 10~12월

돈나무_잎

| 돈나무_암꽃 | 돈나무_수꽃 |

| 돈나무_열매(미성숙) | 돈나무_열매(성숙) |

생태적 특성

섬엄나무, 똥나무, 섬음나무, 음나무, 갯똥나무, 해동 등으로도 불린다.

상록활엽관목으로 높이는 2~3m 정도이고 가지에 갈색 털이 있다. 잎은 혁질로 가지 끝에서 돌려나고 긴 도란형이다. 가장자리는 밋밋하고 뒤로 말리면서 반원형의 수관을 이루는데 수형이 아름답다. 꽃은 양성으로 가지 끝에 취산화서를 이루며 흰색에서 점차 황색으로 되고 향기가 나며 5~6월에 핀다. 열매는 삭과로 털이 있으며 10~12월에 익는데 3갈래로 갈라지며 붉은 점액에 싸인 씨가 잔뜩 들어 있다.

한방에서는 줄기와 꽃을 중풍, 종기, 골절, 관절염, 결막염, 고혈압, 동맥경화, 아토피나 습진, 혈액순환, 천식, 치통 등을 치료하는 데 사용한다. 줄기, 잎, 꽃은 햇볕에 말려 사용한다.

돌가시나무_새잎

돌가시나무_꽃

꽃을 보면 마치 찔레꽃 같다. 하얀 꽃도 그렇지만 열매도 흡사하다. 하지만 찔레꽃이 땅 위에 꼿꼿하게 서서 자라는 반면, 돌가시나무는 땅 위를 기듯 자라는 점이 크게 다르다.

돌가시나무

학명 *Rosa wichuraiana* Crep. ex Franch. & Sav.
과명 장미과
형태 반상록활엽 포복성 관목
꽃 5~6월
열매 9~10월

돌가시나무_잎과 잎차례

돌가시나무_꽃 무리

돌가시나무_열매(미성숙)

돌가시나무_열매(성숙)

생태적 특성

반들가시나무, 대도가시나무, 붉은돌가시나무, 대마도가시나무, 긴돌가시나무, 홍돌가시나무, 땅가시나무, 땅찔레나무, 용가시나무 등 다양한 이명이 있다. 가시나무라는 이름은 붙었으나, 장미과에 속하며 도토리가 열리는 참나무과의 가시나무와는 종이 다르다.

반상록활엽 포복성 관목으로 바닷가에서 잘 자란다. 전체에 가시가 많은 반면에 털은 없다. 어긋나는 잎은 7~8개의 소엽으로 구성된 깃꼴겹잎이다. 소엽은 도란형이거나 넓은 난형이다. 잎끝이 뭉뚝하고 밑부분은 둥글다. 잎 가장자리에 굵은 톱니가 있는 것이 특징이다. 흰색의 꽃은 지름이 약 4cm이며, 가지 끝에 1~5개 정도 달린다. 꽃잎은 잎과 비슷한 모양으로 끝이 오목하며, 꽃받침조각은 피침형이다. 열매는 가을에 붉게 익는데 모양은 둥글다.

두충_수피

두충_새순

두충은 옛날 중국에서 두중(杜仲)이란 사람이 이 나무의 껍질을 복용하고 도를 터득했다는 데서 유래된 이름이다. 두중, 당두중(唐杜仲), 사중(思仲), 사선(思仙)이라고도 한다.

두충

학명 *Eucommia ulmoides* Oliv.
과명 두충과
형태 낙엽활엽교목
꽃 4~5월
열매 9~10월

두충_잎

두충_잎(앞면과 뒷면)

두충_암꽃

두충_수꽃

두충_열매

두충_씨앗

생태적 특성

두충은 옛날 중국에서 두중(杜仲)이란 사람이 이 나무의 껍질을 복용하고 도를 터득했다는 데서 유래된 이름이다. 두중, 당두중(唐杜仲), 사중(思仲), 사선(思仙)이라고도 한다. 흔히 사철나무를 두중, 동청이라고 하기도 해서 헷갈리는데, 서로 다른 종이다. 사철나무가 한방에서 두충을 대신해 쓰기도 하다 보니 혼동을 가져왔을 뿐이다. 그래서 두충을 당두중이라고 해서 확실하게 구분하기도 한다.

낙엽활엽교목으로 높이는 $10m$ 이상이고 지름이 $30cm$ 정도이다. 줄기는 곧게 자라며 많은 가지를 내고 수피는 갈색이 도는 회백색이다. 잎은 어긋나고 난형의 타원형으로 가장자리에는 잔톱니가 있다. 암수딴그루로 꽃은 잎보다 먼저 나오는데 당년도 가지의 기부에 모여 달리며 화피가 없고 4~5월에 핀다. 열매는 혁질의 긴 타원형의 날개가 있는 시과로 9~10월에 익는다. 잎과 열매를 찢으면 실이나 고무 같은 점질의 흰색 실이 길게 늘어난다.

천연기념물로 지정된 것이 몇 그루 있는데 그중 유명한 것은 서울 삼청동 국무총리 공관의 등이다. 수령이 900년 정도로 추정되며 천연기념물 제254호로 지정되었다.

등

학명	*Wisteria floribunda* (Willd.) DC.
과명	콩과
형태	낙엽활엽덩굴성 목본
꽃	5~6월
열매	9~10월

등_잎과 잎차례

등_꽃봉오리 등_열매

등_줄기와 잎

등_수피

생태적 특성

등(藤)은 무더운 여름철 시원한 그늘을 만들어준다. 흐드러지게 핀 등꽃은 당면을 섞어 떡을 만들어 먹는데 이를 등라병(藤蘿餠)이라 한다. 어린잎이나 꽃도 먹는다. 특히 꽃으로 만든 화채는 등화채(藤花菜)라고 부른다.

등은 나무지만 칡과 같이 다른 식물을 감고 오르는 덩굴성 목본이다. 다화자등(多花紫藤)에서 유래된 이름으로 참등나무, 조선등나무, 왕등나무, 연한붉은참등덩굴이라고도 한다.

낙엽활엽덩굴성 목본으로 길이는 16m 정도이고 작은 가지는 회갈색이다. 잎은 어긋나며 13~19개의 소엽으로 된 기수우상복엽이며 소엽은 난형의 타원형으로 길이는 4~8cm이다. 꽃은 정생 또는 액생하며 길이 30~40cm의 총상화서에 달린다. 연한 자주색으로 5~6월에 잎과 같이 핀다. 열매는 보드라운 털로 덮였는데, 아래는 넓고 기부로 갈수록 좁아지는 꼬투리 열매로 9~10월에 익는다.

꽃은 U자형으로 꼬부라진 통상화(筒狀花)로 달린다. 통상화는 꽃잎 전체 또는 그 밑부분이 붙어서 대롱 모양으로 되어 끝만 겨우 째진 꽃부리로 백일홍이나 쑥갓 따위의 꽃이 좋은 예이다.

등칡

- **학명** *Aristolochia manshuriensis* Kom.
- **과명** 쥐방울덩굴과
- **형태** 낙엽활엽덩굴성 목본
- **꽃** 5~6월
- **열매** 9~11월

등칡_잎

등칡_꽃   등칡_열매   등칡_수피

생태적 특성

낙엽활엽덩굴성 목본으로 길이 10m까지 자란다. 새로 자라는 가지는 녹색이지만 줄기는 잘게 갈라지면서 회갈색으로 바뀌고 코르크질화된다. 꽃은 잎과 마주 달리고 U자형으로 꼬부라진 통상화(筒狀花)로 달린다. 통상화는 꽃잎 전체 또는 그 밑부분이 붙어서 대롱 모양으로 되어 끝만 겨우 째진 꽃부리로 백일홍이나 쑥갓 꽃이 그 예이다. 꽃은 상반부가 3개로 갈라져 있으며 바깥쪽은 연한 녹색이고 안쪽 중앙부는 황색으로 5~6월에 핀다. 꽃은 색소폰같이 생겼다. 열매는 삭과로 긴 타원형이며 6개의 능선이 있고 9~11월에 익는다.

한방에서는 줄기를 관목통(關木通)이라 하여 화를 풀고 심장을 튼튼하게 하며 진통, 이뇨, 종기에 사용한다. 약재로 사용할 때에는 가을과 겨울에 채취한 줄기의 껍질을 벗기고 햇빛에 말려 사용한다. 그러나 뿌리에는 독이 있으며 잎이나 줄기, 열매를 많이 복용하면 신장에 부작용이 생기므로 적당량만을 먹어야 한다.

딱총나무가 영화에 등장한 것은 지극히 당연한 것 같다. 서양에서는 이 나무가 마법사의 나무로 알려져 마법 지팡이를 만드는 재료라고 믿어 왔기 때문이다. 생존력이 강하여 부활의 상징으로도 여겨졌다.

딱총나무

- **학명** *Sambucus williamsii* var. *coreana* (Nakai) Nakai
- **과명** 인동과
- **형태** 낙엽활엽관목
- **꽃** 5~6월
- **열매** 9~10월

딱총나무_잎과 잎차례

딱총나무_꽃봉오리

딱총나무_꽃

딱총나무_열매

딱총나무_수피

생태적 특성

딱총나무는 서양에서 마법사의 나무로 알려져 있어 마법 지팡이를 만드는 재료라고 믿어 왔다. 또 생존력이 강하여 부활의 상징으로도 여겨졌다. 북부 독일에서는 어린 딱총나무 가지를 잘라 죽은 자의 치수를 재는 것이 관습이었고, 영구차를 모는 사람은 채찍 대신 딱총나무 막대기를 사용했다고 한다. 우리나라에서는 줄기를 꺾으면 '딱' 하고 총소리가 나서 딱총나무라고 했으며, 가지로 딱총을 만들어서 놀기도 했다.

낙엽활엽관목으로 높이는 3m이다. 덩굴처럼 자라는 것이 특징이며 나무 껍질은 갈색 또는 회갈색이다. 어린 가지는 연초록빛을 띤다. 잎은 마주나고 우상복엽이며 장타원형으로 생긴 소엽은 5~7개로 길이 5~14cm, 너비 3~6cm이다. 꽃은 5~6월에 가지 끝에 황록색으로 달린다. 둥근 열매는 9~10월에 붉게 익는다.

땅비싸리_새잎

수십 년 전만 해도 시골에서는 땅비싸리로 빗자루를 만들곤 했다. 땅비싸리는 빗자루로 사용하는 나무라는 뜻이다. 땅을 덮을 만큼 무성하게 자라 '땅'이 앞에 붙었다.

땅비싸리

학명 *Indigofera kirilowii* Maxim. ex Palib.
과명 콩과
형태 낙엽활엽관목
꽃 5~6월
열매 10월

땅비싸리_잎과 잎차례

땅비싸리_꽃

땅비싸리_열매

땅비싸리_꽃 무리

생태적 특성

땅비싸리는 빗자루로 사용하는 나무라는 뜻이다. 땅을 덮을 만큼 무성하게 자라 '땅'이 앞에 붙었다. 지역에 따라 부르는 이름이 많아서 젓밤나무, 땅비수리, 논싸리, 고려땅비사리, 완도당비사리, 좀땅비싸리, 민땅비싸리, 땅비수리, 민땅비수리라고도 한다. 또 한자명은 조선정등(庭藤), 화귀람(花鬼藍)이다.

낙엽활엽관목으로 높이는 1m 정도이고 잎은 어긋나며 7~11개의 소엽으로 된 기수우상복엽이고 소엽은 난상의 타원형 및 타원형이다. 양면에 약간의 겹털이 누워 있다. 꽃은 액생하는 총상화서에 달리며 5~6월에 분홍색으로 피기 시작해 6월까지 계속하여 핀다. 열매는 원기둥꼴의 협과로 10월에 황갈색 또는 적갈색으로 익는다.

때죽나무_수피

때죽나무_벌레집

노가나무, 족나무, 왕때죽나무, 때쭉나무라고도 하며, 종처럼 생긴 흰 꽃이 아래를 보고 피어 영어로는 Snowbell로 불린다.

때죽나무

- 학명 *Styrax japonicus* Siebold & Zucc.
- 과명 때죽나무과
- 형태 낙엽활엽소교목
- 꽃 5~6월
- 열매 9~10월

때죽나무_잎

때죽나무_꽃

때죽나무_열매

생태적 특성

때죽나무는 열매껍질에 독성이 있어 옛날에는 열매를 찧어 물에 풀어 물고기를 잡았는데, 물고기가 떼로 죽는다고 해서 떼죽나무라 하던 것이 때죽나무로 바뀌었다는 유래가 있다. 또 사포닌 성분이 들어 있어서 비누로도 썼는데, 기름때를 죽 뺀다고 하여 때죽나무라고 했다는 설도 있고, 다갈색의 줄기가 마치 때가 많은 것처럼 보여 때죽나무라고 했다는 설도 있다. 노가나무, 족나무, 왕때죽나무, 때쭉나무라고도 하며, 한자명은 제돈과(齊墩果), 야말리(野茉莉)이다.

낙엽활엽소교목으로 높이는 $10m$ 정도이다. 밑에서 많은 줄기를 내는데 줄기는 흑갈색으로 세로로 줄이 나 있으며 어린 줄기에는 수피가 세로로 일어난다. 잎은 어긋나고 좁은 난형이다. 꽃은 양성화로 2~5개가 액생으로 총상화서에 달리는데 종처럼 생긴 흰 꽃이 아래를 보고 5~6월에 일제히 핀다. 열매는 난형 원형의 핵과로 긴 자루에 주렁주렁 매달리며 9~10월에 회녹색으로 익는다. 씨는 갈색으로 1~2개가 들어 있다.

떡갈나무_수피

떡갈나무_새잎

갈잎은 가랑잎이라는 뜻이며 특히 떡갈나무의 잎을 뜻한다. 그래서 떡갈나무를 흔히 가랑잎나무라고도 한다. 떡갈나무라는 이름은 떡을 찔 때 시루에 잎을 까는 나무라는 데에서 유래한다.

떡갈나무

학명 *Quercus dentata* Thunb.
과명 참나무과
형태 낙엽활엽교목
꽃 4~5월
열매 9~10월

떡갈나무_잎(앞면)

떡갈나무_잎(뒷면)

떡갈나무_암꽃

떡갈나무_수꽃

떡갈나무_열매

떡갈나무_씨앗

떡갈나무_겨울눈

생태적 특성

떡갈나무라는 이름은 떡을 찔 때 시루에 잎을 까는 나무라는 데에서 유래한다. 잎이 두꺼워 일본에서도 찹쌀떡을 싸서 먹는 습관이 있다. 그렇게 하면 잎의 향긋한 냄새와 잎에 묻은 진딧물 오줌의 달작지근한 맛이 배어서 떡 맛이 좋다. 또한 피톤치드의 핵심물질인 테르펜의 살균효과가 미생물의 생육을 억제해 떡이 상하지 않게 하는 효과도 있다고 한다.

낙엽활엽교목으로 높이는 20m이고 지름이 70cm이다. 수피가 두껍기 때문에 산불에 강하고 줄기는 곧게 자라며 작은 가지는 조밀하다. 잎은 도란형으로 가장자리는 물결 모양으로 갈라지고, 잎자루는 짧고 혁질이며 뒷면에 갈색 털이 밀생한다. 수꽃은 새 가지에서 길게 늘어지고, 암꽃은 위로 곧게 나오며 4~5월에 핀다. 각두는 견과를 1/2 이상 감싸고, 포린은 뒤로 젖혀지며 적갈색이고 견과는 난형으로 9~10월에 익는다.

뜰보리수_수피   뜰보리수_어린 가지

보리수나무, 왕보리수나무는 토종이지만 뜰보리수는 일본에서 들여온 것이다. 한여름에 빨갛게 익는 열매가 마치 작은 앵두 같은 느낌을 주는 것이 특징이다.

뜰보리수

- **학명** *Elaeagnus multiflora* Thunb.
- **과명** 보리수나무과
- **형태** 낙엽활엽관목 또는 소교목
- **꽃** 4~5월
- **열매** 5~6월

뜰보리수_잎(앞면과 뒷면)

뜰보리수_꽃

뜰보리수_열매

생태적 특성

　보리수나무 종류는 원예종으로 심어지는데, 이 수종은 뜰에 많이 심는다고 하여 뜰보리수라는 이름을 얻었다. 그만큼 야생에서는 많이 자라지 않는다. 보리수나무, 왕보리수나무는 토종이지만 뜰보리수는 일본에서 들여온 것이다.

　빨간 열매가 미각을 자극해 따 먹는 이가 많지만 덜 익은 상태이므로 매우 시고 떫다. 그래서 맛이 없다고 여길지 모르겠으나 좀 더 익어 붉은색이 검어져갈 때 따 먹으면 훨씬 맛이 좋다.

　높이가 2~4m 정도밖에 안 되며 수피는 흑갈색이다. 어린 가지는 적갈색의 비늘털로 덮여 있는 것이 특징이다. 어긋나는 잎은 긴 타원형을 이룬다. 잎 양 끝은 좁고 길이는 3~10cm이다. 잎 가장자리는 밋밋한 편이다. 봄에 연한 노란색 꽃이 잎겨드랑이에 한두 개씩 달린다. 꽃에는 흰색과 갈색의 털이 난다. 핵과의 열매는 긴 타원형으로 길이는 1.5cm이다. 5~6월에 붉게 익으면 약간 떫기는 하지만 식용할 수가 있다.

리기다소나무_수피

리기다소나무_잎차례

송진이 다른 소나무에 비해 많은 편이라서 영어명도 Pitch pine이다. pitch 가 바로 송진 또는 수지라는 뜻이다.

리기다소나무

학명 *Pinus rigida* Mill.
과명 소나무과
형태 상록침엽교목
꽃 5월
열매 이듬해 9~10월

리기다소나무_잎

리기다소나무_새순

리기다소나무_암꽃

리기다소나무_수꽃

리기다소나무_열매

생태적 특성

'리기다'라는 말은 '질긴, 빳빳한'의 뜻을 지닌 rigid에서 유래한다. 리기다소나무는 송진이 다른 소나무에 비해 많은 편이라서 영어명도 Pitch pine이다. pitch가 바로 송진 또는 수지라는 뜻이다. 리기다소나무를 강엽송, 송절이라고 부르며, 세잎소나무나 삼엽송이라고도 한다.

상록침엽교목으로 높이는 25m에 이르고 지름이 90cm 정도까지 자란다. 가지가 넓게 퍼지고 원줄기에서도 짧은 가지가 나와 잎이 달릴 정도로 싹트는 힘이 강한 편이다. 수피는 적갈색으로 깊게 갈라지며 침엽은 3개씩 속생하는데 딱딱하면서도 조금씩 비틀려 있다.

암수한그루로 5월에 꽃이 핀다. 수꽃은 원기둥 모양으로 노란빛을 띤 자주색으로 피며, 암꽃은 난형으로 새순 위에 핀다. 열매는 난상의 원뿔형으로 길이 3~9cm이고 가지에 달려 있으며, 열매조각에 가시 모양의 돌기가 보인다. 종자는 난상의 삼각형으로 이듬해 9~10월에 갈색으로 익는다.

마가목_수피

마가목_꽃

마깨낭, 은빛마가목이라고도 한다. 예로부터 약효가 뛰어나다고 알려졌는데, 풀 중에는 산삼이 최고이듯 나무 중에는 마가목을 으뜸으로 쳤다.

마가목

- **학명** *Sorbus commixta* Hedl.
- **과명** 장미과
- **형태** 낙엽활엽소교목
- **꽃** 5~6월
- **열매** 9~10월

마가목_잎과 잎차례

마가목_열매(미성숙)

마가목_열매(성숙)

마가목_울릉도 자생지

생태적 특성

독특한 이름의 마가목은 한자명인 마아목(馬牙木)에서 유래한다. 싹이 나오는 모양이 말의 이빨처럼 생겼다고 해서 붙여진 것으로 마깨낭, 은빛마가목이라고도 한다. 예로부터 약효가 뛰어나다고 알려졌는데, 풀 중에는 산삼이 최고이듯 나무 중에는 마가목을 으뜸으로 쳤다. 흥미로운 것은 이 마가목으로 말채찍을 만들어 말을 때리면 말이 곧 쓰러져 죽는다고 믿었으며, 귀신을 쫓거나 중풍을 한 번에 고친다고도 믿었다.

낙엽활엽소교목으로 높이는 $6~8m$ 정도이고 어린 가지와 겨울눈에는 털이 없고 겨울눈에는 끈적거리는 성분이 있다. 줄기는 거칠고 독특한 냄새가 나는데, 나뭇가지를 흔들면 더욱더 독특한 냄새가 난다. 잎은 어긋나고 소엽은 9~13개로 피침형이며 표면은 녹색이고 뒷면은 연녹색이다. 잎 가장자리에 길고 뾰족한 톱니가 있다. 꽃은 복산방화서로 꽃차례에는 털이 없고 5~6월에 흰색으로 피며, 열매는 9~10월에 홍색으로 익는다.

열매가 말발굽 모양으로 생겨서 말발도리라고 한다. 추위와 공해에 강하며 건조한 땅이나 습지를 가리지 않고 아무 곳에서나 잘 자라며 꽃이 아름답다.

말발도리

- **학명** *Deutzia parviflora* Bunge
- **과명** 범의귀과
- **형태** 낙엽활엽관목
- **꽃** 5~6월
- **열매** 9월

말발도리_잎

말발도리_꽃

말발도리_열매

말발도리_수피

생태적 특성

말발도리라는 이름은 열매가 말발굽 모양으로 생겨서 붙여졌다.

우리나라와 중국 등지에 분포한다. 우리나라에서는 제주도를 제외한 전국 산지의 계곡이나 바위틈에 자란다. 추위와 공해에 강하며 토양 또는 건조한 땅이나 습지를 가리지 않고 아무 곳에서나 잘 자란다. 꽃이 아름다워 생울타리용, 차폐용, 절개지의 녹화용으로 심기에 적합하다.

낙엽활엽관목으로 높이는 $2m$이고 밑부분에서 많은 줄기가 올라와 덤불을 형성하며 작은 가지는 녹갈색으로 별 모양의 털이 있다. 잎은 난형 및 난형의 타원형으로 마주나며 뒷면에 별 모양의 털이 있다. 꽃은 산방화서를 이루고 꽃잎은 5개로 갈라지며 흰색으로 5~6월에 핀다. 가지 끝 새순이 나오는 데에서 꽃이 나오는 것이 특징이다. 열매는 삭과로 별 모양의 털이 있으며 9월에 익는다.

말오줌때_수피

말오줌때_어린 가지와 겨울눈

나뭇가지를 꺾으면 오줌처럼 지린내가 나고, 옛날에는 줄기로 말채찍을 만들었다고 한다. 그래서 자연스럽게 말오줌때라는 이름이 붙은 것이다.

말오줌때

- **학명** *Euscaphis japonica* (Thunb.) Kanitz
- **과명** 고추나무과
- **형태** 낙엽활엽소교목
- **꽃** 5월
- **열매** 9~10월

말오줌때_잎

말오줌때_새순

말오줌때_꽃

말오줌때_열매

생태적 특성

나무도 의사 표시를 한다. 특히 상처가 났을 때에는 이상한 냄새를 뿜어내 더 이상 건드리지 말라는 무언의 아우성을 쳐댄다. 이 나무도 나뭇가지를 꺾으면 오줌처럼 지린내가 나고, 옛날에는 줄기로 말채찍을 만들었다고 한다. 그래서 자연스럽게 말오줌때라는 이름이 붙은 것이다. 칠선주나무, 나도딱총나무라고도 부른다.

고추나무과에 속하는 낙엽활엽소교목으로 높이는 약 3~8m에 달한다. 마주나는 잎은 기수우상복엽이며, 길이는 25cm 정도이다. 소엽은 5~11개가 달리는데, 난형이거나 피침상의 난형이며 가장자리에 톱니가 난다.

꽃은 5월에 황색으로 원추꽃차례를 이룬다. 꽃잎은 다섯 장이다. 열매는 9~10월에 골돌과로 익는데 붉은빛이 돈다. 벌어져 보이는 열매의 속은 연한 분홍빛이며 까맣고 반질반질한 구슬 같은 씨앗이 드러나 꽤 보기에 좋다.

말채나무_수피    말채나무_씨앗

봄에 나오는 가느다란 가지가 말채찍으로 쓰인다고 해서 말채나무라고 한다. 또 옛날에 용감한 장수가 쓰던 말채찍을 땅에 꽂아 놓았더니 이 나무가 자랐다고도 한다.

말채나무

- **학명** *Cornus walteri* F. T. Wangerin
- **과명** 층층나무과
- **형태** 낙엽활엽교목
- **꽃** 5~6월
- **열매** 9~10월

말채나무_잎(앞면과 뒷면)

말채나무_꽃

말채나무_열매(미성숙)

말채나무_열매(성숙)

생태적 특성

봄에 나오는 가느다란 가지가 말채찍으로 쓰인다고 해서 말채나무라고 한다. 또 다른 설로는 옛날에 용감한 장수가 장렬하게 전사했는데, 그가 쓰던 말채찍을 땅에 꽂아 놓았더니 이 나무가 자랐다고도 한다. 막깨낭, 말채목, 빼빼목, 피골목, 홀쭉이나무, 뫼조나무, 설매목이라고도 한다.

우리나라와 중국 등지에 분포한다. 우리나라에서는 해발 100~1,200m의 산야와 계곡에 자생한다. 궁궐이나 왕릉 주변에 이 나무를 많이 심기도 했다. 햇빛을 좋아하지만 그늘에서도 잘 자란다. 추위를 잘 견디고 맹아력도 강하나 생장은 느린 편이다.

낙엽활엽교목으로 높이는 10m이고 지름은 50cm이며 수피는 흑갈색으로 갈라진다. 잎은 어긋나며 난형 및 타원형이고 표면에 털이 약간 있으며 뒷면은 백록색으로 털이 나 있고 측맥은 3~5쌍이 뚜렷하다. 꽃은 가지 끝에 취산화서를 이루며 5~6월에 피고 털이 있다. 열매는 둥근 핵과로 9~10월에 검은색으로 익는다.

매발톱나무_수피

매발톱나무_가시

줄기와 잎에 매의 발톱처럼 날카로운 가시가 3개씩 달려 있어서 매발톱나무라고 한다. 미나리아재비과의 여러해살이풀인 매발톱꽃도 있지만 전혀 다른 종이다.

매발톱나무

- 학명 *Berberis amurensis* Rupr.
- 과명 매자나무과
- 형태 낙엽활엽관목
- 꽃 4~5월
- 열매 9~10월

매발톱나무_잎

매발톱나무_꽃

매발톱나무_어린 열매

매발톱나무_열매(성숙)

생태적 특성

줄기와 잎에 매의 발톱처럼 날카로운 가시가 3개씩 달려 있어서 매발톱나무라고 한다. 미나리아재비과의 여러해살이풀인 매발톱꽃도 있지만 전혀 다른 종이다.

낙엽활엽관목으로 높이는 2m 정도이고 수피는 회색으로 표면이 세로로 갈라지며 밑에서 많은 줄기가 올라온다. 작은 가지는 황회색으로 길이 1~3cm의 잎 같은 가시가 나 있다. 잎은 어긋나며 도란상의 타원형으로 잎 가장자리에 불규칙한 잔톱니가 있다. 꽃은 담황색이고 밑으로 처지는 총상화서로 달리며 4~5월에 핀다. 열매는 타원형의 장과로 9~10월에 붉은색으로 익는다.

머귀나무_수피

머귀나무_새순

언뜻 보면 산초나무처럼 생겼으나 잎도 크고 나무도 훨씬 크게 자란다. 머구낭, 머귀남, 머귀낭 등으로도 불린다.

머귀나무

학명 *Zanthoxylum ailanthoides* Siebold & Zucc.
과명 운향과
형태 낙엽활엽교목
꽃 5월
열매 9~10월

머귀나무_잎

머귀나무_가지와 잎 머귀나무_꽃
머귀나무_열매 머귀나무_씨앗

생태적 특성

언뜻 보면 산초나무처럼 생겼으나 잎도 크고 나무도 훨씬 크게 자란다. 머구낭, 머귀남, 머귀낭 등으로도 불린다. 오동나무도 예전에는 머귀나무로 불렸으나 서로 다른 종이고, 머귀나물로 불리는 머위와도 물론 다르다.

우리나라의 울릉도와 남부지방의 섬, 중국, 일본, 타이완, 필리핀 등지에 분포한다. 유사종으로 가시가 없는 민머귀나무와 잎 크기가 작은 좀머귀나무가 있다.

낙엽활엽교목으로 높이는 15m이다. 가지는 굵으며 회색이다. 대부분의 줄기가 세 가닥으로 갈라지곤 한다. 가지에는 길이 5~7㎜의 가시가 난다. 어긋나는 잎은 기수우상복엽이며 소엽은 19~23개 정도 달린다. 소엽은 넓은 피침형으로 가장자리에 선상의 잔톱니가 난다. 잎의 뒷면은 희다. 꽃은 이가화로 5월에 피는데 우산 모양의 원추화서를 이룬다. 열매는 삭과로 9~10월에 익는다. 열매 속의 검은 종자는 매운맛을 낸다.

먼나무_수피

먼나무_잎(뒷면)

누군가가 "저 나무는 먼나무냐?" 하고 물어봐서 이름이 먼나무가 되었다는 재미있는 이야기가 전해진다. 그러나 이 나무의 껍질이 먹물같이 검어서 붙여졌다는 이야기가 더 설득력이 있다.

먼나무

- **학명** *Ilex rotunda* Thunb.
- **과명** 감탕나무과
- **형태** 상록활엽교목
- **꽃** 5월
- **열매** 10~이듬해 2월

먼나무_잎(앞면)

먼나무_암꽃

먼나무_수꽃

먼나무_열매

생태적 특성

먼나무, 특이한 이름이다. 제주도 지역에 많이 자라는데, 누군가가 이 나무를 보고 "저 나무는 먼나무냐?" 하고 물어봐서 나무 이름이 먼나무가 되었다는 재미있는 이야기가 전해진다. 그러나 이 나무의 껍질이 먹물같이 검어서 붙여졌다는 이야기가 더 설득력이 있다. 제주도에서는 먹물을 '먹낭'이라고 하는데, 먹낭이 '먼'으로 바뀐 것으로 생각된다. 한편 나무가 감탕나무와 비슷하나 약간 작아서 좀감탕나무라고도 한다.

상록활엽교목으로 높이는 10m 정도이고 수피는 회갈색이며 작은 가지는 능각이 있고 홍갈색이다. 잎은 어긋나고 혁질이며 타원형 및 긴 타원형으로 가장자리는 밋밋하고 뒷면 맥은 돌출되어 있다. 꽃은 암수딴그루로 새 가지에서 액생하는 취산화서에 몇 개씩 모여 달린다. 꽃잎은 도란상의 원형이며 5월에 황백색으로 핀다. 구형의 열매는 붉은색으로 10월부터 이듬해 2월에 익는다.

멀구슬나무_수피

멀구슬나무_겨울눈

열매가 대추와 비슷한데, 씨앗으로는 염주를 만들었다. 그래서 목구슬나무라고도 한다. 말구슬나무는 이 나무 이름의 제주도 방언이다.

멀구슬나무

- 학명 *Melia azedarach* L.
- 과명 멀구슬나무과
- 형태 낙엽활엽교목
- 꽃 5~6월
- 열매 9~10월

멀구슬나무_잎

멀구슬나무_꽃

멀구슬나무_열매(미성숙)

멀구슬나무_열매(성숙)

멀구슬나무_씨앗

생태적 특성

멀구슬나무는 열매가 대추와 비슷하다. 열매 속에 든 딱딱한 씨앗으로는 염주를 만들었는데, 그래서 목구슬나무라고도 한다. 멀구슬나무는 제주도 방언으로 구주목, 구주나무, 말구슬나무 등으로도 불리며, 한자로는 연수(練樹), 고련목(苦練木)이라고 한다.

낙엽활엽교목으로 높이는 15m 정도이고 수피는 암갈색으로 잘게 갈라진다. 잎은 2~3회 기수우상복엽으로 호생하며 길이는 80cm이다. 소엽은 난형 및 타원형이며 가장자리는 톱니 모양이다. 꽃은 가지 끝에 다수의 작은 꽃이 원추화서로 달리는데, 5~6월에 자주색으로 핀다. 열매는 핵과로 타원상의 구형으로 긴 자루에 주렁주렁 달린다. 9~10월에 엷은 황색으로 익는데 잎이 떨어진 뒤에도 계속 달려 있다.

멀꿀_수피

멀꿀_어린 가지

멀꿀은 제주 방언에서 유래된 이름으로 열매의 속살 맛이 꿀과 같다고 하여 붙여진 것이다. 제주도에서는 멍꿀, 멍줄이라 부르며 완도에서는 먹나무, 멍나무라 부르기도 한다.

멀꿀

- **학명** *Stauntonia hexaphylla* (Thunb.) Decne.
- **과명** 으름덩굴과
- **형태** 상록활엽덩굴성 목본
- **꽃** 5~6월
- **열매** 10월

멀꿀_잎

멀꿀_새잎

멀꿀_암꽃

멀꿀_수꽃

멀꿀_열매

멀꿀_씨앗

생태적 특성

 멀꿀은 제주 방언에서 유래된 이름으로 열매의 속살 맛이 꿀과 같다고 하여 붙여진 것이다. 제주도에서는 멍꿀, 멍줄이라 부르며 완도에서는 먹나무 또는 멍나무라 부르기도 한다.

 상록활엽덩굴성 목본이며 길이는 15m 정도이고 1년생 줄기는 털이 없고 녹색이며 왼쪽으로 감아 올라가는 습성이 있다. 잎은 혁질로 장상복엽이고 소엽은 5~7장으로 이루어졌으며 두껍고 타원형이다. 꽃은 액생하는 총상화서에 달리는데, 연한 황백색 바탕에 안쪽에 적갈색 선이 있으며 5~6월에 핀다. 열매는 타원형의 장과이고 적갈색으로 10월에 익으며 과육은 황색으로 달리는데 단맛이 난다. 종자는 검은색으로 열매에 100개 이상 들어 있다.

우리나라 산야에서 흔하게 볼 수 있는 딸기나무이다. 제주도에서는 멍석딸기를 콩탈이라고도 부르며 지방에 따라 멍딸기, 번둥딸나무, 멍두딸, 수리딸나무라고도 한다.

멍석딸기

학명 *Rubus parvifolius* L.
과명 장미과
형태 낙엽활엽덩굴성 관목
꽃 5월
열매 6~7월

멍석딸기_잎(앞면과 뒷면)

멍석딸기_새순   멍석딸기_꽃   멍석딸기_열매

생태적 특성

제주도에서는 멍석딸기를 콩탈이라고도 부르며 지방에 따라 멍딸기, 번둥딸나무, 멍두딸, 수리딸나무라고도 한다.

낙엽활엽덩굴성 관목으로 산기슭 이하의 낮은 지대에서 잘 자란다. 높이가 30cm 정도로 옆으로 퍼지는데, 이렇게 퍼지는 줄기와 잎들이 마치 멍석처럼 펼쳐져 멍석이라는 이름을 붙인 모양이다.

줄기에 갈고리 모양의 작은 가시가 난다. 잎은 어긋나며 소엽이 3개로 이루어지는데, 어린잎은 5개인 것도 흔하다. 소엽은 도란형이거나 난원형을 이룬다. 잎 뒷면에 흰 털이 밀생하며, 가장자리에는 톱니가 난다. 꽃은 5월에 분홍색으로 위를 향해 핀다. 꽃자루에도 가시가 있으며, 꽃잎은 5장으로 이루어져 있다. 열매는 6~7월에 붉은색으로 1.2~1.5cm의 크기로 둥글게 익는데, 맛이 좋은 편에 속한다.

메타세쿼이아_수피

메타세쿼이아_단풍

메타세쿼이아는 세계 각국에서 화석으로 발견되었는데, 우리나라에서도 포항에서 화석이 발견되었다. 하지만 이미 멸종된 것으로 알려졌다가 중국의 오지에서 발견됨으로써 '살아 있는 화석'이라고 불리게 되었다.

메타세쿼이아

학명	*Metasequoia glyptostroboides* Hu & W. C. Cheng
과명	낙우송과
형태	낙엽침엽교목
꽃	4~5월
열매	10~11월

메타세쿼이아_잎

메타세쿼이아_암꽃

메타세쿼이아_수꽃

메타세쿼이아_열매(미성숙)

메타세쿼이아_채취한 열매

생태적 특성

메타세쿼이아는 세계 각국에서 화석으로 발견되었는데, 중생대 백악기부터 신생대 제3기 사이에 북반구에 널리 퍼져 무성하게 자라던 나무이다. 우리나라에서도 포항에서 화석이 발견되었다. 개체수가 적은 반면, 수령이 4,000~5,000년이나 되는 것이 있다. 하지만 메타세쿼이아와 세쿼이아는 다른 나무이다. 한자로는 수삼(水杉)이라고 하며 영어명은 Dawn redwood이다.

낙엽침엽교목으로 높이는 35m이고 지름은 2m까지 큰다. 수피는 적갈색이며 얇고 세로로 갈라지고 길게 벗겨진다. 나무의 모양은 원뿔형이다. 잎은 선형으로 마주나며, 길이는 10~25mm, 너비는 1.5~2mm이다. 밑부분은 둥글며 끝이 뾰족하고 날개 모양으로 두 줄로 배열된다. 꽃은 양성화로 4~5월에 피는데, 수꽃은 작은 가지 끝에 이삭처럼 달리고, 암꽃은 작은 가지에 1개씩 달린다. 열매는 구형으로 아래로 처지고 씨는 도란형으로 날개가 있으며 10~11월경에 익는다.

모과나무_수피

모과나무_단풍

지방기념물로 지정, 보호하고 있는 모과나무는 네 그루가 있다. 이 중 순창 강천사의 모과나무는 수령 300년으로 강천사의 스님이 심었다고 하는데, 아직도 꽃이 피고 열매가 열린다.

모과나무

- **학명** *Chaenomeles sinensis* (Thouin) Koehne
- **과명** 장미과
- **형태** 낙엽활엽소교목 또는 교목
- **꽃** 5월
- **열매** 9~10월

모과나무_잎

모과나무_꽃(양성화)

모과나무_수꽃

모과나무_어린 열매

모과나무_열매(성숙)

생태적 특성

모과는 목과(木瓜)에서 유래된 이름으로 '나무에 열리는 참외'라는 뜻인데, 목의 받침 ㄱ이 탈락하여 모과가 되어버린 경우이다. 목과, 목계(木季) 등으로도 불린다.

낙엽활엽소교목 또는 교목으로 높이는 10m이고 지름 80cm 정도이다. 작은 가지는 가시가 없으며 어릴 때는 털이 있고, 수피는 붉은 갈색을 띠며 얼룩무늬가 있고 비늘 모양으로 벗겨진다. 줄기의 껍질이 매끄럽고 조각조각 떨어지며 줄기에 골이 지고 혹 같은 것이 만져지는 독특한 모양을 하고 있다. 잎은 어긋나고 타원상의 난형으로 양 끝이 좁으며 가장자리에는 뾰족한 잔톱니가 있는데, 어린잎은 선형으로 뒷면에 털이 있다가 점차 없어진다. 꽃은 5월에 연한 붉은빛으로 가지 끝에 1개씩 달린다. 열매는 긴 타원형으로 목질화되었으며 9~10월에 익으면 녹색에서 노란색으로 변한다. 향기가 매우 좋아 천연 방향제로 사용하는데 벌레 먹고 못생긴 모과일수록 향기가 짙다.

모란_수피

모란_새순

부귀화(富貴花)라고 부르는데 이 꽃이 부귀와 풍요를 상징하기 때문이다. 예전에는 병풍에 모란을 많이 그렸는데, 이를 모란병(牡丹屛)이라 해서 집안에 경사스러운 일이 있을 때 병풍을 치곤 했다.

모란

- **학명** *Paeonia suffruticosa* Andrews
- **과명** 작약과
- **형태** 낙엽활엽관목
- **꽃** 5월
- **열매** 7~8월

모란_잎

모란_꽃봉오리

모란_꽃

모란_열매(미성숙)

모란_열매(성숙)

모란_꼬투리

생태적 특성

낙엽활엽관목으로 높이는 1.5m 이상이고 밑에서 많은 줄기가 올라와 넓은 수형을 이루는데 줄기의 지름이 15cm인 것도 있다. 잎은 2회 3출 복엽으로 길이 20~25cm이며 소엽은 넓은 난형으로 3~5개로 갈라지며 뒷면에는 잔털이 있고 흰빛을 띤다. 꽃은 양성화로 가지 끝에 달리고 꽃받침 잎은 5장으로 녹색이며 꽃잎은 5개로 자홍색 또는 흰색으로 5월에 핀다. 열매는 골돌로 긴 원형이며 황갈색 털이 밀생하고 7~8월에 익으며 종자는 구형으로 검은색이다. 뿌리는 굵고 희다. 어린싹이 돋아날 때는 붉은빛을 띠며 잎과 동시에 꽃봉오리가 함께 자란다.

목련_수피

목련(木蓮)은 나무에 피는 연꽃이라 하여 붙여진 이름이다. 흔히 봄을 맞이하는 꽃이라 하여 영춘화(迎春花)라고 부르는데, 물푸레나무과의 영춘화와는 다르다.

목련

학명 *Magnolia kobus* DC.
과명 목련과
형태 낙엽활엽교목
꽃 3~4월
열매 9~10월

목련_잎

목련_꽃봉오리

목련_꽃

목련_열매(미성숙)

목련_열매(성숙)

생태적 특성

목련은 종류가 매우 많다. 우리나라에는 목련과 함박꽃나무만이 자생한다. 그런데 우리가 흔히 볼 수 있는 목련은 중국이 원산지인 백목련이다. 우리나라의 자생 목련은 제주도 한라산에서 자라며, 꽃잎 안쪽이 붉은색을 띠는 것이 특징이다. 꽃잎은 6장처럼 보이나 9장으로 향기가 매우 진하다.

낙엽활엽교목으로 높이는 10m 정도이고 지름이 1m로 수피는 회백색이다. 수피가 조밀하게 갈라지고 작은 가지는 연한 녹색이다. 잎은 도란상의 타원형으로 잎자루에 흰색 털이 있다. 꽃은 잎보다 먼저 3~4월에 흰색으로 피지만 기부는 연한 홍색이다. 열매는 골돌과로 원뿔형이며 씨는 타원형으로 하얀 실 같은 것이 붙어 있는데 9~10월에 익는다.

무환자나무_수피

무환자나무_꽃차례

근심을 없애주는 나무가 있다면 정말 얼마나 좋겠는가. 이 나무에서 나는 열매로 염주를 꿰는데, 근심과 걱정이 있을 때나 번뇌가 찾아들 때마다 염주 알을 한 알 한 알 돌리며 잊는 것이다.

무환자나무

- **학명** *Sapindus mukorossi* Gaertn.
- **과명** 무환자나무과
- **형태** 낙엽활엽교목
- **꽃** 5~6월
- **열매** 10월

무환자나무_잎

무환자나무_잎(뒷면)과 잎차례

무환자나무_암꽃

무환자나무_수꽃

무환자나무_열매

무환자나무_씨앗

생태적 특성

열매로 염주를 꿰는데, 근심과 걱정이 있을 때나 염주 알을 돌리며 잊는 것이다. 무환자(無患子)는 근심을 없애는 열매라는 뜻이다. 또 이 나무를 집에 심으면 자녀에게 우환이 미치지 않는다고 해서 무환자라고 했다고도 한다. 염주를 만든다 해서 염주나무, 껍질을 비누처럼 사용한다고 해서 비누나무라고도 불린다. 제주도에서는 도욱낭 또는 더욱낭으로도 불리고 있다.

낙엽활엽교목으로 높이는 15m이고 줄기는 곧고 길게 자란다. 수피는 회색이 도는 갈색이다. 가지는 굵고 비스듬하게 뻗으며 자랄수록 구불구불 비틀어지는데 마치 버들잎 모양이다. 잎은 우상복엽으로 어긋나게 달리는데 소엽은 12~14개씩 긴 타원형으로 뒷면에 주름이 있고 가장자리는 밋밋하다. 꽃은 5~6월에 노란빛이 도는 연녹색으로 핀다. 열매는 10월에 작은 공 모양으로 익는데 열매가 익으면 황갈색이 되며 껍질은 반투명하다. 열매 속에는 검고 둥근 씨앗이 1개 들어 있으며 속살이 비어 있어 흔들면 움직인다.

오리나무는 종류가 상당히 많은데, 그중에서 물오리나무는 산지에서 자라기 때문에 흔히 산오리나무로도 불린다.

물오리나무

- **학명** *Alnus sibirica* Fisch. ex Turcz.
- **과명** 자작나무과
- **형태** 낙엽활엽교목
- **꽃** 4월
- **열매** 10월

물오리나무_잎

물오리나무_암꽃

물오리나무_수꽃

물오리나무_열매

물오리나무_수피

생태적 특성

    오리나무는 종류가 상당히 많은데, 그중에서 물오리나무는 가장 흔한 수종으로 잎이 둥글며 가장자리에 겹톱니가 있는 것이 특징이다.

    낙엽활엽교목으로 높이는 20m이고 지름이 60cm로 줄기가 곧으며 수형은 원뿔형이다. 수피는 회갈색으로 평활하다. 잎은 넓은 난형으로 겹톱니가 있으며 5~8개로 얕게 갈라지는데 표면은 회백색이다. 수꽃은 2~4개가 가지 선단에 달리며, 암꽃은 수꽃 밑에 3~5개씩 모여 달리고 4월에 꽃이 핀다. 과수(果穗 : 이삭처럼 자잘한 열매가 달린 모양)는 타원형이며 좁은 날개가 있는 소견과로 흑갈색이며 10월에 익는다.

물푸레나무_수피

물푸레나무_어린 수피

우리나라에 유명한 물푸레나무가 몇 그루 있다. 경기도 파주의 무건리 물푸레나무와 화성의 전곡리 물푸레나무는 각각 천연기념물로 지정되어 보호를 받고 있다.

물푸레나무

- **학명** *Fraxinus rhynchophylla* Hance
- **과명** 물푸레나무과
- **형태** 낙엽활엽교목
- **꽃** 5월
- **열매** 9월

물푸레나무_잎

물푸레나무_꽃봉오리

물푸레나무_꽃

물푸레나무_열매

물푸레나무_씨앗

생태적 특성

가지를 꺾어 물에 넣으면 가지에서 푸른 물이 우러나와 물이 푸르게 된다는 데에서 물푸레나무라고 한다. 쉬청나무, 떡물푸레나무, 광능물푸레나무, 민물푸레나무, 광릉물푸레 등으로도 불리며, 한자명은 목창목(木倉木)이다.

낙엽활엽교목으로 높이는 $10m$ 정도이다. 줄기에 불규칙한 연한 갈회색 얼룩무늬가 가로로 있으며 작은 가지는 회갈색이다. 잎은 마주나며 3~7개의 소엽으로 된 기수우상복엽이고, 소엽은 난형 및 넓은 난형으로 가장자리는 밋밋하거나 물결 모양의 톱니가 있다. 꽃은 대부분 암수딴그루이나 간혹 암수한그루인 잡성도 있다. 꽃은 새 가지에서 액생하는 원추화서에 달리며 수꽃은 2개의 수술이 있고 암꽃은 2~4개의 꽃잎과 수술 및 암술이 있으며 5월에 핀다. 열매는 피침형의 시과로 9월에 갈색으로 익는다.

'미국에서 들여온 버들'이라는 뜻으로 미류(美柳)라고 부르던 것이 '미루'로 되었다. 양버들과 함께 포플러로 불리면서 20세기 초부터 우리나라 각지에 심어진 나무이다.

미루나무

- **학명** *Populus deltoides* Marsh.
- **과명** 버드나무과
- **형태** 낙엽활엽교목
- **꽃** 3~4월
- **열매** 5월

미루나무_잎

미루나무_씨앗   미루나무_수피

생태적 특성

미루나무는 '미국에서 들여온 버들'이라는 뜻으로 미류(美柳)라고 부르던 것이 '미루'로 되었다. 흔히 포플러라고도 하지만 포플러는 미루나무와 양버들의 잡종이며, 병충해로 인해 잎이 빨리 떨어지는 단점을 개선한 개량 나무이다. 양버들과 함께 포플러로 불리면서 20세기 초부터 우리나라 각지에 심어졌다.

낙엽활엽교목으로 높이는 $30m$ 정도이고 지름이 $1m$이다. 수피는 차츰 세로로 터지면서 흑갈색으로 된다. 잎은 난형의 삼각형 및 넓은 난형으로 가장자리에 안으로 굽은 톱니가 있다. 암수딴그루로 수꽃은 40~60개의 수술이 달리고 암꽃의 암술은 3~4개로 3~4월에 핀다. 열매는 3~4개로 갈라지며 5월에 익는데 씨는 솜털에 싸여 있다.

미선나무_수피

미선나무_꽃봉오리

열매 모양이 부채처럼 생겨 꼬리 미(尾) 자와 부채 선(扇) 자를 붙여 미선나무라고 하며, 한자명은 씨의 모양이 둥근 부채 같아 단선(團扇)이라고 한다.

미선나무

학명 *Abeliophyllum distichum* Nakai
과명 물푸레나무과
형태 낙엽활엽관목
꽃 3~4월
열매 9~10월

미선나무_잎과 잎차례

미선나무_꽃

미선나무_열매(미성숙)

미선나무_열매(성숙)

생태적 특성

열매 모양이 부채처럼 생겨 꼬리 미(尾) 자와 부채 선(扇) 자를 붙여 미선나무라고 하며, 한자명은 씨의 모양이 둥근 부채 같아 단선(團扇)이라고 한다.

낙엽활엽관목이며 높이는 $1m$ 정도이다. 가지는 끝이 처지며 자줏빛이 돌고 골속은 계단상이며 작은 가지는 사각형이다. 잎은 마주나며 2줄로 달린다. 잎의 모양은 난형 및 타원상의 난형이고 가장자리는 밋밋하다.

꽃은 총상화서로 달리며 흰색 혹은 연한 분홍색으로 3~4월에 잎보다 먼저 핀다. 꽃이 개나리꽃과 비슷하나 개나리꽃에는 향기가 없는 반면, 미선나무 꽃은 향기가 뛰어나다. 열매는 시과로 원상의 타원형으로 부채처럼 생겼으며 9~10월에 끝이 오목하게 익는다.

나무가 워낙 단단하여 '도깨비를 박살내는 나무'라는 뜻으로 박살나무라고 부르다가 박달나무로 바뀌었다는 유래가 있다.

박달나무

- **학명** *Betula schmidtii* Regel
- **과명** 자작나무과
- **형태** 낙엽활엽교목
- **꽃** 5~6월
- **열매** 9~10월

박달나무_잎

박달나무_열매

박달나무_어린 줄기

박달나무_수피

생태적 특성

박달나무는 나무가 워낙 단단하여 '도깨비를 박살내는 나무'라는 뜻으로 박살나무라고 부르다가 박달나무로 바뀌었다는 유래가 있다. 단목(檀木), 박달목(朴達木) 등으로도 불린다.

낙엽활엽교목으로 높이는 30m이고 지름이 1m로 수피는 흑회색이다. 작은 가지는 털이 있고 가로로 된 줄무늬가 있으며 흰색의 점이 있다. 꽃은 5~6월에 핀다. 열매는 타원형으로 위를 향한 상태로 열리고 날개가 거의 없으며 9~10월에 익는다.

옛날에는 수레바퀴를 박달나무로 만들어 썼으며, 껍질로는 질 좋은 종이를 만들었다. 또 쓰임새가 워낙 많아 고인쇄용 목판, 윷가락, 팽이, 북채, 다듬잇방망이, 수레바퀴, 참빗, 곤봉 등의 생활도구를 만들었다. 어릴 때 갖고 놀던 나무팽이 중 으뜸은 바로 박달나무로 만든 것인데, 다른 팽이와 부딪칠 때 최고였다.

박쥐나무_수피

박쥐나무_잎(뒷면)

경상도에서는 셔츠의 깃과 비슷하다고 해서 남방잎이라고도 부른다. 옛날 선비들이 은거하거나 유배생활을 하던 곳에 많이 심어진 것으로 보아 소외와 은둔의 나무라 할 만하다.

박쥐나무

- **학명** *Alangium platanifolium* var. *trilobum* (Miq.) Ohwi
- **과명** 박쥐나무과
- **형태** 낙엽활엽관목
- **꽃** 5~7월
- **열매** 9월

박쥐나무_새잎

박쥐나무_꽃봉오리

박쥐나무_열매

박쥐나무_꽃

생태적 특성

　박쥐나무라는 이름은 넓고 큰 잎 모양이 박쥐가 날개를 편 것 같아 붙여진 이름이다. 경상도에서는 셔츠의 깃과 비슷하다고 해서 남방잎이라고도 부른다. 누른대나무, 털박쥐나무, 과목(瓜木), 팔각풍(八角楓)이라고도 한다.

　낙엽활엽관목으로 높이는 3~4m 정도이다. 줄기는 밑에서 여러 개가 올라와 수형을 이루고, 수피는 짙은 회색이며 벗겨진다. 잎은 어긋나며 사각상 원형으로 길이와 너비가 각각 8~18cm이며 윗부분이 3~5개로 얕게 갈라지고 양면에 짧은 털이 있다. 꽃은 1~4개씩 액생하는 취산화서로 달리며 8개의 꽃잎은 선형으로 뒤로 말린다. 꽃은 5~7월에 피는데 꽃잎이 용수철처럼 말린 모습이 매우 독특하다. 열매는 핵과로 난상의 원형이고 9월에 짙푸른 검은색으로 익는다.

박태기나무_수피

박태기나무_잎차례

밥알을 튀겨서 붙여놓은 것처럼 줄기에 다닥다닥 붙어 있어서 밥튀기라고 부르다가 박태기로 바뀐 것이니 정겨운 나무로 볼 수 있다.

박태기나무

- **학명** *Cercis chinensis* Bunge
- **과명** 콩과
- **형태** 낙엽활엽관목 또는 소교목
- **꽃** 4월
- **열매** 9~10월

박태기나무_잎

박태기나무_꽃봉오리

박태기나무_꽃

박태기나무_열매

생태적 특성

마치 사람 이름 같지만 유래를 보면 밥알을 튀겨서 붙여놓은 것처럼 줄기에 다닥다닥 붙어 있어서 밥튀기라고 부르다가 박태기로 바뀐 것이니 정겨운 나무로 볼 수 있다. 소방목, 밥태기꽃나무, 구슬꽃나무라고도 한다. 또 한자명은 소방목(蘇方木), 만조홍(滿條紅), 자형(紫荊) 등이다.

낙엽활엽관목 또는 소교목으로 높이는 3~5m 정도이고 수피는 회갈색이다. 작은 가지에는 껍질눈이 많고 골속은 사각상이다. 잎은 한 장씩 심장 모양으로 어긋나게 달린다. 꽃은 적게는 7~8개, 많게는 20~30개씩 모여 달리며 자홍색으로 4월에 잎보다 먼저 핀다. 열매는 콩깍지 모양의 협과로 9~10월에 익는다. 종자는 편평한 타원형으로 황록색이다.

밤나무_수피

밤나무_잎(뒷면)

우리 생활과 밀접한 나무로 대추, 감과 함께 3대 과실수 중 하나다. 특히 관혼상제에는 꼭 등장하며, 혼례 때 폐백에서 자식을 많이 낳으라는 의미로도 쓰인다.

밤나무

- **학명** *Castanea crenata* Siebold & Zucc.
- **과명** 참나무과
- **형태** 낙엽활엽교목
- **꽃** 5~6월
- **열매** 9~10월

밤나무_잎(앞면)

밤나무_암꽃

밤나무_수꽃

밤나무_열매(미성숙)

밤나무_열매(성숙)

생태적 특성

낙엽활엽교목으로 높이 $15m$ 이상, 지름 $1m$까지 자라는데 수피는 세로로 갈라지고 작은 가지는 자줏빛이 도는 적갈색이며 털이 났다가 없어진다. 잎은 어긋나고 측지에는 두 줄로 배열되며 가장자리는 침 같은 톱니가 있고 측맥은 17~25쌍이다. 수꽃은 직립으로 피고 암꽃은 수꽃 밑에 대개 3개씩 모여 달리며 가시 같은 총포로 싸이고 5~6월에 편다. 견과는 가시 같은 총포 안에 1~3개가 들어 있는데 9~10월에 익는다. 열매가 밑부분 전부를 차지하며 윗부분에는 흰색 털이 나 있다.

밤송이는 특이하게 가시를 잔뜩 달고 있는데 이는 외부의 적으로부터 자기를 보호하기 위한 장치로 살아가기 위한 생존 전략이기도 하다.

방크스소나무_수피

방크스소나무_가지와 잎

한 가지 흥미로운 것은 솔방울이다. 소나무가 종자를 발아시키려면 반드시 솔방울이 터져야 하는데, 고온에서만 솔방울이 터지는 특징을 갖고 있다.

방크스소나무

학명 *Pinus banksiana* Lamb.
과명 소나무과
형태 상록침엽교목
꽃 5월
열매 이듬해 10월

방크스소나무_잎

방크스소나무_새순

방크스소나무_암꽃

방크스소나무_수꽃

방크스소나무_열매(미성숙)

방크스소나무_채취한 열매

생태적 특성

독특한 이름을 가진 소나무이다. 방크스는 영국 왕립식물원의 후원자였던 요셉 방크스(Josep Banks) 경의 이름에서 유래한다.

상록침엽교목으로 높이는 25m이고 지름은 50cm 정도 자란다. 가지가 수평으로 퍼지고 해마다 여러 층의 가지가 새로 자라나는 것이 이 나무의 가장 큰 특성이다. 수피는 암갈색이며 두껍고 박편처럼 떨어진다.

침엽은 2개씩 뒤틀려 나오는데 길이가 2~4cm로 매우 짧아 다른 소나무와 쉽게 구분이 된다. 특히 리기다소나무의 잎 모양과 비슷하지만 리기다소나무의 잎은 3개씩 나며, 잎의 길이가 7~18cm로 방크스소나무보다 3.5배 이상이나 길다. 회색빛을 띤 열매는 매우 단단해 오랫동안 벌어지지 않고 매달려 있다. 씨는 흑색을 띠며 삼각상의 난형으로 이듬해 10월에 익는다.

옛사람들은 배를 과일의 으뜸이라는 뜻으로 과종(果宗)이라 부르며, 꽃의 아버지라 하여 밀부(蜜父)라 부르기도 하였다.

배나무

- **학명** *Pyrus pyrifolia* var. *culta* (Makino) Nakai
- **과명** 장미과
- **형태** 낙엽활엽교목
- **꽃** 4월
- **열매** 9~10월

배나무_잎

배나무_꽃봉오리   배나무_꽃

배나무_어린 열매   배나무_열매(성숙)   배나무_수피

생태적 특성

배를 뜻하는 한자 '이(梨)'는 이로울 이(利)와 나무 목(木)이 합쳐진 글자이다. 배나무 열매인 배는 막힘이 없이 밑으로 잘 내려가는 성질이 있는데, 배에 병이 났을 때 먹는 과일이라는 뜻으로 배나무라 했다고 알려져 있다. 쾌과(快果)라고도 하는데 이는 상쾌한 과일이라는 뜻이다.

낙엽활엽교목으로 높이는 5~10m 정도이고 줄기는 곧게 자란다. 줄기껍질은 붉은빛이 도는 회갈색이다. 잎은 타원형으로 어긋나며 잎자루가 길고 끝이 꼬리처럼 뾰족하다. 꽃은 4월에 5장으로 둥글고 가늘며 긴 꽃술이 사방으로 갈라져 나온다. 열매는 9~10월에 둥글고 황금색으로 익는데 열매 속살에는 석세포가 뭉쳐 있다.

백당나무_수피

백당나무_열매

꽃이라고 해야 좁쌀만 한 것들을 달고 있으니 열매를 맺기 위해 새로운 전략을 짜야 하는데, 꽃보다 크고 예쁜 가짜 꽃을 꽃 주변에 붙여서 곤충들을 유인한다. 바로 무성화를 달고 있는 것이다.

백당나무

- 학명 *Viburnum opulus* var. *calvescens* (Rehder) H. Hara
- 과명 인동과
- 형태 낙엽활엽관목
- 꽃 5~7월
- 열매 9월

백당나무_잎

백당나무_잎차례

백당나무_꽃

생태적 특성

나무들의 생존전략은 눈물겹다. 어떻게든 종족을 보존하기 위해 주어진 환경에서 최선을 다해야 한다. 백당나무도 그중 하나이다. 꽃이라고 해야 좁쌀만 한 것들을 달고 있으니 열매를 맺기 위해 새로운 전략을 짜야 하는데, 꽃보다 크고 예쁜 가짜 꽃을 꽃 주변에 붙여서 곤충들을 유인한다. 바로 무성화를 달고 있는 것이다.

낙엽활엽관목으로 높이는 약 3m이다. 나무껍질은 불규칙하게 갈라진다. 잎은 마주나며 끝이 세 개로 갈라진다. 잎의 모양은 넓은 난형이며, 크기는 길이와 너비가 각각 4~12cm이다. 잎 뒷면 맥 위에 잔털이 있다. 꽃은 5~7월에 흰색으로 산방꽃차례를 이루며 뭉쳐 달린다. 언뜻 보면 꽃 주위에 있는 무성화가 꽃처럼 보인다. 무성화는 5갈래 조각으로 이루어지고 지름은 3cm이다. 무성화 때문에 꽃이 매우 아름답지만 잎이 떨어져 썩기 시작하면 고약한 냄새를 풍긴다. 꽃차례가 평평한 접시처럼 생겨서 접시꽃나무라고도 한다. 열매는 핵과로 둥글고 지름 8~10mm이며 9월에 붉게 익는다.

백량금_수피  백량금_씨앗

백량금이라는 이름은 빨갛게 익은 열매가 백만 냥의 값어치가 있을 만큼 아름답다고 해서 붙여졌다고 한다. 한방에서는 전체 또는 잎을 찧어 상처 난 곳에 바른다.

백량금

- **학명** *Ardisia crenata* Sims
- **과명** 자금우과
- **형태** 상록활엽소관목
- **꽃** 5~6월
- **열매** 9~이듬해 2월

백량금_잎

백량금_꽃   백량금_열매

생태적 특성

백량금이라는 이름은 빨갛게 익은 열매가 백만 냥의 값어치가 있을 만큼 아름답다고 해서 붙여졌다고 한다. 왕백량금, 탱자아재비, 큰백량금, 선꽃나무, 그늘백량금 등으로도 불린다. 일본에서는 만냥금(萬兩金)이라고도 하는데, 이는 백량금을 유통시키는 사람들이 백(百)을 만(萬)으로 바꿔 부르면서 이름이 바뀌었다고 한다.

상록활엽소관목으로 높이는 1m 정도이고 줄기에 털이 없다. 뿌리는 3~4개의 굵은 뿌리가 덩이뿌리 모양으로 생긴다. 잎은 어긋나며 타원형 및 피침형으로 톱니 사이에 검은색 선점이 있다. 꽃은 양성화로 줄기 끝에 산형 또는 복산형화서를 이루며 화관은 5갈래로 갈라지고 열편은 난형이며 담홍색으로 뒤로 젖혀지고 5~6월에 핀다. 열매는 붉은색의 장과로 9월에 익는데, 이듬해 2월까지 떨어지지 않고 달려 있다. 실내에서는 종자가 맺힌 채로 발아되기도 하며 9~10월까지 달려 있다.

백목련_수피  백목련_꽃봉오리

이른 봄에 흰 꽃이 커다랗게 피어 매우 화려한데 겨울에 매달려 있는 붓끝처럼 생긴 큰 겨울눈은 관상적 가치를 갖고 있다.

백목련

- 학명 *Magnolia denudata* Desr.
- 과명 목련과
- 형태 낙엽활엽교목
- 꽃 4~5월
- 열매 9~10월

백목련_잎

백목련_꽃

백목련_꽃 무리

백목련_암술과 수술

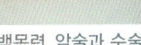
백목련_열매(미성숙)

백목련_열매(성숙)

생태적 특성

이른 봄에 흰 꽃이 커다랗게 피는 백목련은 매우 화려한데 겨울에 매달려 있는 붓끝처럼 생긴 큰 겨울눈은 관상적 가치를 갖고 있다. 꽃 색깔은 목련과 비슷하지만 꽃잎이 작고 완전히 벌어지는 목련과 구분하기 위해 백목련이라 부르게 되었다. 우리나라 자생 목련은 꽃잎 안쪽에 붉은 기가 돈다. 옥란, 백옥란, 목필이라고도 한다.

낙엽활엽교목으로 높이는 15m이고 지름이 60cm이다. 수관은 둥글고 수피는 회백색이며 작은 가지는 회갈색이다. 잎은 도란형 및 도란상의 타원형으로 어긋나며 표면은 맥 위에 털이 있고 뒷면은 연한 녹색이며 잎줄에 털이 약간 있다. 꽃은 잎보다 먼저 나오고 흰빛으로 4~5월에 가지 끝에 피는데 향기가 짙다. 열매는 홍갈색 원뿔형의 골돌과로 열매조각은 목질이며 종자는 난형으로 9~10월에 익는다.

백송_수피

백송_새순

보은의 어암리에 있는 백송은 김상진이라는 사람이 정조 17년(1793)에 중국에서 종자를 얻어와 심은 것이 아직도 자라고 있다. 천연기념물 제104호로 지정되어 보호받고 있다.

백송

- **학명** *Pinus bungeana* Zucc. ex Endl.
- **과명** 소나무과
- **형태** 상록침엽교목
- **꽃** 4~5월
- **열매** 이듬해 10~11월

백송_잎

백송_잎차례

백송_암꽃

백송_수꽃

백송_어린 열매

백송_열매(성숙)

생태적 특성

흰 소나무라고 해서 백송이라고 불리는 나무로 본래 중국이 원산지이다. 그래서 옛날에 이 나무를 들여왔을 때에는 당송(唐松)이라고도 했다. 표면이 버즘나무처럼 나무껍질이 얇게 벗겨지는 것이 특징이다. 백골송, 흰소나무, 백피송(白皮松), 백과송(白果松)이라고도 한다.

백송의 특징은 생장속도가 아주 느리고 공해에 약하다는 점이다. 그래서 전국에 오래된 백송이 드문 편이며, 100년 이상 된 나무의 경우 천연기념물로 지정해 보호할 정도이다. 특이한 것은 서울에 천연기념물로 지정된 백송이 몇 그루 있다는 점인데, 공기가 나쁜 도심에서 겨우겨우 생을 견뎌내고 있다.

상록침엽교목으로 높이는 15m 이상까지 자라고 지름은 1.7m 이상 큰다. 줄기는 많이 갈라지며 수피는 흰색의 얇은 조각으로 벗겨진다. 침엽은 3개씩 속생하며 꽃은 4~5월에 핀다. 수꽃은 긴 타원형이고 암꽃은 난형이다. 열매는 원뿔 모양의 난원형으로 이듬해 10~11월에 익는다. 씨는 도란형으로 황갈색의 줄이 있으며 불완전한 날개가 있다.

실제로 오뉴월에 꽃이 피면 흰 꽃이 녹색 잎을 다 가릴 정도로 뒤덮는다. 오뉴월에 눈이 온 듯하다고 해서 유월설(六月雪)이라는 이름도 있다.

백정화

- 학명 *Serissa japonica* (Thunb.) Thunb.
- 과명 꼭두서니과
- 형태 상록활엽관목
- 꽃 5~6월
- 열매 7월

백정화_잎

백정화_꽃

생태적 특성

옆에서 보면 흰 꽃이 고무래 정(丁) 자처럼 보인다고 해서 백정화(白丁花)라고 한다. 하늘에 별이 꽉 차 있다는 뜻을 가지는 만천성(滿天星)이라는 멋진 이름도 있으며 두메별꽃, 백마골이라고도 불린다. 실제 오뉴월에 꽃이 피면 흰 꽃이 녹색 잎을 다 가릴 정도로 뒤덮는다. 오뉴월에 눈이 온 듯하다고 해서 유월설(六月雪)이라는 이름도 있다.

상록활엽관목으로 높이는 1m 정도이다. 높이가 작은 반면 가지는 여러 갈래로 갈라져 수형이 아름답다. 마주나는 잎은 긴 타원형으로 길이는 2cm이며, 가장자리가 밋밋하다. 꽃은 5~6월에 잎겨드랑이에 피는데, 새하얀 색은 아니고 연한 홍색을 띤다. 7월에 핵과의 열매가 익는다.

백합나무_수피

백합나무_겨울눈

백합은 본래 백합과의 구근초이나 백합나무는 목련과의 낙엽활엽교목이다. 튤립과 같은 꽃이 핀다고 해서 붙여진 이름으로 튤립나무 혹은 목백합이라고도 한다.

백합나무

- **학명** *Liriodendron tulipifera* L.
- **과명** 목련과
- **형태** 낙엽활엽교목
- **꽃** 5~6월
- **열매** 10~11월

백합나무_잎

백합나무_꽃(측면)　　　　　　　백합나무_꽃(정면)

백합나무_어린 열매　　　백합나무_열매(성숙)　　　백합나무_씨앗

생태적 특성

백합은 본래 백합과의 구근초이나 백합나무는 목련과의 낙엽활엽교목이다. 튤립나무 혹은 목백합이라고도 하며 미국목련, 노랑포플러, 백합목(百合木)이라고도 한다.

낙엽활엽교목으로 높이는 15m이고 지름이 1m 정도이다. 수피는 회백색으로 세로로 갈라진다. 수형은 원뿔형으로 넓고 줄기는 곧다. 잎은 어긋나며 직사각형으로 2~3열로 갈라지고 길이는 7~12cm이며 어린잎은 뒷면에 흰색 털이 있고 잎자루는 길이 5~10cm로 매우 길다. 꽃은 튤립 모양의 녹황색 꽃이 위를 보고 한 송이씩 5~6월에 핀다. 꽃잎은 6장으로 밑쪽에 반점이 있다. 열매는 10~11월에 익으며 종자가 1~2개씩 들어 있다.

버드나무 하면 우리나라 토종 나무로 많은 이야기가 숨어 있다. 흔히 칫솔질을 하는 것을 양치질이라고 하는데, 이는 옛날에 버드나무 가지인 양지(楊枝)에서 유래한 것이다.

버드나무

- **학명** *Salix koreensis* Andersson
- **과명** 버드나무과
- **형태** 낙엽활엽교목
- **꽃** 4월
- **열매** 5월

버드나무_잎

버드나무_암꽃

버드나무_수꽃

버드나무_열매

버드나무_수피

생태적 특성

강가에 가면 버드나무가 가지를 축축 늘어뜨리고 서 있는 풍경을 쉽게 보게 된다. 워낙 물가를 좋아하는 나무라서 햇빛이 잘 드는 강가에는 늘 그렇게 버드나무가 줄지어 서 있다. 시원한 그늘도 만들어주고 뿌리가 얽히고설켜 강둑을 보호해주기도 하니 일석이조이다.

버드나무 하면 우리나라 토종 나무로 많은 이야기가 숨어 있다. 흔히 칫솔질을 하는 것을 양치질이라고 하는데, 이는 옛날에 버드나무 가지인 양지(楊枝)에서 유래한 것이다.

낙엽활엽교목으로 높이는 $20m$이고 지름이 $80cm$로 수피는 암갈색이다. 잎은 피침형인데 어긋나고 앞면은 녹색으로 털이 없으며 뒷면은 흰빛을 띤다. 암수딴그루이며 수꽃은 타원형으로 털이 있고 암꽃의 포는 난형이며 녹색으로 털이 있다. 꽃은 4월에 잎과 함께 핀다. 난형의 열매는 5월에 익는다.

벚나무_수피

벚나무_꽃봉오리

꽃은 4~5월에 피었다가 바람이 불면 마치 흰 눈이 내리듯 후두두 떨어져 내린다. 열매는 버찌라 하여 생으로 따 먹는다.

벚나무

- **학명** *Prunus serrulata* var. *spontanea* (Maxim.) E. H. Wilson
- **과명** 장미과
- **형태** 낙엽활엽교목
- **꽃** 4~5월
- **열매** 6~7월

벚나무_잎

벚나무_꽃

벚나무_열매

벚나무_씨앗

생태적 특성

벚나무 이름의 유래는 미상이나 벚나무의 열매 버찌를 줄여서 부른 데에서 비롯된 것으로 추정된다. 산벚나무, 참벚나무 등으로도 불리며 한자로는 산앵화(山櫻花)라고도 한다.

낙엽활엽교목으로 높이는 10~20m이고 수피는 암자색이다. 꽃은 2~3개가 산방상 총상 및 산형상으로 달리며 연분홍이나 흰빛으로 핀다. 꽃잎은 도란형이며 끝부분이 凹형으로 4~5월에 피었다가, 바람이 불면 마치 흰 눈이 내리듯 후두두 떨어져 내린다. 열매는 둥글며 6~7월에 흑자색으로 익는데 버찌라 하여 생으로 따 먹는다. 열매를 이용하기 위한 원예품종이 많이 개발되고 있다.

나무껍질이 암자색을 띠며 매우 반질거리고 껍질눈(피목)이 가로로 줄을 그은 듯 죽죽 나 있다. 열매는 식용, 약용으로 쓰인다. 줄기 속껍질은 앵피(櫻皮)라 하여 진해, 기침, 두드러기 등에 약으로 쓴다.

병꽃나무_수피

병꽃나무_꽃

우리나라 특산종 중에는 희귀식물도 많지만 어디서나 잘 자라는 흔한 식물도 많다. 병꽃나무도 우리나라 특산종으로 세계에서 우리나라에만 자생한다.

병꽃나무

- 학명 *Weigela subsessilis* (Nakai) L. H. Bailey
- 과명 인동과
- 형태 낙엽활엽관목
- 꽃 4~5월
- 열매 9~10월

병꽃나무_잎

병꽃나무_어린 열매

병꽃나무_열매

병꽃나무_겨울눈

생태적 특성

우리나라 특산종 중에는 희귀식물도 많지만 어디서나 잘 자라는 흔한 식물도 많다. 어느 산에 가도 볼 수 있는 병꽃나무도 우리나라 특산종으로 세계에서 우리나라에만 자생한다.

낙엽활엽관목으로 높이는 3m 정도이다. 연한 잿빛을 띠는 줄기에 얼룩무늬가 있는 점이 독특하다. 잎은 마주나고 잎자루는 거의 없다. 잎의 모양은 도란상의 타원형 또는 넓은 난형으로 끝이 뾰족하다. 잎 양면에 털이 있고 뒷면 맥 위에는 퍼진 털이 있다. 잎 가장자리에는 작은 톱니가 난다.

꽃은 4~5월에 노랗게 피며 점점 붉어진다. 잎겨드랑이에 한두 개씩 달리는데, 꽃의 모양이 병처럼 생겨서 병꽃나무라는 이름을 얻었다. 꽃받침은 5개로 갈라지며 털이 나 있다. 열매는 바나나처럼 길게 구부러지며 길이는 1~1.5cm로서 9~10월에 성숙하여 2개로 갈라지고 종자에 날개가 있다.

열매 모양이 보리와 비슷하다고 해서 붙여진 이름이다. 열매가 달리는 모양을 보고 못자리를 내거나 보리 수확량을 점쳤으며, 팥 모양 같기도 하여 팥의 수확량을 점치곤 했다.

보리수나무

- **학명** *Elaeagnus umbellata* Thunb.
- **과명** 보리수나무과
- **형태** 낙엽활엽관목
- **꽃** 5~6월
- **열매** 9~10월

보리수나무_잎

보리수나무_꽃

보리수나무_열매

보리수나무_수피

생태적 특성

열매가 달리는 모양을 보고 묫자리를 내거나 보리 수확량을 점쳤으며, 팥 모양 같기도 하여 팥의 수확량을 점치곤 했다. 지방에 따라 부르는 이름이 다양해 볼네나무(제주도), 보리장나무(전남), 보리화주나무, 보리똥나무(경상도), 산보리수나무 등이 있다.

낙엽활엽관목으로 해발 1,200m 이하의 산과 들에서 자생한다. 높이는 3~4m 정도이고 가지에는 가시가 있으며 작은 가지는 은백색 또는 갈색이다. 잎은 어긋나며 타원형 및 난형의 긴 타원형이고 뒷면에 은백색 비늘털이 밀생하며 잎자루는 흰색이다. 암수딴그루로 꽃은 새 가지 잎겨드랑이에서 1~7개가 산형화서로 달리는데, 흰색에서 황색으로 변하며 5~6월에 핀다. 열매는 둥근 장과로 은백색의 비늘털로 덮여 있으며 9~10월에 붉은색으로 익는다.

복분자딸기_수피 　　　　　복분자딸기_꽃봉오리

고창 복분자주는 지역 특산물로 이름 높다. 주민들이 선운산에 자생하던 야생 복분자딸기를 밭에 옮겨 심은 뒤 열매를 따 술을 담가 먹으면서 알려졌다.

복분자딸기

- **학명** *Rubus coreanus* Miq.
- **과명** 장미과
- **형태** 낙엽활엽관목
- **꽃** 5~6월
- **열매** 7~8월

복분자딸기_잎과 잎차례

복분자딸기_꽃 복분자딸기_열매

생태적 특성

낙엽활엽관목으로 높이는 $3m$ 정도로 줄기는 아래로 뻗는다. 작은 가지는 적갈색이고 백분으로 덮여 있다. 잎끝은 뾰족하고 큰 잎자루에는 가시가 있다. 잎은 기수우상복엽으로 어긋나고 소엽은 난형 및 타원형이다. 꽃은 5~6월에 가지 끝에 산방화서에 달리는데 분홍 또는 연보랏빛으로 핀다. 열매는 난형의 취과로 7~8월에 붉은색에서 흑색으로 익는다.

우리나라와 중국에 분포한다. 일본에서도 재배는 하나 공식적인 약재로는 우리나라와 중국에서만 취급한다. 우리나라에서는 황해도 이남의 해발 50~$1,000m$의 계곡과 산기슭에 자란다. 건조하거나 습한 조건에 관계없이 햇빛이 잘 드는 곳에서는 잘 자라는데 주로 산기슭, 폐경지, 화전지 주변 등의 양지에서 잘 자란다.

복사나무_수피

복사나무_꽃

복사꽃이 아름답게 피는 시절을 도요시절(桃夭時節)이라고 하는데, 처녀가 시집가기에 알맞은 '꽃다운 시절'이라는 뜻이다. 봄날 여성의 마음을 흔들기에 충분하다.

복사나무

- 학명 *Prunus persica* (L.) Batsch
- 과명 장미과
- 형태 낙엽활엽소교목
- 꽃 4~5월
- 열매 8~9월

복사나무_잎

복사나무_어린 열매　　　　복사나무_열매(성숙)

생태적 특성

복사나무의 한자명은 도(桃), 도화수(桃花樹), 선과수(仙果樹) 등이다. 여기에서 도(桃) 자는 나무 목(木)과 조짐 조(兆)를 합친 글자로, 복숭아를 반으로 쪼개 갈라짐을 보고 점을 친 데에서 유래한다.

낙엽활엽소교목으로 높이는 6m 정도이다. 잎은 어긋나고 피침형이며 가장자리에 둔한 잔톱니가 있다. 꽃은 1개씩 잎보다 먼저 연분홍색으로 핀다. 열매인 복숭아는 핵과로 털이 많으며 난형의 원형으로 8~9월에 등황색으로 익는다. 열매의 가장 안쪽에 있는 씨를 도인(桃仁)이라 하고 열매는 도실(桃實)이라 한다. 우리 몸에도 복숭아와 관련된 이름이 있다. 발목의 복사뼈는 모양이 복숭아를 닮아 붙여진 이름이며, 목젖의 편도는 복숭아의 한 종류인 편도를 닮아 붙여진 것이다. 편도 열매는 복숭아와 비슷한데 익으면 터져서 속에 든 열매를 먹는다.

가을에 드는 단풍 중에서도 가장 으뜸이라고 할 만한 것이 바로 복자기이다. 색이 가장 곱고 붉은빛이 돌아 단풍 빛이 으뜸으로 가히 '단풍의 왕자'라고 할 만하다.

복자기

- 학명 *Acer triflorum* Kom.
- 과명 단풍나무과
- 형태 낙엽활엽교목
- 꽃 4~5월
- 열매 9~10월

복자기_잎

복자기_암꽃

복자기_수꽃

복자기_열매

복자기_겨울눈

복자기_수피

생태적 특성

가을에 드는 단풍 중에서도 색이 가장 곱고 붉은빛이 돌아 단풍 빛이 으뜸으로 가히 '단풍의 왕자'라고 할 만하다. 나도박달이라고도 부르며 가슬박달, 산참대, 개박달나무라고도 한다. 수피에서 타닌을 채취하여 염색에 이용하여 색수(色樹)라고도 한다.

낙엽활엽교목으로 높이는 $10m$ 정도이고 수피는 황갈색이며 작은 가지는 붉은색이 돈다. 잎은 마주나고 3개의 소엽으로 된 복엽이며 소엽은 긴 난형 및 타원상의 피침형이다. 잎의 가장자리에 털과 함께 2~4개의 큰 톱니가 있고, 뒷면 맥 위에 흰빛의 억센 털이 있다. 보통 암수딴그루이나 간혹 암수한그루로 가지 끝의 산방화서에 3개가 달리며 4~5월에 핀다. 열매는 회백색의 시과로 날개는 예각 또는 둔각으로 나란히 벌어지고 9~10월에 익는다.

분꽃나무_수피

분꽃나무_잎줄기

잎과 꽃이 분꽃가루를 바른 것처럼 부드럽고, 꽃향기가 여인들의 분 향기와 비슷하다고 해서 붙여진 이름인 듯하다. 분꽃나무의 향을 맡으면 여인의 향기가 느껴진다.

분꽃나무

- **학명** *Viburnum carlesii* Hemsl.
- **과명** 인동과
- **형태** 낙엽활엽관목
- **꽃** 4~5월
- **열매** 10~11월

분꽃나무_잎

분꽃나무_꽃

분꽃나무_어린 열매

분꽃나무_열매(미성숙)

분꽃나무_열매(성숙)

생태적 특성

꽃부리 바깥은 붉고 안쪽은 흰 것이 분꽃을 닮았다고 하여 분꽃나무라고 하며, 한자로 분화목(粉花木)이라고 한다. 향을 맡으면 여인의 향기가 느껴진다고 하여 여자화(女子花)라고도 한다.

낙엽활엽관목으로 높이는 2m이다. 새로 난 가지는 붉은 녹색이었다가 점차 붉은 갈색으로 바뀌며 나중에는 회갈색으로 된다. 작은 가지와 겨울눈에는 털이 빽빽이 난다. 잎은 마주나고 난형 또는 원형이다. 잎의 길이는 3~10cm이고 양면에 별 모양으로 갈라진 털이 나며 뒷면에는 털이 빽빽하다. 잎의 가장자리에는 불규칙한 톱니가 있다. 꽃은 4~5월에 잎과 동시에 피며, 연분홍색으로 취산꽃차례를 이룬다. 꽃은 지름 1~1.4cm로 향기가 강한 편이고, 꽃받침은 5개로 갈라진다. 열매는 지름 1cm의 타원형이며, 10~11월에 검은색으로 익고 식용한다.

분비나무_수피

분비나무_잎(뒷면)

전나무와 흡사하게 생겼으나 나무껍질이 희다고 해서 분피(粉皮)나무라 불리다가 분비나무로 되었을 것으로 생각된다.

분비나무

- **학명** *Abies nephrolepis* (Trautv. ex Maxim.) Maxim.
- **과명** 소나무과
- **형태** 상록침엽교목
- **꽃** 4~5월
- **열매** 9~10월

분비나무_잎(앞면)

분비나무_암꽃

분비나무_수꽃

분비나무_열매

분비나무_겨울눈

생태적 특성

전나무와 흡사하게 생겼으나 나무껍질이 희고 잎끝이 오목하게 들어가 있는 점이 다르다. 나무껍질이 희다고 해서 분피(粉皮)나무라 불리다가 분비나무로 되었을 것으로 생각된다. 한자로는 백회(白檜), 백대송(白大松), 무과송(無果松) 등으로 부르며, 영어로는 East siberian fir 즉 동시베리아 전나무라 불린다.

고산지대에 자라는 수종으로 높이는 25m이고 지름은 75cm에 이른다. 암수한그루로 꽃은 4~5월에 자주색으로 핀다. 열매는 난상의 원기둥꼴로 포린은 드러나지 않고 종자는 도란상의 삼각형으로 녹갈색이다. 열매는 9~10월에 익으며, 날개가 달려 있다.

전체적으로 우리나라 특산종인 구상나무와 흡사하여 두 나무를 구분하기가 어렵다. 분비나무는 솔방울의 비늘 끝이 곧바르게 되어 있는 반면, 구상나무는 갈고리처럼 뒤로 휜 것이 차이점이다.

붉가시나무_수피  붉가시나무_겨울눈

줄기가 곧게 자라면서도 가지가 많으며 잎이 무성하여 전체적인 모양이 장중한 느낌을 준다. 가히 숲의 제왕이라는 표현이 어울리는 수종이다.

붉가시나무

- **학명** *Quercus acuta* Thunb.
- **과명** 참나무과
- **형태** 상록활엽교목
- **꽃** 5월
- **열매** 이듬해 10월

붉가시나무_잎

붉가시나무_암꽃

붉가시나무_수꽃   붉가시나무_수꽃 무리

붉가시나무_열매(1년생)

붉가시나무_열매(2년생)

생태적 특성

붉가시나무 역시 참나무과 가시나무의 한 종류이다. 목재의 빛깔이 붉기 때문에 붉가시나무라는 이름이 붙었다. 높이는 약 20m이며, 지름이 60cm로 가시나무 종류 중에는 비교적 큰 나무이다. 줄기가 곧게 자라면서도 가지가 많으며 잎이 무성하여 전체적인 모양이 장중한 느낌을 준다. 가히 숲의 제왕이라는 표현이 어울리는 수종이다.

상록활엽교목으로 주로 양지바른 산기슭과 계곡에서 자란다. 수피는 녹색과 회색을 띤 검은색이다. 작은 가지에 갈색 털이 나나 2년생이 되면 털이 없다. 대신 검은 자주색 껍질눈이 원형 또는 타원형으로 생기곤 한다. 어긋나는 잎은 긴 난형이거나 긴 타원형이며, 처음에는 갈색 털로 덮이나 곧 사라진다. 암수딴그루로 5월에 꽃이 피는데, 암꽃은 위에 선 채 달리며 수꽃은 어린 가지 밑부분에서 밑으로 처지게 핀다. 이듬해 10월에 익는 열매는 타원형 또는 넓은 타원형 견과이며, 크기는 대략 2cm이다.

붓순나무_수피

붓순나무_새잎

학명의 *Illicium*은 유혹한다는 뜻으로 향이 뛰어난 나무의 특성을 담고 있다. 붓순나무라는 이름은 아무래도 붓 모양으로 생긴 잎에서 유래하는 것으로 생각된다.

붓순나무

- **학명** *Illicium anisatum* L.
- **과명** 붓순나무과
- **형태** 상록활엽소교목
- **꽃** 3~4월
- **열매** 10월

붓순나무_잎

붓순나무_꽃

붓순나무_열매(미성숙)

붓순나무_열매(성숙)

붓순나무_씨앗

생태적 특성

 학명의 *Illicium*은 유혹한다는 뜻으로 향이 뛰어난 나무의 특성을 담고 있다. 붓순나무라는 이름은 아무래도 붓 모양으로 생긴 잎에서 유래하는 것으로 생각된다. 이 밖에도 가시목, 발갓구, 말갈구와 같은 이름으로도 불린다.

 상록활엽소교목으로 높이는 $5m$이며 수피는 어두운 회색빛을 띤 갈색이다. 어린 가지는 녹색이며 평활하지만 수령이 많아지면 세로로 얇게 갈라진다. 어긋나는 잎은 혁질로 딱딱하며 긴 타원형을 이룬다. 잎의 양끝은 급하게 뾰족해지며 가장자리는 밋밋하다. 3~4월에 녹색을 띤 흰색의 꽃이 잎겨드랑이에 1개씩 달린다. 골돌과로 된 열매는 10월에 익고, 안쪽 껍질이 바람개비 모양으로 8각을 이루며 배열한다. 종자는 타원형으로 노란빛을 띤 갈색이며 광택이 있다.

비목나무_수피

비목나무_새순

나무의 가지를 꺾으면 한약 같은 냄새가 나 약재로 사용되는 것을 짐작할 수 있다. 봄에 나오는 어린잎을 데쳐 물에 담갔다가 떫은맛을 우려낸 뒤 나물로 해 먹기도 한다.

비목나무

학명 *Lindera erythrocarpa* Makino
과명 녹나무과
형태 낙엽활엽교목
꽃 4~5월
열매 9~10월

비목나무_잎(앞면과 뒷면)

비목나무_암꽃

비목나무_수꽃

비목나무_열매

생태적 특성

비목나무는 줄기가 뽀얗다고 하여 뽀얀나무 또는 백목(白木)이라고 부르다가 비목나무로 바뀌었다고 한다. 보얀목, 윤여리나무 등으로도 불리고 홍과산호초(紅果山胡椒), 홍과조장(紅果約樟)이라고도 한다.

낙엽활엽교목으로 높이는 15m이다. 수피는 황백색이고 노목의 수피는 작은 조각으로 떨어진다. 작은 가지는 담황갈색으로 껍질눈이 뚜렷하다. 잎은 어긋나고 도피침형 및 도란상의 피침형이다. 잎의 밑부분이 쐐기 모양으로 점점 좁아져 뾰족하게 된다. 암수딴그루로 꽃은 액생하고 산형화서에 달리는데, 타원형의 연한 노란색으로 4~5월에 핀다. 열매는 붉은색의 구형으로 9~10월에 익는다.

비술나무_수피

비술나무_어린잎

경상북도 영양군 석보면에는 시무나무와 비술나무 숲이 조성되어 있는데, 수령 100~300년 정도 되는 나무들이 숲을 이루고 있어 천연기념물 제476호로 지정되었다.

비술나무

- 학명 *Ulmus pumila* L.
- 과명 느릅나무과
- 형태 낙엽활엽교목
- 꽃 3~4월
- 열매 5~6월

비술나무_잎

비술나무_꽃   비술나무_열매   비술나무_열매(근경)

생태적 특성

개느릅나무, 느릅나무, 떡느릅나무, 비슬나무, 해력사(海力斯)라고도 부른다.

낙엽활엽교목으로 높이는 15m 정도이며 지름이 1m이다. 수피는 흑회색이며 조각조각 갈라진다. 어린 가지는 회백색으로 밑으로 늘어진다. 잎은 어긋나고 타원형 및 긴 타원형으로 가장자리에 겹톱니가 있다. 꽃은 양성화로 3~4월에 피고 열매는 시과로 너비가 길이보다 넓다. 종자는 중앙부에 들어 있고 5~6월에 익는다. 가을에 낙엽이 지면 가지가 회색으로 변하면서 이듬해에도 계속 회색빛을 유지하는 것이 특징이다.

땅이 깊고 습기가 있으며 배수가 잘되는 사질양토를 좋아하고 추위에 강하여 우리나라 전역에서 잘 자란다. 음지나 양지를 가리지 않고 잘 자라며 내조성과 공해에 강하여 도심지나 바닷가에 심기에 적합하다. 또한 병충해에 강하고 이식성이 좋으며 느릅나무류 중에서 생장속도가 가장 빨라 녹지조성용으로 적합하다.

비자나무_수피    비자나무_잎(앞면과 뒷면)

제주도 구좌읍 평대리 비자림은 수령 500~800년 비자나무가 2,800여 그루나 자라는 세계 최대의 비자나무 숲으로 유명하다.

비자나무

- **학명** *Torreya nucifera* (L.) Siebold & Zucc.
- **과명** 주목과
- **형태** 상록침엽교목
- **꽃** 4~5월
- **열매** 이듬해 9~10월

비자나무_잎차례

비자나무_암꽃

비자나무_수꽃

비자나무_열매

비자나무_씨앗

비자나무_겨울눈

생태적 특성

산에서 나는 삼나무라고 해서 야삼(野杉), 무늬가 아름다워 문목(文木)으로도 부른다. 속명 *Torreya*는 19세기 미국의 식물학자 존 토레이(John Torrey)를 기념하여 붙여진 것이며, 종명 *nucifera*는 '딱딱한 껍질을 가졌다'는 뜻이다.

전라북도 내장산, 전라남도 해안 및 제주도에 분포하는데, 제주도 제주시 구좌읍 평대리 비자림은 수령 500~800년 비자나무가 2,800여 그루나 자라 단일 수준으로는 세계 최대의 비자나무 숲으로 유명하다.

상록침엽교목으로 암수딴그루이다. 잎은 바늘 모양으로 뒷면에 황백색의 공기구멍이 양쪽에 늘어서 있다. 꽃은 4~5월에 핀다. 수꽃은 난형이며 갈색의 포로 싸여 있고 암꽃은 가지 끝에 2~3개씩 달린다. 열매는 도란형 혹은 타원형으로 이듬해 9~10월에 익고 종자는 타원형이다.

어린 시절 뽕나무 열매인 오디를 따 먹은 기억이 있을 것이다. 오디를 많이 먹으면 소화가 잘되어 방귀가 '뽕' 하고 나온다고 해서 나무 이름을 뽕나무라고 했다는 이야기가 전해진다.

뽕나무

- **학명** *Morus alba* L.
- **과명** 뽕나무과
- **형태** 낙엽활엽교목
- **꽃** 4~5월
- **열매** 6~7월

뽕나무_수피

뽕나무_암꽃

뽕나무_수꽃

뽕나무_열매(미성숙)

뽕나무_열매(성숙)

생태적 특성

상수(桑樹), 백수(白樹), 가상(家桑), 지상(地桑), 오듸나무, 새뽕나무, 오디나무 등으로도 불린다.

온대·아열대 지방이 원산으로 우리나라와 중국에서 식재한다. 전국에서 양잠용으로 많이 기르는 나무이다. 뽕잎을 먹고 자란 누에는 한 마리에서 약 $1km$의 명주실을 짜낼 수가 있다고 한다. 또 누에는 당뇨를 다스리는 데 특효로 알려져 있으며, 누에똥도 농작물의 거름이나 약재로 쓰인다. 이와 같이 뽕나무는 잎부터 뿌리까지 그리고 누에와 번데기까지 버릴 것이 없는 매우 유용한 나무이다.

낙엽활엽교목으로 높이는 $15m$ 정도이고 수피는 황갈색이다. 잎은 넓은 난형으로 가장자리에는 톱니가 있다. 꽃은 암수딴그루로 4~5월에 핀다. 열매는 취화과로 구형 또는 타원형이며 6~7월에 보라색, 검은색으로 익는다.

사방오리_수피   사방오리_어린잎

사방오리는 산이나 바닷가, 강가 등의 모래나 흙이 떠내려가는 것을 방지하기 위한 사방공사에 많이 심어 붙여진 명칭이다.

사방오리

- **학명** *Alnus firma* Siebold & Zucc.
- **과명** 자작나무과
- **형태** 낙엽활엽소교목
- **꽃** 3~4월
- **열매** 10월

사방오리_잎과 잎차례

사방오리_암꽃

사방오리_수꽃

사방오리_열매(미성숙)

사방오리_열매(성숙)

생태적 특성

낙엽활엽소교목으로 높이는 7~10m이고 지름이 30cm이다. 줄기는 곧지만 우리나라에는 2~3개로 갈라지는 것이 많다. 수피는 회갈색으로 평활하며 작은 가지에는 털이 나 있다. 잎은 어긋나고 난형 및 장타원상의 피침형으로 끝은 뾰족하며 기부는 원형이고 잎 가장자리는 톱니 모양이며 3~4월에 잎과 함께 꽃이 핀다. 수꽃은 노란색으로 가지 선단에서 밑으로 처지고, 암꽃은 작은 가지 기부에 1개씩 달려 핀다. 좁은 타원형의 씨에는 날개가 달려 있으며 10월에 익는다.

사스레피나무_수피

사스레피나무_잎차례

제주 방언에서 유래된 이름으로 인목(獜木)이라고도 한다. 이름이 비슷해 사스래나무와 혼동이 되는데, 사스래나무는 자작나무과로 사스레피나무와 전혀 다른 과의 나무이다.

사스레피나무

- **학명** *Eurya japonica* Thunb.
- **과명** 차나무과
- **형태** 상록활엽관목
- **꽃** 4월
- **열매** 10~11월

사스레피나무_잎

사스레피나무_암꽃

사스레피나무_수꽃

사스레피나무_꽃줄기

사스레피나무_열매

생태적 특성

제주 방언에서 유래된 이름으로 인목(獜木)이라고도 한다. 무치러기나무, 세푸랑나무, 가새목, 섬사스레피나무라고도 하며, 한자명은 영목(柃木)이다. 이름이 비슷해 사스래나무와 혼동이 되는데, 사스래나무는 자작나무과로 사스레피나무와는 전혀 다른 과의 나무이다.

꽃에서 나는 분뇨 냄새 비슷한 향기로 인해 주변에 화장실이 있는 듯한 착각을 일으키게 한다. 하지만 이 냄새는 꽃가루를 다른 곳으로 옮겨주는 파리를 유혹하기 위한 전략이기도 하다. 한편, 공기를 맑게 해주며 살균 및 피부 진정작용이 있다고 한다.

상록활엽관목으로 높이는 $3m$ 정도이고 작은 가지는 녹색으로 털이 없다. 잎은 어긋나며 긴 타원형으로 두껍고 가장자리에 톱니가 있다. 암수딴그루로 꽃은 전년지의 잎겨드랑이에 1~3개가 달리고 황록색으로 4월에 핀다. 열매는 구형의 장과로 10~11월에 자흑색으로 익는다.

'사시나무 떨 듯한다'는 말이 있다. 이는 사시나무의 잎자루가 길고 가늘며 탄력성이 있어서 약한 바람에도 잘 흔들리는데, 이러한 특성에 빗대어 두려워서 오들오들 잘 떠는 사람을 표현한 것이다.

사시나무

- **학명** *Populus davidiana* Dode
- **과명** 버드나무과
- **형태** 낙엽활엽교목
- **꽃** 4월
- **열매** 5월

사시나무_잎

사시나무_수피

사시나무_잎차례

사시나무_열매

생태적 특성

사시나무를 '백양목(白楊木)'이라고 쓰고 있는데, 이 밖에도 황철나무, 바람나무, 당버들나무라고도 부르며, 줄기가 푸른색이면 청양목이라고 부른다. 영어명은 David poplar로 중국 식물채집가이며 선교사인 데이비드(A. David)의 이름에서 유래한다. 물론 학명에도 *davidiana*로 붙어 있다.

낙엽활엽교목으로 높이는 $10m$ 이상이고 지름은 $30cm$ 정도이다. 줄기는 곧고 가지는 퍼진다. 수피는 회녹색이며 밋밋하다가 점차 얇게 갈라져 흑갈색으로 변한다. 작은 가지는 털이 없고 회녹색이다. 잎은 난형 및 타원형이고 가장자리에는 물결 모양의 톱니가 있으며 앞면은 녹색이고 뒷면은 회녹색이다. 암수딴그루이며 수꽃은 보라색으로 늘어지고 암꽃은 자루에 털이 있다. 4월에 잎보다 먼저 꽃이 피며, 긴 타원형 모양의 열매는 5월에 익는다. 종자에는 털이 있다.

가막살나무는 잎의 양면에 별 모양의 털이 나는 반면, 산가막살나무에는 잎 뒷면에 선점이 있고 맥 위에 잔털이 나며 턱잎이 거의 없다.

산가막살나무

학명 *Viburnum wrightii* Miq.
과명 인동과
형태 낙엽활엽관목
꽃 5~6월
열매 9~10월

산가막살나무_잎

산가막살나무_꽃

산가막살나무_열매

산가막살나무_수피

생태적 특성

산가막살나무라는 이름은 산에 나는 가막살나무라는 뜻으로 묏가막살나무라고도 한다. 가막살나무는 잎의 양면에 별 모양의 털이 나는 반면, 산가막살나무에는 잎 뒷면에 선점이 있고 맥 위에 잔털이 나며 턱잎이 거의 없는 점이 다르다.

낙엽활엽관목으로 높이는 약 3m이다. 수피는 회갈색이며 어린 가지는 붉은색을 띠다가 자라며 잿빛이 섞인 검은색으로 바뀐다. 마주나는 잎은 넓은 도란형이며 길이가 8~14cm, 너비가 4~9cm이다. 잎의 양 끝은 뾰족하며 가장자리에는 톱니가 불규칙하게 난다. 잎 뒷면에는 선점이 있다. 5~6월에 흰색 꽃이 줄기 끝에 취산화서로 달린다. 핵과의 열매는 둥글며 9~10월에 붉은색으로 익는다.

산개나리는 바위 곁에 자라는 개나리라는 뜻의 학명에서 유래된 이름이다.
우리나라 특산종으로 현재는 찾아보기 힘들 정도로 극소수만 남아 있다.

산개나리

학명	*Forsythia saxatilis* (Nakai) Nakai
과명	물푸레나무과
형태	낙엽활엽관목
꽃	4월
열매	9월

산개나리_잎

산개나리_꽃   산개나리_말린 열매와 씨앗   산개나리_수피

생태적 특성

산개나리는 바위 곁에 자라는 개나리라는 뜻의 학명(*saxatilis*는 '바위틈에서 사는'이라는 뜻)에서 유래된 이름이다. 우리나라 특산종으로 현재는 찾아보기 힘들 정도로 극소수만 남아 있다. 북한산에 자생한다고 해서 북한산개나리라고 부르기도 했으나 나중에 산개나리로 바뀌었다.

낙엽활엽관목으로 높이는 $1m$ 정도로 개나리에 비해 작은 편이다. 작은 가지는 자줏빛이 돌며 2년생 가지는 회갈색이다. 개나리에 비해 원줄기가 곧게 자라며 암술머리에 털이 있고 잎자루와 잎 뒷면 맥 위에도 털이 있다. 4월에 잎이 나기 전에 노란 꽃이 피며 열매는 시과로 9월에 익는다.

꽃과 열매는 술로 담가 먹는다. 한방에서 뿌리는 연교근(連翹根), 줄기와 잎은 연교지엽(連翹枝葉), 열매 말린 것은 연교(連翹)라고 하여 약재로 사용한다.

산돌배_수피

산돌배_새잎

산돌배라는 이름은 '산에서 나는 돌배'라는 뜻이다. 산돌배 중에는 천연기념물로 지정된 것이 있는데, 경북 울진의 쌍전리 산돌배는 높이 25m, 지름 5.4m, 수령 250년으로 천연기념물 제408호이다.

산돌배

- **학명** *Pyrus ussuriensis* Maxim.
- **과명** 장미과
- **형태** 낙엽활엽교목
- **꽃** 4~5월
- **열매** 9~10월

산돌배_잎

산돌배_꽃

산돌배_열매

생태적 특성

산돌배는 산돌배나무라고도 하며 배나무, 콩배나무, 위봉배나무, 첨위봉배나무, 가위봉배나무, 돌배나무, 금강산돌배, 털산돌배나무, 백운배나무, 참배, 남해배나무, 문배나무, 들배나무, 취앙네, 청실배, 합실리 등과 같은 배나무 종류들이 있다.

낙엽활엽교목으로 높이는 $10m$ 정도이다. 가지는 흑갈색으로 잘게 갈라지고 작은 가지는 갈색이다. 잎은 어긋나고 둥근 모양이며 양면에 털이 없고 침형의 톱니가 나 있다. 꽃은 5~7개씩 산방화서에 달리며 4~5월에 잎과 함께 흰빛으로 핀다. 열매는 둥글고 9~10월에 황색으로 익는데 향기가 있다.

산딸기_수피

산딸기_잎차례

산딸기는 정감 어린 과일이다. 우리가 흔히 먹는 딸기와는 달리 나무에서 열매가 달리므로 나무딸기라고도 하며 흰딸, 참딸이라는 이름도 있다.

산딸기

- **학명** *Rubus crataegifolius* Bunge
- **과명** 장미과
- **형태** 낙엽활엽관목
- **꽃** 5월
- **열매** 6~7월

산딸기_잎

산딸기_꽃

산딸기_열매

산딸기_열매 떨어진 꼬투리

생태적 특성

우리나라와 일본, 중국, 우수리 강 등지에 분포한다. 우리나라 전국 산야 또는 화전지대나 황폐한 곳에 자생하는데 그늘에서는 잘 자라지 못한다. 개방된 곳에서 대군집을 형성하며 자라고 주로 쑥, 닭의장풀, 싸리 등과 함께 나타나는 특징이 있다. 햇빛을 좋아하여 주로 숲 가장자리 쪽에서 자라고 있어 산길을 지나다보면 자주 볼 수 있다.

낙엽활엽관목으로 높이는 $2m$ 정도이다. 줄기는 적갈색이며 뿌리에서 싹이 나와 군집을 형성하는 전형적인 관목의 형태로 자란다. 잎은 난형 및 타원형으로 3~5개로 갈라져 있으며 표면에는 털이 없으나 뒷면의 맥 위에는 털이 있다. 잎자루에는 갈퀴 같은 가시가 나 있다. 꽃은 5월에 흰색으로 가지 끝에 복산방화서를 이루며 2~3개가 모여 달린다. 열매는 구형으로 한여름인 6~7월에 붉은색으로 익는데, 그냥 먹기도 하며 잼이나 파이 등을 만들어 먹기도 한다.

산뽕나무_수피    산뽕나무_잎(뒷면)

옛날에는 뽕나무로 만든 활이 매우 좋은 활로 취급되었는데, 뽕나무로 만든 활과 쑥대로 만든 화살을 상호봉시(桑弧蓬矢)라고 해서 '남자가 뜻을 세우는 일'이라는 의미로 사용했다.

산뽕나무

- **학명** *Morus bombycis* Koidz.
- **과명** 뽕나무과
- **형태** 낙엽활엽소교목 또는 교목
- **꽃** 4~5월
- **열매** 6~7월

산뽕나무_잎(앞면)

산뽕나무_암꽃

산뽕나무_수꽃

산뽕나무_어린 열매

산뽕나무_열매(성숙)

생태적 특성

산에서 나는 야생 뽕나무라고 해서 산뽕나무라고 한다. 그러나 산뿐 아니라 논이나 밭둑에도 자라며, 마을에도 자생하는 경우가 흔하다. 뽕나무를 뜻하는 한자는 상(桑)이므로 산상(山桑)이라고도 하고, 그냥 뽕나무라고 부르기도 한다.

낙엽활엽소교목 또는 교목으로 높이는 7~15m 정도이고 지름이 1m로 줄기는 곧게 자란다. 많은 가지가 뻗어 나오며 수피는 회갈색이다. 잎은 난형 및 난형의 원형으로 끝은 꼬리 모양으로 뾰족하고 가장자리에는 날카로운 톱니가 있다. 암수한그루로 수꽃은 새 가지 밑에서 미상화서를 이루며 암꽃은 타원형으로 4~5월에 핀다. 열매는 취화과로 원기둥꼴이며 긴 암술대가 남아 있고 6~7월에 붉은색에서 검은색으로 변하면서 익는다.

산사나무_수피

산사나무_꽃

유럽에서는 산사나무를 Hawthorn이라고 해서 벼락을 막아준다고 믿었으며, 예수가 수난을 받은 성 금요일에 꽃을 피워 악마를 막아준다고도 믿었다.

산사나무

- **학명** *Crataegus pinnatifida* Bunge
- **과명** 장미과
- **형태** 낙엽활엽소교목
- **꽃** 5월
- **열매** 9~10월

산사나무_잎

산사나무_열매(미성숙)   산사나무_열매(성숙)

생태적 특성

유럽에서 청교도들이 아메리카 대륙으로 건너갈 때 탔던 배 이름이 메이플라워(Mayflower)호이다. 번역하자면 '5월의 꽃'인데, 바로 산사나무의 흰 꽃을 뜻한다. 유럽에서는 산사나무를 Hawthorn이라고 해서 벼락을 막아준다고 믿었으며, 예수가 수난을 받은 성 금요일에 꽃을 피워 악마를 막아준다고 믿었다. 그래서 결혼식에서 들러리들이 산사나무를 들고 신랑 신부에게 나쁜 일이 일어나지 않기를 기원했다. 이런 믿음 때문에 거친 신대륙으로 건너가던 유럽 인들을 태운 배 이름을 메이플라워라고 지었던 것이다.

산사나무라는 이름은 산사(山査), 산사목(山査木)에서 유래되었으며 아가위나무, 아그배나무, 찔구배나무, 질배나무, 동배나무, 애광나무라고도 부른다.

낙엽활엽소교목으로 높이는 $6m$이고 수피는 회갈색이다. 줄기는 회색을 띠며 작은 가지에 예리한 가시가 있다. 잎은 어긋나고 짙은 녹색의 날개 모양이며 깊게 갈라진다. 꽃은 가지 끝에 산방화서를 이루며 5월에 흰색으로 핀다. 열매는 이과로 둥글고 흰색 반점이 있으며 9~10월에 붉은색으로 익는다.

산수유_수피    산수유_단풍

이른 봄에 잎보다 먼저 꽃을 피운다. 대개 잎이 나기 전에 꽃이 먼저 피는 나무들은 무엇보다도 열매를 먼저 맺겠다는 의지를 나타낸 것이다.

산수유

- **학명** *Cornus officinalis* Siebold & Zucc.
- **과명** 층층나무과
- **형태** 낙엽활엽소교목
- **꽃** 3~4월
- **열매** 9~10월

산수유_잎과 잎차례

산수유_꽃봉오리

산수유_꽃(개화 직전)

산수유_꽃

산수유_열매(미성숙)

산수유_열매(성숙)

생태적 특성

산수유란 이름은 산에 나는 수유라는 뜻이다. 층층나무과에 속하며 개나리, 생강나무와 함께 노란 꽃을 피워 봄을 알리는 봄의 전령수(傳令樹)로 이른 봄에 잎보다 먼저 꽃을 피운다. 대개 잎이 나기 전에 꽃이 먼저 피는 나무들은 무엇보다도 열매를 먼저 맺겠다는 의지를 나타낸 것이다. 산시유나무, 석조, 육조, 양주, 계족, 초산조 등 다른 이름도 많다. 한자명은 실조아수(實棗兒樹), 홍조피(紅棗皮) 등이다.

낙엽활엽소교목으로 높이는 7m 정도이고 지름은 40cm로 수피는 벗겨지며 연한 갈색이다. 잎은 마주나며 난형의 피침형 및 타원형이다. 잎의 표면에는 털이 약간 있으나 뒷면에는 털이 많고 특히 맥 사이에 갈색 밀모가 있다. 꽃은 양성화로 20~30개의 산형화서를 이루며 3~4월에 황색으로 잎보다 먼저 핀다. 열매는 긴 타원형의 핵과로 9~10월에 붉은색으로 익는다.

살구나무_수피

살구나무_잎차례

살구는 황색을 띤 붉은색 과일로 새콤하면서도 달짝지근한 맛이 난다. 살구나무를 뜻하는 한자는 행(杏)인데, 나무(木)에 열매(口)가 주렁주렁 매달려 있는 모습을 상징한다.

살구나무

- **학명** *Prunus armeniaca* var. *ansu* Maxim.
- **과명** 장미과
- **형태** 낙엽활엽소교목
- **꽃** 4월
- **열매** 6~7월

살구나무_잎

살구나무_꽃

살구나무_열매

살구나무_씨앗

살구나무_종인

생태적 특성

우리나라와 중국, 몽골, 일본, 미국, 유럽 등지에 분포한다. 중국이 원산지이며, 미국이 세계에서 가장 많이 생산하는 국가이다. 배수가 잘되는 사질양토에서 잘 자라고 추위와 공해에는 강하나 그늘진 곳과 건조지에서는 잘 자라지 못한다. 살구는 매실과 구별할 수가 없을 정도로 비슷한데 과육과 씨로 구분이 가능하다. 살구는 과육과 씨가 잘 분리되지만 매실은 그렇지 않다.

낙엽활엽소교목으로 높이는 $6m$ 이상이다. 작은 가지는 갈색으로 수피에 코르크질이 발달하지 않는 것이 특징이다. 잎은 난형 및 넓은 타원형으로 가장자리에 불규칙한 톱니가 있다. 꽃은 1개씩 연분홍색으로 4월에 잎보다 먼저 핀다. 열매는 핵과로 구형이고 털이 많으며 6~7월에 황색 또는 황적색으로 익는다.

삼나무_수피

삼나무_새순

일본 최고의 삼림욕장인 다테야마에는 삼나무 숲이 아주 유명한데, 이곳에 법을 어긴 비구니가 신의 노여움을 사서 삼나무가 되었다는 전설이 전해진다.

삼나무

- 학명 *Cryptomeria japonica* (Thenb. ex. L.f.) D. Don
- 과명 낙우송과
- 형태 상록침엽교목
- 꽃 3~4월
- 열매 10월

삼나무_잎

삼나무_잎차례

삼나무_암꽃

삼나무_수꽃

삼나무_열매

생태적 특성

상록침엽교목으로 높이는 40m 이상이고 지름이 1~2m이다. 수피는 적갈색이며 세로로 깊게 갈라진다. 잎은 끝이 예리하고 조밀한 피침형인데 약간 굽어 있다. 꽃은 3~4월에 피는데, 수꽃은 짧은 총상화서이며 암꽃은 구형으로 가지 끝에 1개씩 달린다. 열매 길이는 2~3cm 정도로 적갈색으로 둥글다. 열매조각은 두꺼우며 끝에 뾰족한 돌기가 있다. 열매조각에 씨가 2~6개 들어 있는데, 긴 타원형으로 좁은 날개가 있고 10월에 익는다.

삼지닥나무_수피    삼지닥나무_수형(봄)

닥나무처럼 종이 원료로 쓰고 가지가 세 갈래여서 삼지닥나무라고 부른다.
서향처럼 향기가 좋으나 꽃이 노랗다고 하여 황서향나무라고도 한다.

삼지닥나무

- **학명** *Edgeworthia chrysantha* Lindl.
- **과명** 팥꽃나무과
- **형태** 낙엽활엽관목
- **꽃** 3~4월
- **열매** 6~7월

삼지닥나무_잎

삼지닥나무_꽃봉오리 삼지닥나무_꽃

삼지닥나무_열매 삼지닥나무_줄기

생태적 특성

닥나무처럼 종이 원료로 쓰고 가지가 세 갈래라서 삼지닥나무라고 부른다. 서향처럼 향기가 좋으나 꽃이 노랗다고 하여 황서향나무라고도 하며 삼아나무, 매듭삼지나무라고도 한다. 한자명은 삼아목(三椏木), 결향(結香), 삼지목(三枝木) 등이다. 종이 원료가 되므로 영어명도 Paper bush이다.

낙엽활엽관목으로 높이는 1~2m이고 가지는 굵고 황갈색으로 흔히 3개로 갈라지며 작은 가지에 털이 있다. 잎은 어긋나며 넓은 피침형으로 뒷면에 털이 있다. 꽃은 가지 끝에 산형화서로 밑으로 처져 달리며 황색으로 3~4월에 잎보다 먼저 핀다. 열매는 1개의 방에 1개의 씨가 들어 있고 열매껍질에 싸여 있는 수과로 6~7월에 익는다.

상산_암꽃

상산_수꽃

뿌리는 취산양(臭山羊)이라고 하여 감기로 인한 해수와 발열, 인후통을 치료한다. 독특한 냄새 탓에 송장나무로도 불린다.

상산

- **학명** *Orixa japonica* Thunb.
- **과명** 운향과
- **형태** 낙엽활엽관목
- **꽃** 4~5월
- **열매** 9~10월

상산_잎

상산_열매 　　　　　　　　　상산_열매 꼬투리

생태적 특성

상산(常山)은 중국의 지명 중 하나로 예로부터 약재가 많이 나는 곳이다. 이러한 지명이 나무에 붙은 것은 이 나무가 약재로 많이 사용되었음을 짐작케 한다. 특히 뿌리는 취산양(臭山羊)이라고 하여 감기로 인한 해수와 발열, 인후통을 치료하며 이질이나 종기, 학질 등의 치료에도 사용한다. 독특한 냄새 탓에 송장나무로도 불린다.

낙엽활엽관목으로 높이는 1.5~3m이다. 수피는 회색을 띤 갈색이다. 어린 가지에는 약간의 털이 난다. 어긋나는 잎은 한쪽에 2개씩 달리는 것이 매우 특이하다. 잎의 모양은 타원형 또는 도란형으로 길이는 5~13cm 정도이다. 잎끝은 뾰족하고 밑부분은 둥글며, 가장자리는 밋밋하거나 물결무늬의 톱니가 난다. 잎의 표면은 노란색을 띤 녹색이며 윤이 나고, 잎에서 독특한 향이 나는 것이 특징이다. 꽃은 4~5월에 노란빛이 도는 녹색으로 잎겨드랑이에 달린다. 암수딴그루로 수꽃은 총상화서를 이루며, 암꽃은 1개씩 달린다. 삭과의 열매는 갈색으로 4개로 갈라지며 종자가 터져 나와 멀리 흩어진다. 검은색 종자에는 독성이 있다.

상수리나무_수피    상수리나무_잎차례

임진왜란 때 의주로 피난 간 선조는 피난 중에 상수리나무의 열매인 도토리로 묵을 쑤어 먹었는데 맛이 좋아 즐겨 찾았다. 수라상에 오른 나무라는 뜻으로 상수리라고 했다는 이야기가 있다.

상수리나무

- **학명** *Quercus acutissima* Carruth.
- **과명** 참나무과
- **형태** 낙엽활엽교목
- **꽃** 3~4월
- **열매** 이듬해 9~10월

상수리나무_잎

상수리나무_꽃

상수리나무_열매

상수리나무_씨앗

생태적 특성

우리나라와 중국, 일본, 인도 등지에 분포한다. 우리나라에서는 평안도 및 함남 이남의 해발 $800m$ 이하 양지바른 산기슭에 군생한다. 햇빛을 좋아하여 그늘에서는 잘 자라지 못하나 추위에 강하고 건조한 땅에서도 잘 자란다. 공기 정화력이 강할 뿐만 아니라 아황산가스에도 강하며 척박한 토양에서도 잘 자란다.

낙엽활엽교목으로 높이는 $20~30m$이고 지름이 $1m$로 원줄기가 곧게 올라가 큰 수형을 이루며 곧게 자란다. 잎은 타원상의 피침형이며 가장자리에는 엽침이 발달하고 측맥은 13~18쌍이다. 잎의 표면은 털이 없고 광택이 나며 뒷면에는 단모가 나 있다. 수꽃은 밑으로 처지고 암꽃은 위로 곧게 나오는데 1~3개가 3~4월에 핀다. 각두는 견과를 1/2쯤 둘러싸고 포린은 뒤로 젖혀지며 견과는 긴 타원형으로 이듬해 9~10월에 익는다.

생강나무_수피

생강나무_어린잎

옛날에는 열매에서 짠 기름을 동백기름처럼 부인들의 머릿기름으로 사용하여 경기도 지방에서는 생강나무 기름을 동백기름이라고 하였다. 또한 산골에서는 등잔불의 기름으로도 사용하였다.

생강나무

- **학명** *Lindera obtusiloba* Blume
- **과명** 녹나무과
- **형태** 낙엽활엽관목 또는 소교목
- **꽃** 3월
- **열매** 9~10월

생강나무_잎

생강나무_암꽃 꽃봉오리

생강나무_수꽃

생강나무_열매

생강나무_단풍

생태적 특성

생강나무라는 이름은 잎과 가지에 방향성 정유를 함유하고 있어 자르면 생강 냄새가 난다 하여 붙여졌다. 매화처럼 이른 봄에 피는 꽃이라고 해서 황매목(黃梅木), 향려목(香麗木)이라고도 하며 아귀나무, 동백나무, 아구사리, 개동백나무, 산동백, 동박나무라고 부르기도 한다.

낙엽활엽관목 또는 소교목이나 대개 관목상이며 높이는 3~6m 정도이다. 수피는 흑회색이고 작은 가지는 황록색이다. 잎은 윗부분이 3~5개로 갈라져 산(山) 자 모양이거나 원형에 가까운 난형이다. 암수딴그루로 꽃은 3월에 잎보다 먼저 피며, 열매는 구형으로 녹색에서 황색 또는 홍색으로 변하며 9~10월에 자흑색으로 익는다.

서어나무_수피　　　　　서어나무_단풍

서어나무가 자라는 곳에는 장수하늘소가 사는데, 장수하늘소의 유충이 죽은 서어나무를 갉아 먹고 살기 때문이다.

서어나무

- **학명** *Carpinus laxiflora* (Siebold & Zucc.) Blume
- **과명** 자작나무과
- **형태** 낙엽활엽교목
- **꽃** 5월
- **열매** 9~10월

서어나무_잎

서어나무_암꽃

서어나무_수꽃

서어나무_열매

서어나무_겨울눈

생태적 특성

우리나라와 일본, 중국 등지에 분포한다. 특히 우리나라에서는 극상림을 이루는데, 황해도 이남 해발 100~1,000m에 많이 자생한다. 대표적인 곳이 바로 광릉 숲이다. 햇빛을 좋아하고 추위에 강하며 건조지에서나 척박한 곳에서도 잘 자라지만 공해와 맹아력은 약한 편이다.

낙엽활엽교목으로 높이는 10~15m이고 지름이 1m이다. 줄기는 옆으로 자라고 수피는 회색으로 울퉁불퉁하며 작은 가지에 털이 없다. 수꽃은 1개씩, 암꽃은 2개씩 밑으로 늘어지면서 5월에 잎보다 먼저 피고 과수는 엉성하게 모여 있다. 과포는 길이 1.5cm로 3열하며 층층이 포개져 있는 모양새로 이삭이나 조의 모양이다. 열매는 소견과로 삼각상의 난형이며 9~10월에 익는다.

향기가 천 리를 간다 하여 천리향(千里香)이라고 하며, 다른 꽃향기를 뒤덮을 만큼 향기가 강하여 꽃들의 적이라 하여 화적(花賊)이라고도 부른다.

서향

- **학명** *Daphne odora* Thunb.
- **과명** 팥꽃나무과
- **형태** 상록활엽관목
- **꽃** 4~5월
- **열매** 5~6월

서향_잎(앞면과 뒷면)

서향_꽃

서향_꽃 무리

서향_수피

생태적 특성

한 여승이 꿈속에서 향기를 쫓아가다 보니 극락으로 들어가는 문 앞에 한 그루 나무가 있었는데, 상서로운 향이 나는 나무라고 하여 서향(瑞香)이라고 했다고 한다. 꿈속에서 향기를 맡았다 하여 수향(睡香), 향기가 천 리를 간다 하여 천리향(千里香)이라고도 하며, 다른 꽃향기를 뒤덮을 만큼 향기가 강하여 꽃들의 적이라 하여 화적(花賊)이라고도 부른다. 또 침정화, 침향, 중머리 등의 다른 이름도 있다.

상록활엽관목으로 높이는 $2m$ 정도이고 원줄기는 곧고 가지가 많이 갈라지며 매끄럽고 광택이 난다. 잎은 어긋나고 다소 혁질이며 타원형 및 타원상의 피침형이다. 꽃은 암수딴그루로 전년도 가지 끝에 두상화서를 이루며 4~5월에 자색 또는 흰색으로 피고, 향기가 강하며 꽃받침 통은 끝이 4개로 갈라진다. 열매는 수과로 5~6월에 익는다.

석류나무_수피

석류나무_새잎

전통혼례복인 활옷이나 원삼에는 포도나 석류, 동자(童子) 문양이 많다. 이는 열매가 많이 달리는 것처럼 자식을 많이 낳으라는 의미가 있다.

석류나무

- **학명** *Punica granatum* L.
- **과명** 석류나무과
- **형태** 낙엽활엽소교목
- **꽃** 5~6월
- **열매** 9~10월

석류나무_잎

석류나무_잎차례　　　　석류나무_꽃

석류나무_꽃(흰색)　　　석류나무_열매　　　석류나무_과육

생태적 특성

석류의 원래 이름은 안석류(安石榴)이다. 기원전 2세기 한 무제 때 서한에 속했던 안국(安國 : 지금의 우즈베키스탄의 부하라)과 석국(石國 : 지금의 우즈베키스탄의 타슈켄트)의 머리글자와 울퉁불퉁한 혹과 같은 열매라는 뜻의 류(榴) 자를 붙여서 안석류라고 했던 것이 나중에 석류가 되었다. 여기에서 '류' 자는 열매 속에 씨앗이 아주 많이 머무른다는 뜻이다. 석누나무라고도 한다.

낙엽활엽소교목으로 높이는 $3~5m$ 정도이다. 작은 가지는 네모지고 윗부분의 가지는 가시로 되어 있다. 잎은 마주나고 도란형 및 긴 타원형이다. 꽃은 양성으로 가지 끝의 짧은 꽃자루 위에 1~5개씩 달리며 붉은색으로 5~6월에 핀다. 열매는 둥글고 끝에 꽃받침 열편이 있으며 9~10월에 갈색이 도는 붉은색으로 익는다. 석류의 과실은 화탁(花托)이 발달해 있다. 열매는 불규칙하게 째져서 담홍색의 씨를 드러낸다. 씨는 매우 신맛이 난다.

섬잣나무_수피

섬잣나무_잎차례

섬잣나무는 울릉도에 산다고 해서 붙여진 이름이다. 그러나 해풍에는 약한 편이라서 바닷가보다는 해발 500m 내외에 자생한다.

섬잣나무

- **학명** *Pinus parviflora* Siebold & Zucc.
- **과명** 소나무과
- **형태** 상록침엽교목
- **꽃** 5~6월
- **열매** 이듬해 9~10월

섬잣나무_잎

섬잣나무_암꽃   섬잣나무_수꽃   섬잣나무_열매

섬잣나무_울릉도 자생지

생태적 특성

 섬잣나무는 울릉도에 산다고 해서 붙여진 이름이다. 그러나 해풍에는 약한 편이라서 바닷가보다는 해발 500m 내외에 자생한다.

 상록침엽교목으로 높이는 25m 이상이며 지름은 60cm 정도이다. 수피는 암회색이고 암수한그루이다. 잎은 3능형(三稜形)으로 5개씩 속생하며 양면에 4줄의 백색 기공조선이 발달되어 있고 흰색을 띤다. 잎의 길이는 3.5~6cm, 너비는 1~1.2mm로 가장자리에 잔톱니가 뚜렷하지 않다. 꽃은 5~6월에 피는데 수꽃은 홍황색으로 긴 타원형이며, 암꽃은 난형의 타원형이고 새로 난 줄기 끝에 여러 개가 함께 담록색으로 핀다. 열매는 난형의 긴 타원형이고, 씨는 난형의 원형으로 날개가 달려 있으며 이듬해 9~10월에 익는다.

세쿼이아_수피

세쿼이아_새잎

지구상에 자라는 수많은 나무 중에서 가장 크게 자라는 나무이다. 자생지인 미국 캘리포니아에는 높이가 100m, 둘레가 10m가 넘는 세쿼이아가 즐비하다.

세쿼이아

학명 *Sequoia sempervirens* Endl.
과명 낙우송과
형태 상록침엽교목
꽃 4~5월
열매 10~11월

세쿼이아_잎

세쿼이아_자생지

생태적 특성

우리나라의 삼나무와 비슷하여 미국삼나무라고도 불리며, 영어명은 Coast redwood, California redwood이다. 미국과 뉴질랜드가 원산지이며, 수령은 2,500~3,000년 정도이고 세계에서 가장 큰 나무로 알려져 있다.

상록침엽교목으로 잎은 주목과 비슷하며 길이는 1~3㎝이다. 잎 표면은 녹색, 뒷면은 흰빛이 돈다. 꽃은 단성화이다. 수꽃은 잎겨드랑이에 붙고, 암꽃은 끝에 달린다. 열매는 난형으로 길이는 2.5~3㎝이고, 10~11월에 검은 갈색으로 익는다. 열매를 맺는 주기는 대개 10년이고, 그때마다 수백만 개의 씨를 뿌린다. 씨는 타원형으로 토마토 씨앗만 한 크기이며, 날개가 있지만 별 기능이 없다.

소나무_수피

소나무_전년도 열매

소나무는 우리 민족과 떼려야 뗄 수 없다. 아예 태어날 때부터 금줄이라고 해서 왼 새끼줄에 솔가지를 달아 부정을 막았고, 오래 사는 나무라 하여 십장생의 하나로 쳤다.

소나무

학명 *Pinus densiflora* Siebold & Zucc.
과명 소나무과
형태 상록침엽교목
꽃 5월
열매 이듬해 9~10월

소나무_새순

소나무_암꽃

소나무_수꽃

소나무_열매

소나무_정이품송(충북 보은 속리산)

생태적 특성

　소나무는 우리 민족과 떼려야 뗄 수 없다. 아예 태어날 때부터 금줄이라고 해서 왼 새끼줄에 솔가지를 달아 부정을 막았고, 오래 사는 나무라 하여 십장생의 하나로 쳤다. 또 성삼문의 시조에서 보듯 늘 푸른 모습을 간직해 꿋꿋한 절개와 의지를 상징했으며, 사군자의 하나로 많은 서화와 시조의 소재가 되기도 했다.

　우리나라 전국의 해발 1,300m 이하에서 자생하는 상록침엽교목으로 높이는 30m 이상이고 지름은 1.5m 이상으로 큰다. 나무껍질은 붉고 박편처럼 떨어지는데 오래된 껍질은 흑갈색으로 바뀌어간다. 침엽은 비틀린 모양으로 2개씩 속생하고 엽초는 2년에 걸쳐 떨어진다.

　꽃은 5월에 피는데 수꽃은 긴 타원형으로 20~30개의 황색 꽃이 새 가지에 달리며, 암꽃은 자색을 띠며 난형이다. 열매는 난상의 원뿔형이며 황갈색으로 이듬해 9~10월에 익는다. 열매조각은 70~100개이고 씨는 타원형으로 흑갈색이다.

인천 강화도의 마니산에 있는 참성단 소사나무는 수령 150년으로 추정되며 천연기념물 제502호로 지정되어 있다. 규모와 아름다움에서 우리나라 소사나무를 대표한다.

소사나무

- **학명** *Carpinus turczaninowii* Hance
- **과명** 자작나무과
- **형태** 낙엽활엽소교목
- **꽃** 5월
- **열매** 10월

소사나무_잎

소사나무_암꽃

소사나무_수꽃

소사나무_열매

소사나무_수피

생태적 특성

서어나무와 비슷한 종이지만 서어나무만큼 크지는 않는다. 서어나무를 한자로 서목(西木)이라고 부르고, 이 나무는 소서목(小西木)이라고 부른다. 쇠사슬나무라고도 한다.

인천 강화도의 마니산에 있는 참성단 소사나무는 수령 150년으로 추정되며 높이 $4.8m$인데 천연기념물 제502호로 지정되어 있다.

낙엽활엽소교목으로 높이는 $10m$이다. 수피는 암갈색이며 줄기는 구불구불하게 자라고 작은 맹아들이 돌출되어 있다. 잎은 난형으로 겹톱니가 있으며 측맥은 10~12쌍이고 뒷면 맥 위에 털이 많이 나 있다. 수꽃은 작은 가지에서 밑으로 처지고, 암꽃은 대가 있으며 포에 암꽃이 2개씩 달리고 5월에 핀다. 열매는 난형의 소견과로 10월에 익는다.

솜대_죽순

솜대_수피

솜대_수피(1년생)

우후죽순이라는 말이 있듯 성장속도가 대단히 빠르다. 솜대는 줄기에 흰 분말이 붙어 있어서 붙여진 이름이다. 그러나 점차 노란빛을 띤 녹색으로 바뀌어간다.

솜대

- **학명** *Phyllostachys nigra* var. *henonis* (Bean) Stapf ex Rendle
- **과명** 벼과
- **형태** 상록활엽성 목본

솜대_잎차례

솜대_비짜루병

생태적 특성

우후죽순이라는 말이 있듯 성장속도가 대단히 빠른데, 이용가치도 높아 매우 유용한 식물이다. 대나무는 예로부터 '풀도 아닌 것이 나무도 아니고'라는 식으로 많이 표현되어왔다. 특히 생장점이 매우 특이한데, 죽순은 땅속에 있으며 줄기는 밖으로 나와 있다. 하지만 나이테가 없다. 그래서 나무와 풀의 중간 형태로 보는 것이 일반적이다. 우리나라 대나무는 죽순대와 왕대, 솜대가 주종을 이룬다. 솜대는 분죽(粉竹), 감죽(甘竹), 담죽(淡竹)이라고도 부른다.

솜대는 줄기에 흰 분말이 붙어 있어서 붙여진 이름이다. 그러나 점차 노란빛을 띤 녹색으로 바뀌어간다. 높이는 $10m$, 지름은 $5~8cm$에 이른다. 마디의 고리는 2개로 모두 높다. 잎은 2~3개씩 달리는 것이 보통이며, 모양은 피침형으로 잔톱니가 난다. 4~5월에 나오는 죽순은 붉은빛을 띤 갈색이며, 열매는 공 모양의 장과로 붉게 익는다. 대략 60년마다 개화를 하는데 피침형의 포 안에 2~5개의 양성화와 단성화가 들어 있다.

쇠물푸레나무_수피

쇠물푸레나무_꽃봉오리

재목이 워낙 단단해 야구 방망이 재료로 쓰이는 나무이다. 단단한 까닭에 '쇠'라는 접두어가 붙은 것 같지만 여기에서는 '작다'는 의미이다.

쇠물푸레나무

- 학명 *Fraxinus sieboldiana* Blume
- 과명 물푸레나무과
- 형태 낙엽활엽소교목
- 꽃 5월
- 열매 9~10월

쇠물푸레나무_잎

쇠물푸레나무_꽃

쇠물푸레나무_열매

생태적 특성

　쇠물푸레나무는 물푸레나무보다 잎이 작고 소엽이 5~9개로 좀 더 많이 달린다. 물푸레나무 종류들은 가지를 잘라 물에 담그면 물이 파그게 변한다고 해서 붙여진 이름이다. 한자로는 수정목(水精木), 수청목(水靑木), 진피수(榛皮樹), 수창목(水蒼木)이라고 한다. 고대 그리스 신화에도 나오는 나무인데, 아킬레스의 창을 이 나무로 만들었다고 한다.

　낙엽활엽소교목으로 높이는 5~8m 정도로 자라나 대개 물푸레나무보다 작은 편이어서 눈높이에 맞게 꽃이 핀다. 마주나는 잎은 기수우상복엽이다. 소엽은 난형이며 양 끝이 좁다. 잎의 가장자리에 톱니가 있지만 없는 경우도 있다. 5월에 새 가지 끝이나 잎겨드랑이에서 흰색 꽃이 원추화서로 잔뜩 달린다. 9~10월에 익는 열매는 붉은 시과로 도피침형이며, 크기는 2cm 정도이다.

수수꽃다리_수피

수수꽃다리_꽃봉오리

꽃차례의 모양이 수수 이삭과 비슷하며 수수 꽃이 달리는 나무라 하여 붙여진 이름이다. 꽃봉오리의 모양이 못 머리처럼 생기고 향이 매우 강해 정향(丁香)이라고도 한다.

수수꽃다리

- **학명** *Syringa oblata* var. *dilatata* (Nakai) Rehder
- **과명** 물푸레나무과
- **형태** 낙엽활엽관목
- **꽃** 4~5월
- **열매** 9월

수수꽃다리_잎

수수꽃다리_꽃

수수꽃다리_열매

생태적 특성

나무 이름이 아주 예쁘다. 꽃차례의 모양이 수수 이삭과 비슷하며 수수 꽃이 달리는 나무라 하여 붙여진 이름이다. 꽃봉오리의 모양이 못 머리처럼 생기고 향이 매우 강해 정향(丁香)이라고도 한다. 이 밖에도 개똥나무, 넓은잎정향나무 등으로도 불린다.

라일락처럼 생겨서 라일락이라고도 하나 잎이 라일락보다 더 크고 색이 더 진하며 껍질은 회갈색을 띠고 있다. 그러나 실제로는 라일락과 수수꽃다리를 구별하기가 매우 힘든데, 특히 우리나라 수수꽃다리를 서양인이 가져가 품종 개량한 라일락은 더욱 구분하기 어렵다.

낙엽활엽관목으로 높이는 $3m$ 정도이다. 줄기는 많이 갈라지고 작은 가지는 회갈색으로 털이 없다. 잎은 마주나고 넓은 난형 및 난형이다. 꽃은 전년도 가지 끝에 원추화서를 이루며 꽃대에 선상의 돌기가 있고 연한 자주색으로 4~5월에 핀다. 열매는 삭과로 타원형이며 9월에 익는다.

수양버들_수피    수양버들_열매가지

실처럼 늘어뜨린 버드나무 가지는 여간 멋있는 것이 아니다. 물에 닿을 듯 말 듯 강가에 축축 늘어져 바람이 불면 살랑살랑 흔들린다.

수양버들

- **학명** *Salix babylonica* L.
- **과명** 버드나무과
- **형태** 낙엽활엽교목
- **꽃** 3~4월
- **열매** 5~6월

수양버들_잎

수양버들_수꽃

수양버들_열매

수양버들_암꽃　　　　　　　　　　　　　　　수양버들_꽃가지

생태적 특성

옛말에 '유실무실오동실(有實無實梧桐實)이요, 유사무사양유사(有絲無絲楊柳絲)'라는 말이 있다. 오동나무 열매와 버드나무에서 나오는 실은 있으나 마나 하다는 뜻이다. 그러나 실처럼 늘어뜨린 버드나무 가지는 여간 멋있는 것이 아니다. 물에 닿을 듯 말 듯 강가에 축축 늘어져 바람이 불면 살랑살랑 흔들린다.

수양버들은 낙엽활엽교목으로 높이는 18m 정도이고 지름이 80cm로 우리나라 전국의 마을 주변에서 흔히 볼 수 있다. 줄기는 곧고 굵은 가지가 많은데, 가지는 흑갈색 또는 적자색으로 털이 없다. 전체적인 수형은 원형을 이룬다. 잎은 피침형으로 양면에 모두 털이 없고 뒷면은 흰빛을 띠며 가장자리에 잔톱니가 있다. 암수딴그루로 꽃은 3~4월에 잎보다 먼저 또는 잎과 동시에 녹황색으로 핀다. 수꽃은 2개의 수술이 있고 암꽃은 암술이 1개 있으며 털이 있다. 열매는 원뿔형의 삭과로 5~6월에 익는다.

스트로브잣나무_수피

스트로브잣나무_잎차례

스트로브잣나무 이름에서 스트로브란 학명에서 따온 명칭으로 구과(毬果)라는 뜻이다. 구과란 털이 나 있는 둥근 열매를 말한다.

스트로브잣나무

학명	*Pinus strobus* L.
과명	소나무과
형태	상록침엽교목
꽃	5월
열매	이듬해 9월

스트로브잣나무_잎

스트로브잣나무_암꽃

스트로브잣나무_수꽃

스트로브잣나무_열매(미성숙)

스트로브잣나무_열매(성숙)

생태적 특성

스트로브잣나무 이름은 스트로브란 학명에서 따온 것으로 구과(毬果)라는 뜻이다. 구과란 털이 나 있는 둥근 열매를 말한다. 영어명은 White pine이며, 잎이 5개로 밀생하여 미국오엽송이라고도 한다. 또 북미교송(北美僑松), 가는잎소나무라는 별칭도 있다.

상록침엽교목으로 높이는 $25m$ 이상이고 지름은 $1m$이다. 수형은 원뿔형이고 수피는 회녹색이다. 5개씩 속생하는 침엽은 길이가 $6~14cm$이고 잔톱니가 있으며 청록색이다. 다른 소나무 잎과는 달리 매우 부드러운 것이 특징이라고 할 수 있다. 꽃은 5월에 가지 선단에 1~3개가 모여 핀다. 열매는 이듬해 9월에 익는데 긴 원통형이고 밑으로 처지며 달린다.

시무나무_수피  시무나무_꽃

예로부터 풍년과 흉년을 점치는 나무로 이용되었다. 잎이 활짝 피면 풍년이 들고 그렇지 않으면 흉년이 든다고 믿었다. 그래서 풍년을 비는 농부들은 제사를 올리기도 했다.

시무나무

- **학명** *Hemiptelea davidii* (Hance) Planch.
- **과명** 느릅나무과
- **형태** 낙엽활엽교목
- **꽃** 4~5월
- **열매** 9~10월

시무나무_잎과 잎차례

시무나무_열매

시무나무_씨앗

시무나무_어린 가지와 가시

생태적 특성

우리나라와 중국, 몽골에 분포한다. 우리나라에서는 함경북도를 제외한 전국의 해발 100~1,020m의 계곡이나 하천에 자생한다. 경상북도 영양의 주사골 시무나무와 비술나무 숲은 수령 100~300년의 시무나무와 비술나무 등이 120여 그루가 자라는 숲으로 천연기념물 제476호로 지정되었다.

낙엽활엽교목으로 높이는 20m 정도이며 지름이 2m이다. 수형은 원뿔형이고 수피는 회갈색으로 세로줄이 있으며 작은 가지에는 1.5~10cm정도의 긴 가시가 나 있다. 잎은 어긋나고 긴 타원형 및 타원형으로 가장자리에 짧은 톱니가 있으며 뒷면 맥 위에 털이 있다. 꽃은 액생하며 연황색으로 4~5월에 핀다. 열매는 시과로 편평한 반달 모양으로 한쪽에만 날개가 있고 9~10월에 익는다.

식나무_수피  식나무_새잎

우리나라에서는 경기 이남의 해안 및 섬지방의 나무 그늘에서 군생한다. 제주도 거문오름에는 식나무의 군락지가 있다.

식나무

- **학명** *Aucuba japonica* Thunb.
- **과명** 층층나무과
- **형태** 상록활엽관목
- **꽃** 3~4월
- **열매** 10~12월

식나무_잎

식나무_암꽃

식나무_열매

식나무_수꽃

생태적 특성

가지가 푸르다고 해서 청목(靑木) 등으로도 부르며, 열매가 빨간 대추처럼 열려 산대추라고도 부른다. 이 밖에도 넓적나무, 도엽산호(桃葉珊瑚)라고도 한다.

우리나라와 일본, 대만, 중국, 인도 등지에 분포한다. 우리나라에서는 경기 이남의 해안 및 섬지방의 나무 그늘에서 군생한다. 습기가 있고 비옥한 땅과 그늘진 곳에서 잘 자란다. 제주도 거문오름에는 식나무의 군락지가 있다.

상록활엽관목으로 높이는 $3m$ 정도이고 새로 나온 가지는 녹색이다. 잎은 마주나고 타원상의 난형 및 타원상의 피침형으로 가장자리에 치아상의 톱니가 있다. 꽃은 암수딴그루로 가지 끝에 원추화서를 이룬다. 수꽃은 수술이 4개이며 암꽃은 1개의 암술만 있고 길이는 $5~8cm$이다. 꽃잎은 난형으로 3~4월에 핀다. 열매는 타원형으로 10~12월에 붉은색으로 익는다.

신갈나무_수피

신갈나무_새순

신갈나무의 '신'은 새롭다는 뜻이다. 또 옛날 나무꾼들이 숲속에서 짚신이 해어지면 이 나무의 잎을 바닥에 깔고 밟았다고 해서 신을 갈았다는 의미로 신갈나무라고 한다는 설도 있다.

신갈나무

- **학명** *Quercus mongolica* Fisch. ex Ledeb
- **과명** 참나무과
- **형태** 낙엽활엽교목
- **꽃** 4~5월
- **열매** 9~10월

신갈나무_잎

신갈나무_암꽃

신갈나무_수꽃

신갈나무_열매(미성숙)

신갈나무_씨앗

생태적 특성

신갈나무의 '신'은 새롭다는 뜻이다. 또 옛날 나무꾼들이 숲속에서 짚신이 해어지면 이 나무의 잎을 바닥에 깔고 밟았다고 해서 신을 갈았다는 의미로 신갈나무라고 한다는 설도 있다. 신갈나무는 돌참나무, 물가리나무라고도 하며, 영어명은 Mongolian oak이다.

낙엽활엽교목으로 높이는 30m 정도이고 지름이 1m로 오래된 수피는 흑갈색이고 세로로 갈라진다. 잎은 도란형으로 가장자리는 파도 모양이며 잎맥은 7~11쌍이다. 수꽃은 새 가지 기부에서 아래로 처지고, 암꽃은 4~5개 달리며 위를 향하고 5~6월에 핀다. 각두는 견과를 1/2 이하로 감싸며 난형으로 9~10월에 익는다.

신나무_수피

신나무_잎(뒷면)

시닥나무, 시다기나무라고도 한다. 한자명은 색목(色木)이라 하는데, 잎을 따서 스님의 법복을 염색한 데에서 붙여졌다고 한다.

신나무

학명 *Acer tataricum* subsp. *ginnala* (Maxim.) Wesm.
과명 단풍나무과
형태 낙엽활엽소교목
꽃 5월
열매 9월

신나무_잎(앞면)

신나무_가지와 새잎

신나무_꽃

신나무_열매(미성숙)

신나무_열매(성숙)

생태적 특성

눈병이 났을 때 줄기를 삶은 물로 씻으면 낫는 나무라 하여 싯나무 또는 신나무라 불리다가 신나무로 되었다고 한다. 시닥나무, 시다기나무라고도 한다. 한자명은 색목(色木)이라 하는데, 잎을 따서 스님의 법복을 염색한 데에서 붙여졌다고 한다.

낙엽활엽소교목으로 높이는 5~8m 정도이고 수피는 흑갈색으로 갈라진다. 잎은 마주나고 난형의 타원형이며 꼬리 모양이다. 가장자리는 아랫부분에서 흔히 3개로 갈라지고 불규칙한 결각과 겹톱니가 있다. 꽃은 잡성화로 가지 끝에 복산방화서를 이루며 5월에 황백색으로 피고 수꽃은 긴 난원형으로 흰색이며 양성화는 흰색 털이 밀생하며 5월에 핀다. 열매는 시과로 황록색이며 날개는 거의 평평하거나 서로 합쳐지는데 마치 말발굽 모양으로 납작한 열매가 주렁주렁 달리며 9월에 익는다.

아그란 '아기'의 전라도 사투리로 아그배란 작은 배라는 뜻이다. 또 다른 설로는 갈라지는 잎이 꼭 아귀를 닮았다고 해서 붙여졌다고도 한다.

아그배나무

학명 *Malus sieboldii* (Regel) Rehder
과명 장미과
형태 낙엽활엽소교목
꽃 5월
열매 9~10월

아그배나무_잎

아그배나무_꽃

아그배나무_꽃 무리

아그배나무_열매

아그배나무_수피

생태적 특성

아그란 '아기'의 전라도 사투리로 아그배란 작은 배라는 뜻이다. 또 다른 설로는 갈라지는 잎이 꼭 아귀를 닮았다고 해서 붙여졌다고도 한다. 배라는 이름이 붙었지만 사실 열매는 작은 사과를 닮았다. 실제로도 사과나무속으로 사과나무에 가깝고 사과나무 접을 붙이는 대목으로 이용되곤 한다. 꽃사과, 애기사과라고도 하며, 한자명은 삼엽해당(三葉海棠), 당이(棠梨), 야황자(野黃子) 등이다.

낙엽활엽소교목으로 높이는 2~6m이고 작은 가지에는 털이 있으며 자갈색이다. 꽃은 4~5개씩 짧은 가지에 산형상으로 5월에 핀다. 열매는 둥글고 9~10월에 홍갈색으로 익는다.

흰색의 꽃은 향이 매우 강해 멀리서도 아까시나무의 존재를 알 수 있을 정도이다. 아까시나무가 다른 식물의 성장을 방해하는 것은 특유의 향 때문이다.

아까시나무

- 학명 *Robinia pseudoacacia* L.
- 과명 콩과
- 형태 낙엽활엽교목
- 꽃 5~6월
- 열매 10월

아까시나무_잎

아까시나무_꽃

아까시나무_열매

아까시나무_가시

아까시나무_수피

생태적 특성

　5월말 뒷산에 흐드러지게 피는 아까시나무 꽃은 초여름의 상징이라고 할 만하다. 흰색의 꽃은 향이 매우 강해 멀리서도 이 나무의 존재를 알 수 있을 정도이다. 흔히 아카시아라고 부르지만 실제 아카시아는 전혀 다른 나무이다. 아카시아와 닮았으나 가짜라고 해서 영어로는 False acasia라고 부른다. 서양에서는 이 나무를 잡종, 가짜 등 별로 좋지 않은 나무로 보는 경향이 있다. 이는 우리나라에서도 비슷하다.

　낙엽활엽교목으로 높이는 $25m$ 정도이고 지름 $1m$이다. 수피는 갈색이고 턱잎이 변한 가시가 있다. 잎은 어긋나며 7~19개의 소엽으로 된 기수우상복엽이고 소엽은 타원형 및 난형으로 가장자리는 밋밋하다. 꽃은 액생하며 총상화서에 달린다. 꽃의 색상은 흰색이며 기부에 누른빛이 돌고 5~6월에 핀다. 열매는 넓은 선형의 협과로 편평하고 털이 없으며 10월에 익는다.

앵도나무_수피

앵도나무_잎(앞면과 뒷면)

복숭아처럼 생긴 작은 열매를 꾀꼬리가 잘 먹는다고 해서 처음에는 꾀꼬리 앵 자를 붙여 앵도(鶯桃)라 했던 것이 앵도(櫻桃)로 바뀌었고, 후에 현재의 이름으로 바뀐 것이다.

앵도나무

- **학명** *Prunus tomentosa* Thunb.
- **과명** 장미과
- **형태** 낙엽활엽관목
- **꽃** 3~4월
- **열매** 6월

앵도나무_잎차례

앵도나무_꽃   앵도나무_열매

생태적 특성

중국, 몽골, 히말라야에 분포하며, 우리나라에는 1600년대에 도입된 것으로 추측된다. 햇빛이 잘 드는 곳에서 잘 자라지만 다소 그늘진 곳에서도 잘 자란다. 앵두 꽃은 음력 3월경에 피므로 예전에는 음력 3월을 흔히 앵월(櫻月)이라고도 하였다.

낙엽활엽관목으로 높이는 3m 정도이다. 가지가 많이 달려 둥근 수형을 이루며 작은 가지는 털이 많이 나 있다. 잎은 타원형으로 어긋나고 잎의 양면에 털이 있으며 가장자리에는 잔톱니가 있다. 꽃은 1개 또는 2개씩 모여 달리고, 꽃잎은 장미과의 특징인 5개로 연한 홍색 또는 흰색의 도란형으로 3~4월에 잎보다 먼저 또는 동시에 핀다. 열매는 구형의 붉은색으로 6월에 익는다.

말 그대로 밤(夜)에도 빛(光)이 나는 나무이다. 꽃이 매우 희어서 밤에도 빛을 발하는 듯해서 붙여진 명칭으로, 알려지기로는 평안북도 방언에서 유래되었다고 한다.

야광나무

- **학명** *Malus baccata* (L.) Borkh.
- **과명** 장미과
- **형태** 낙엽활엽소교목
- **꽃** 5월
- **열매** 9~10월

야광나무_잎

야광나무_꽃

야광나무_열매

야광나무_수피

생태적 특성

야광나무는 말 그대로 밤(夜)에도 빛(光)이 나는 나무이다. 꽃이 매우 희어서 밤에도 빛을 발하는 듯해서 붙여진 명칭으로, 알려지기로는 평안북도 방언에서 유래되었다고 한다. 동배나무, 아그배나무, 들배나무, 아가위나무, 당아그배나무 등으로도 불리는데, 아그배나무는 별도로 존재한다. 아그배나무와 아주 비슷해서 부르는 것일 뿐이다. 한자로는 산형자(山荊子)라고 부른다.

낙엽활엽소교목으로 높이는 $6m$ 정도이고 지름이 $50cm$이다. 작은 가지는 홍갈색이다. 잎은 타원형으로 어긋나고 가장자리에 잔톱니가 있으며 잎자루는 길다. 꽃은 가지 끝에 4~6개가 산형화서를 이루며 흰색 또는 연한 홍색으로 5월에 핀다. 열매는 구형으로 9~10월에 붉은색으로 익는다. 잎과 꽃이 사과나무와 비슷한데, 단지 열매가 콩알처럼 작다.

양버즘나무_수피

양버즘나무_새잎

수피가 박편처럼 벗겨지는 모양이 꼭 버짐과 같다 하여 버즘나무라 하며 플라타너스, 아메리카플라타너스, 쥐방울나무, 양방울나무 등으로도 불린다.

양버즘나무

- **학명** *Platanus occidentalis* L.
- **과명** 버즘나무과
- **형태** 낙엽활엽교목
- **꽃** 4~5월
- **열매** 9~10월

양버즘나무_잎

양버즘나무_암꽃

양버즘나무_수꽃

양버즘나무_열매

양버즘나무_겨울눈

생태적 특성

수피가 박편처럼 벗겨지는 모양이 꼭 버짐과 같다 하여 버즘나무라 하며, 양버즘나무는 서양 버즘나무라는 뜻이다. 일구현령목(一球懸鈴木), 미국오동(美國梧桐)이라고도 하며 플라타너스, 아메리카플라타너스, 쥐방울나무, 양방울나무 등으로도 불린다.

낙엽활엽교목으로 높이는 $30m$ 이상이고 지름이 $1m$ 정도이다. 암갈색의 수피는 세로로 갈라지면서 박편상으로 떨어진다. 잎은 길이 $10~20cm$, 너비 $10~22cm$의 넓은 난형으로 가장자리가 3~5개로 깊게 갈라져 있는데 중앙의 열편은 길이와 넓이가 비슷하다. 잎자루는 기부에서 어린 겨울눈을 감싸고 있다. 수꽃은 액생화서, 암꽃은 정생화서에 달리며 4~5월에 핀다. 구형의 두상화서는 1개(드물게 2개)이다. 열매는 1개가 달려 있으며 9~10월에 익는데 이듬해 봄까지 달려 있다.

향나무 연필 하면 나이 지긋한 사람들은 어린 시절이 뭉클 떠오를 것이다. 다른 나무로 만든 연필보다 강하면서도 향기가 나서 꽤나 고급 연필에 속했다.

연필향나무

- **학명** *Juniperus virginiana* L.
- **과명** 측백나무과
- **형태** 상록침엽교목
- **꽃** 4~5월
- **열매** 이듬해 10월

연필향나무_잎

연필향나무_암꽃

연필향나무_수꽃

연필향나무_열매

연필향나무_수피

생태적 특성

영어명은 Red cedar라고 해서 붉은 삼나무란 뜻이다. 미국에서 그렇게 부르긴 했지만 삼나무보다는 향나무에 가까워 1930년 우리나라에 도입될 때 일본인들이 연필향목(鉛筆香木)이라고 붙인 것이 연필향나무로 된 것이다. 다른 말로는 미국원백이라고도 한다.

상록침엽교목으로 높이는 10m 정도이고 지름이 30cm이다. 원산지인 미국에서는 30m까지도 자란다. 줄기와 수피는 적갈색이며 수피는 세로로 띠 모양으로 벗겨지고 수형은 원뿔형이다. 잎은 비늘잎과 바늘잎으로 되어 있는데 인엽은 마름모꼴의 피침형이며 침엽은 끝이 뾰족하다. 꽃은 4~5월에 핀다. 열매는 난원형 및 구형으로 자흑색이고 이듬해 10월에 익는다.

영춘화_수피  영춘화_꽃봉오리

꽃에 향기가 없어 봄을 맞이한다는 꽃 이름이 무색한 면이 있다. 봄바람에 풍겨 오는 꽃의 향내가 있었더라면 영춘화라는 이름이 더욱 걸맞았을 것이다.

영춘화

- **학명** *Jasminum nudiflorum* Lindl.
- **과명** 물푸레나무과
- **형태** 낙엽활엽관목
- **꽃** 3월
- **열매** 9월

영춘화_잎과 잎차례

영춘화_꽃 영춘화_열매

영춘화_수형(봄)

생태적 특성

영춘화(迎春花)는 말 그대로 화사한 노란 꽃을 피워 봄을 맞이하는 꽃이라는 뜻이다. 하지만 꽃에 향기가 없어 봄을 맞이한다는 꽃 이름이 무색한 면이 있다.

낙엽활엽관목으로 높이는 $2m$ 정도이다. 가지는 녹색이고 곧게 자라거나 밑으로 처지면서 땅에 닿는 부근에서 가끔 뿌리가 나서 다른 개체를 만든다. 잎은 마주나며 3출 복엽이고 소엽은 난형 및 긴 타원상의 난형이며 가장자리는 밋밋하다. 꽃은 단생하거나 전년도 잎겨드랑이에서 1개씩 나오고 꽃받침과 화관은 6개로 갈라지며 노란색으로 3월에 잎보다 먼저 핀다. 열매는 검은색의 장과로 9월에 익는데 완전히 익지는 않는다. 그래서 종자번식이 쉽지가 않은 편이다.

오동나무_수피

오동나무_꼬투리

옛날에 딸을 낳으면 시집갈 때 장롱을 만들어 주기 위해서 오동나무를 심었다고 한다. 빨리 자라기도 하지만 재목이 회백색 또는 은백색으로 탄력성과 광택이 있어 가구 재료로 으뜸이었기 때문이다.

오동나무

- **학명** *Paulownia coreana* Uyeki
- **과명** 현삼과
- **형태** 낙엽활엽교목
- **꽃** 5~6월
- **열매** 10~11월

오동나무_잎

오동나무_꽃

오동나무_어린 열매

오동나무_열매(성숙)

오동나무_전년도 열매

생태적 특성

옛날에 딸을 낳으면 시집갈 때 장롱을 만들어 주기 위해서 오동나무를 심었다고 한다. 방충과 방습도 좋아 가구, 악기나 상자 등을 만드는 데 이용되곤 했다. 특히 오동나무로는 거문고나 가야금 등을 만드는데, 소리를 전하는 성질이 뛰어나며 품격도 높다.

낙엽활엽교목으로 높이는 15m에 달한다. 잎은 마주나고 난상의 원형이지만 오각형에 가깝다. 잎은 길이가 15~23cm, 너비가 12~29cm이다. 뒷면에 갈색 별 모양의 털이 있으며 어린잎에는 톱니가 있다. 꽃은 5~6월에 가지 끝의 원추꽃차례를 이루며 보라색으로 달리고 꽃받침은 5개로 갈라진다. 열매는 삭과로 3cm 길이의 난형이고 끝이 뾰족하며 10~11월에 익는다.

옛날에 5리마다 이 나무를 심어놓고 이정표로 삼았기에 오리나무라는 이름이 붙여졌다. 또 나무껍질이나 열매를 삶으면 타닌 성분으로 붉은색 물감을 만들 수 있어 물감나무라고도 한다.

오리나무

- **학명** *Alnus japonica* (Thunb.) Steud.
- **과명** 자작나무과
- **형태** 낙엽활엽교목
- **꽃** 3~4월
- **열매** 10월

오리나무_잎

오리나무_암꽃

오리나무_수꽃

오리나무_열매

오리나무_수피

생태적 특성

우리나라와 중국, 일본, 러시아 등지에 분포한다. 우리나라 전국 해발 50~1,200m에 자생한다. 비옥한 하천변, 계곡 등에서 잘 자라며 어려서는 그늘에서도 잘 자라나 크면서 햇빛을 좋아하고 생장속도가 빠르며 수명도 긴 편이다. 추위에 잘 견디며 맹아력도 강하여 해안지방이나 도심지에서 잘 자라는 나무이다.

낙엽활엽교목으로 높이는 20m이고 지름이 70cm이다. 수피는 자갈색이며 겨울눈은 대가 있고 3개의 능선이 있다. 잎은 도란상의 타원형 및 피침형이며 양면에 광택이 있고 뒷면 맥 사이에 털이 있으며 측맥에는 잔톱니가 있다. 수꽃은 가지 끝에 2~5개가 모여 아래로 처지며, 암꽃은 긴 난형으로 2개씩 달리고 3~4월에 핀다. 소견과는 타원형으로 날개가 뚜렷하지 않으며 10월에 익는다.

오미자_수피

오미자(五味子)는 이 나무의 열매가 단맛, 신맛, 매운맛, 쓴맛, 짠맛 등 다섯 가지 맛을 낸다고 해서 붙여진 이름이다. 그러나 사실 신맛이 절반 정도를 차지해 시큼한 것이 특징이다.

오미자

- 학명 *Schisandra chinensis* (Turcz.) Baill.
- 과명 오미자과
- 형태 낙엽활엽덩굴성 목본
- 꽃 5~6월
- 열매 9~10월

오미자_잎

오미자_암꽃

오미자_수꽃

오미자_열매(미성숙)

오미자_열매(성숙)

생태적 특성

오미자(五味子)는 이 나무의 열매가 단맛, 신맛, 매운맛, 쓴맛, 짠맛으로 다섯 가지 맛을 낸다고 해서 붙여진 이름이다. 그러나 사실 신맛이 절반 정도를 차지해 시큼한 것이 특징이다.

낙엽활엽덩굴성 목본으로 길이는 10m까지 자란다. 작은 가지는 홍갈색이며 오래된 가지는 회갈색이고 조각편으로 떨어진다. 잎은 타원형 및 도란형으로 어긋나고 가장자리는 드문드문 잔톱니가 있다. 꽃은 붉은빛이 도는 황백색으로 5~6월에 핀다. 구형의 장과는 붉은색으로 익으며 9~10월에 이삭이나 곡식의 모양인 수상으로 달리며 1~2개의 씨가 들어 있다. 껍질은 달콤하고 살은 시며, 씨는 맵고 쓰고 떫은맛이 나며, 잘 익은 열매는 단맛이 나고 독특한 향기가 난다.

올괴불나무라는 이름은 올벼처럼 빨리 피는 괴불나무라고 하여 얻은 이름이다. 올벼란 제철보다 이르게 여무는 벼를 말한다. 그래서인지 올괴불나무는 꽃이 3~4월에 일찍 피어난다.

올괴불나무

- **학명** *Lonicera praeflorens* Batalin
- **과명** 인동과
- **형태** 낙엽활엽관목
- **꽃** 3~4월
- **열매** 5월

올괴불나무_잎

올괴불나무_꽃

올괴불나무_열매

올괴불나무_수피

생태적 특성

올괴불나무라는 이름은 올벼처럼 빨리 피는 괴불나무라고 하여 얻은 이름이다. 올벼란 제철보다 이르게 여무는 벼를 말한다. 그래서인지 올괴불나무는 꽃이 3~4월에 일찍 피어난다.

낙엽활엽관목으로 올아귀꽃나무라고도 한다. 어린 가지는 갈색 바탕에 검은 반점이 있으며 묵은 가지는 잿빛이다. 줄기의 속은 흰색이다. 꽃은 3~4월에 잎보다 먼저 피는데, 연한 붉은색 또는 노란색을 띤 흰색으로 지난해 난 가지에 두 송이씩 달린다. 꽃의 크기는 1~1.2cm 정도이다. 꽃자루의 길이는 3mm이며 잔털이 나고 선점이 있다. 잎은 꽃이 핀 후 난형 또는 타원형으로 나는데, 크기는 길이 3~6cm, 너비 2~4cm이다. 잎의 끝은 뾰족하고 가장자리가 밋밋하며 양면에는 부드러운 털이 빽빽이 난다. 열매는 장과로서 5월에 붉은 빛으로 둥글게 익는다.

옻나무_수피

옻나무_줄기

학교 교실에 있는 칠판은 옻칠을 한 판이라 하여 칠판(漆板)이라 한다. 또 칠흑 같은 밤을 칠야(漆夜)라고 하는데, 이는 컴컴한 밤이 마치 옻의 칠처럼 검어서 비유된 것이다.

옻나무

- **학명** *Rhus verniciflua* Stokes
- **과명** 옻나무과
- **형태** 낙엽활엽교목
- **꽃** 5~6월
- **열매** 9~10월

옻나무_잎

옻나무_암꽃
옻나무_수꽃
옻나무_열매(미성숙)
옻나무_열매(성숙)

생태적 특성

옻나무는 옷나무, 참옷나무라고도 하고 칠수(漆樹), 칠(漆), 간칠(干漆), 산칠(山漆) 등으로도 불린다.

낙엽활엽교목으로 높이는 12m 정도이고 수피는 회백색이며 작은 가지는 굵고 회황색이다. 원산지에서는 20m까지 자란다. 야산에서는 대개 수 미터 정도이나 상당히 크게 자라는 나무임을 알 수가 있다. 잎은 9~11개의 소엽으로 된 기수우상복엽으로 어긋나고, 소엽은 난형 및 난형의 타원형으로 가장자리는 밋밋하며 양면에 털이 있다. 꽃은 잡성으로 액생하는 원추화서에 달리며 꽃차례에 털이 있고 연한 녹황색으로 5~6월에 핀다. 열매는 편평한 원형의 핵과이며 연한 황색으로 9~10월에 익으며 광택이 있으나 털이 없다.

왕머루_새순    왕머루_잎(뒷면)

머루와 왕머루는 매우 흡사하여 구별하기 힘든데, 잎 뒷면에 적갈색 털이 있으면 머루, 그렇지 않으면 왕머루이다.

왕머루

- **학명** *Vitis amurensis* Rupr.
- **과명** 포도과
- **형태** 낙엽활엽덩굴성 목본
- **꽃** 5~6월
- **열매** 9~10월

왕머루_잎(앞면)

왕머루_암꽃 　　　　　　왕머루_수꽃 　　　　　　왕머루_열매

생태적 특성

산에서 자라는 머루에는 왕머루, 새머루, 개머루, 까마귀머루 등이 있는데, 보통 머루라고 하면 새머루나 왕머루를 통틀어 이르는 말이다. 이 중에서도 특히 왕머루를 흔히 머루라고 부르는 경우가 많다. 머루 중에서는 열매가 크다고 해서 왕머루라고 한다. 머루와 왕머루는 매우 흡사하여 구별하기 힘든데, 잎 뒷면을 보면 구분이 가능하다. 그곳에 적갈색 털이 있으면 머루, 그렇지 않으면 왕머루이다. 지방에 따라 멀구넝굴(경상도), 머래순(황해도), 잔털왕머루, 머루, 털새머루, 제주새머루 등으로도 불린다.

낙엽활엽덩굴성 목본으로 줄기는 $10m$ 정도이고 작은 가지는 홍색으로 면모(綿毛)가 있고 수피는 암갈색이다. 잎은 어긋나며 넓은 난형이고 가장자리는 3~5개로 갈라지며 각 열편에는 작은 치아상 톱니가 있고 뒷면 맥 위에 털이 있다. 꽃은 암수딴그루로 잎과 마주나며 원추화서를 이룬다. 꽃은 작은데, 암꽃은 5개의 퇴화된 수술이 있으며 수꽃은 술잔 모양의 꽃받침 통이 있다. 꽃은 5~6월에 황록색으로 핀다. 열매는 구형의 장과로 9~10월에 검게 익는다.

왕벚나무_수피

왕벚나무_암술과 수술

1908년 서귀포에 거주하던 프랑스 신부 타케가 한라산에서 채집한 것을 장미과의 권위자인 쾨네 교수에게 소개하면서 왕벚나무의 원산지가 우리나라라는 사실이 밝혀졌다.

왕벚나무

- **학명** *Prunus yedoensis* Matsum.
- **과명** 장미과
- **형태** 낙엽활엽교목
- **꽃** 3~4월
- **열매** 6월

왕벚나무_잎과 잎차례

왕벚나무_꽃

왕벚나무_꽃 무리

왕벚나무_열매

왕벚나무_씨앗

생태적 특성

우리나라와 일본에 분포한다. 추위에 약하여 우리나라 중부지방에서는 월동이 어려운 수종이다. 깊고 비옥한 땅에서 잘 자라며 햇빛이 잘 드는 곳에서 꽃이 잘 핀다. 핵과인 열매는 식용한다. 술로 담가 먹기도 하며, 열매인 버찌를 체에 걸러 냄비에 담고 꿀과 녹말을 타서 은근한 불에 조린 후 굳혀 떡을 만들어 먹기도 한다.

낙엽활엽교목으로 높이는 $15m$ 정도이고 지름이 $50cm$이다. 수피는 회갈색 또는 암갈색이다. 잎은 어긋나고 난형 및 도란형으로 뒷면 맥 위와 자루에 털이 있으며 가장자리에는 겹톱니가 나 있다. 꽃은 3~5개가 산형상의 총상화서를 이루며 흰색 또는 연한 홍색이고, 꽃잎은 타원상의 난형이며 끝이 요형(凹形)으로 3~4월에 잎보다 먼저 핀다. 열매는 구형의 흑색으로 6월에 익는다.

작은 가지가 꼬불꼬불해 용과 같은 모습을 하고 있어서 용버들이라는 이름이 붙었다. 고수버들, 파마버들, 꼬부랑버들이라고도 한다.

용버들

- **학명** *Salix matsudana* f. *tortuosa* Rehder
- **과명** 버드나무과
- **형태** 낙엽활엽교목
- **꽃** 4~5월
- **열매** 5월

용버들_잎

용버들_새잎 용버들_암꽃

용버들_수꽃 용버들_수피

생태적 특성

작은 가지가 꼬불꼬불해 용과 같은 모습을 하고 있어서 용버들이라는 이름이 붙었다. 고수버들, 파마버들, 꼬부랑버들이라고도 하며, 학명에서 *matsudana*는 중국 식물연구가인 일본인 학자 이름 마쯔다에서 유래한다. 한자로는 운용류(雲龍柳), 용조류(龍爪柳)라고도 한다.

낙엽활엽교목으로 높이는 10m이고 지름이 80cm이다. 수피는 암회색이고 가지는 밑으로 처지며 꾸불꾸불하다. 암수딴그루로 수꽃은 털과 포엽이 있으며 암꽃은 1개의 암술과 2개의 꿀샘이 있고 4~5월에 핀다. 열매는 5월에 익어서 벌어지는데 씨는 털에 싸여 있다.

보통 버들 하면 아름다운 여인을 표현하는 데에 사용하는데, 예를 들면 유미(柳眉)는 미인의 아름다운 눈썹을, 유발(柳髮)은 여인의 아름다운 머리카락을, 유요(柳腰)는 날씬한 미인의 허리를 표현한 것이다.

월계수_수피

월계수_어린 수피

월계수는 고대 올림픽에서 경기 우승자에게 수여되는 관으로 사용되었으며, 문학에서는 최고의 시인에게 붙여주는 명칭으로도 사용되었으니 바로 계관시인이 그것이다.

월계수

학명 *Laurus nobilis* L.
과명 녹나무과
형태 상록활엽교목
꽃 3~4월
열매 7~9월

월계수_잎(앞면)

월계수_잎(뒷면)

월계수_암꽃

월계수_수꽃

월계수_열매(미성숙)

월계수_열매(성숙)

생태적 특성

월계수는 흔히 계수나무라고도 하고 감람수라고도 부른다. 영어명인 Laurel은 속명에서 나온 것인데 다른 식물을 가리키기도 한다. 그래서 laurel 앞에 noble이나 sweet 등을 붙이기도 한다. laurel이란 달나라를 뜻하는 말로 여기에서 달 월(月) 자를 따와 달에 있는 계수나무라 하여 월계수라고 붙인 것이다.

지중해가 원산으로 포르투갈의 마데이라의 라우리실바는 유럽에서 가장 면적이 넓은 월계수 숲으로 1999년 유네스코에 의해 지정된 세계자연유산이다.

상록활엽교목으로 높이는 12m이고 수피는 흑갈색이며 수형은 원뿔형이다. 잎은 장원상의 피침형으로 가장자리는 물결 모양이다. 꽃은 암수딴그루이며 황록색으로 3~4월에 핀다. 열매는 구형의 암자색으로 7~9월에 익는다.

흥미로운 것은 겉에서 보면 상록수처럼 보이지만 낙엽수이며, 잎과 꽃이 매우 독특하다. 꽃이 만개하면 마치 안개꽃 같기도 하다.

위성류

- **학명** *Tamarix chinensis* Lour.
- **과명** 위성류과
- **형태** 낙엽활엽소교목
- **꽃** 5, 9월
- **열매** 10월

위성류_잎

위성류_꽃

위성류_열매

위성류_수피

생태적 특성

위성류는 중국 위성(渭城)에서 나는 버드나무(柳) 같은 나무라는 의미에서 붙여진 이름이다. 위성은 중국 진나라 때의 수도인 서안에 있는 위수 주변의 지역을 말한다. 왕궁에 많이 심어 어류(御柳)라고도 하며 정류(檉柳), 삼춘류(三春柳)라고도 한다.

낙엽활엽소교목으로 해발 500m 이하의 인가 주변에 심으며 높이 5m 정도이고 작은 가지는 가늘고 길며 아래로 늘어진다. 잎은 어긋나고 인편상의 침형으로 회녹색이다. 꽃은 1년에 두 번 총상화서에 달리며 꽃받침 잎은 난형으로 5장이다. 5월에 늙은 가지에서 피는 연분홍색 꽃은 크지만 열매를 맺지 못하나, 9월에 새 가지에서 피는 꽃은 작지만 열매를 잘 맺는다. 꽃받침과 꽃잎, 수술은 각각 5개씩이다. 열매는 삭과로 10월에 익고 씨에는 긴 털이 있다.

유동_수피

유동_잎차례

유동(油桐)이라는 이름은 오동나무를 닮았으며 기름을 짤 수 있다고 해서 붙여진 것이다. 우리말로 기름오동나무라고 부르기도 하고, 지나기름오동이라고 부르기도 한다.

유동

- **학명** *Vernicia fordii* (Hemsl.) Airy Shaw
- **과명** 대극과
- **형태** 낙엽활엽교목
- **꽃** 5월
- **열매** 9월

유동_잎

유동_암꽃

유동_수꽃

유동_수술

유동_어린 열매

유동_열매(성숙)

유동_씨앗

생태적 특성

옛날에는 식물에서 기름을 추출하여 생활에 이용했는데, 그중에서 유동에서 나오는 기름이 유용하게 사용되었다. 유동(油桐)이라는 이름도 오동나무를 닮았으며 기름을 짤 수 있다고 해서 붙여진 것이다. 우리말로 기름오동나무라고 부르기도 하고, 지나기름오동이라고 부르기도 한다.

유동의 기름은 쓰임새가 매우 다양하다. 기계유나 도료, 인쇄용 기름은 물론이고 물감과 수지, 인쇄 피혁, 윤활제, 연마제, 비누, 살충제 등등 쓰이지 않는 곳이 없을 정도이다. 또 위세척을 할 때 쓰이는 최토제로도 유용하다.

낙엽활엽교목으로 높이는 약 10m이다. 수피는 잿빛을 띤 갈색이며, 굵은 가지가 사방으로 퍼져 전체적으로 둥그스름한 수형을 이룬다. 잎은 어긋나고 심장 모양 또는 동그란 모양으로 길이는 12~20cm, 너비는 8~16cm이다. 잎자루는 길며 그 끝은 뾰족하나 잎의 가장자리는 밋밋하다. 암수한그루로 꽃은 5월에 붉은빛이 도는 흰색으로 피어 원추꽃차례를 이룬다. 열매는 삭과로서 둥글고 3개의 씨앗이 들어 있으며 9월에 익는다.

유자나무_수피

유자나무_꽃봉오리

유자는 비타민 C가 듬뿍 들어 있어서 감기에 아주 좋은 과일로 여겨져 차로 많이 만들어 먹는다. 특히 비타민 C는 레몬보다도 무려 세 배나 많다고 한다.

유자나무

- **학명** *Citrus junos* Siebold ex Tanaka
- **과명** 운향과
- **형태** 상록활엽소교목
- **꽃** 5~6월
- **열매** 10~11월

유자나무_잎

유자나무_꽃

유자나무_열매(미성숙)

유자나무_열매(성숙)

유자나무_씨앗

생태적 특성

유자의 원산지는 중국 양쯔 강 상류이다. 우리나라에는 통일신라 때인 840년에 장보고가 당나라 상인에게 얻어와 널리 퍼졌다고 하는데, 공식적인 기록은 고려 때 지어진 《파한집》에 처음 등장하며, 《세종실록》 31권에 의하면 1426년에 전라도와 경상도에 감자와 함께 심었다고 한다.

유자나무는 한자 유자(柚子)에서 유래된 이름으로 산유자목(山柚子木)이라고도 부른다. 운향과에 속하며 우리나라와 중국, 일본에 분포한다. 우리나라에서는 전라남도 등 남부지방에서 재배되고 있다. 귤나무속의 나무들 중에 내한성이 가장 뛰어나다.

상록활엽소교목으로 높이는 4m 정도이고 가지에 뾰족한 가시가 있다. 잎은 긴 난형의 타원형으로 가장자리에 둔한 톱니가 있고 잎자루에 넓은 날개가 있다. 꽃은 흰색으로 잎겨드랑이에 1개씩 달리고 5~6월에 핀다. 열매는 편구형으로 외피는 울퉁불퉁하며 향기가 있고 신맛이 강하며 10~11월에 황색으로 익는다.

윤노리나무_수피

윤노리나무_잎차례

윤노리는 '윷놀이'를 소리 나는 대로 적은 것 같다. 이 나무의 가지로 윷을 만들기에 적합하다는 데서 윷놀이나무가 되었고 다시 윤노리나무로 변했다는 설이 있다.

윤노리나무

- **학명** *Pourthiaea villosa* (Thunb.) Dc.
- **과명** 장미과
- **형태** 낙엽활엽소교목
- **꽃** 5~6월
- **열매** 9~10월

윤노리나무_잎

윤노리나무_꽃봉오리

윤노리나무_꽃

윤노리나무_열매

생태적 특성

 윤노리는 '윷놀이'를 소리 나는 대로 적은 것 같다. 이 나무의 가지로 윷을 만들기에 적합하다는 데서 윷놀이나무가 되었고 다시 윤노리나무로 변했다는 설이 있는데, 확실한 것은 알 수 없다. 더 흥미로운 것은 한자명으로 우비목(牛鼻木)이다. 이는 '소의 코 나무'라는 뜻인데, 소의 코뚜레로 이용된 데에서 비롯된 것이다. 이 나무 말고도 노린재나무 역시 우비목이라고 부른다. 지방에 따라 꼭지윤노리, 꼭지윤노리나무, 참윤여리, 꼭지윤여리, 긴윤노리나무, 꼭지윤여리나무라고도 한다.

 낙엽활엽소교목으로 높이는 5m 이상이고 둘레는 10~20cm이다. 줄기는 밑에서 옆으로 자라며 몇 개의 수간이 올라오고 작은 가지에 흰색 털과 타원형의 껍질눈(껍질눈)이 있다. 잎은 어긋나며 도란형 및 긴 타원형이다. 꽃은 가지 끝에 산방화서를 이루며 흰색 털이 밀생하고 흰빛으로 5~6월에 핀다. 열매는 타원형으로 9~10월에 붉은색으로 익는데 그냥 생으로 먹는다. 열매자루에 흰색 껍질눈이 있는 점이 특색이다.

으름덩굴_수피

으름덩굴_새잎

제주도에서는 밤이나 상수리가 충분히 익은 상태 또는 그 열매를 아람이라고 하는데, 이 아람이 벌어진 것이 마치 전복이 입을 벌린 모양과 비슷하여 전복을 으름이라고 불렀다고도 한다.

으름덩굴

학명 *Akebia quinata* (Houtt.) Decne.
과명 으름덩굴과
형태 낙엽활엽덩굴성 목본
꽃 4~8월
열매 10월

으름덩굴_잎

으름덩굴_꽃봉오리

으름덩굴_암꽃

으름덩굴_수꽃

으름덩굴_어린 열매

으름덩굴_열매

으름덩굴_씨앗

생태적 특성

열매의 맛은 바나나같이 달콤하면서 부드럽다. 검은색의 씨는 엄청나게 많아서 씨를 빼고 나면 별로 먹을 것이 없을 정도이다. 잎과 줄기, 꽃은 나물로 해 먹기도 하며, 옛날에는 씨에서 기름을 짜서 식용으로 쓰기도 하고 등잔불의 기름으로도 썼다.

낙엽활엽덩굴성 목본으로 길이 5m 정도 자란다. 잎은 새로 난 가지에서는 어긋나며 오래된 가지에서는 모여나고, 소엽은 5개로 긴 타원형이며 양면 모두 털이 없고 가장자리는 밋밋하다. 암수한그루로 작은 수꽃은 위쪽에 많이 달리고 암꽃은 크며 아래쪽에 적게 달린다. 꽃은 자홍색으로 4~8월에 잎과 함께 핀다. 골돌상 열매는 장과로 마치 작은 바나나 모양의 긴 타원형이며, 10월에 자갈색으로 익으면서 벌어지는데 껍질이 매우 두껍다.

은단풍_수피

은단풍_잎(뒷면)

단풍나무는 여러 종류가 있는데, 은단풍은 잎의 뒷면이 은백색이라서 붙여진 명칭이다. 잎 앞면은 짙은 초록이다. 단풍잎은 다 붉다고 여기지만 그렇지가 않다.

은단풍

- **학명** *Acer saccharinum* L.
- **과명** 단풍나무과
- **형태** 낙엽활엽교목
- **꽃** 3월
- **열매** 5~6월

은단풍_잎(앞면)

은단풍_잎차례

은단풍_꽃봉오리

은단풍_암꽃

은단풍_수꽃

은단풍_열매

생태적 특성

　단풍나무는 여러 종류가 있는데, 은단풍은 잎의 뒷면이 은백색이라서 붙여진 명칭이다. 잎 앞면은 짙은 초록이다. 단풍잎은 다 붉다고 여기지만 그렇지가 않다. 본래 북아메리카가 원산으로 우리나라에는 1900년대 초부터 전국에 식재되어 자라고 있다.

　낙엽활엽교목으로 수피는 회색빛을 띤 갈색으로 높이는 약 $40m$, 지름이 $1m$에 이른다. 줄기는 곧게 뻗고 마주나는 잎은 단풍나무 잎 특유의 다섯 개로 갈라진다. 갈라진 조각 가장자리에는 겹톱니가 있으며, 중간의 조각은 다시 3가닥으로 갈라진다. 암수딴그루로 꽃은 3월에 잎보다 먼저 피는데, 노란빛을 띤 녹색이라서 잎과 쉽게 구분이 가진 않는다. 또 워낙 키가 커서 꽃을 보기가 쉽지 않다. 열매는 시과로 도란형이며 5~6월에 익는데, 날개가 있으며 밑으로 처진다. 다른 단풍나무와는 다르게 열매가 일찍 성숙한다.

은사시나무_수피    은사시나무_잎(뒷면)

사시나무의 한 종류로 사시나무와 은백양 사이의 자연교잡종이다. 생장이 빠르고 습기가 많은 곳에서 잘 자라서 1960년대 제1한강교(지금의 한강대교) 아래 고수부지에 조림용으로 많이 심었다.

은사시나무

학명 *Populus tomentiglandulosa* T. B. Lee
과명 버드나무과
형태 낙엽활엽교목
꽃 4월
열매 5월

은사시나무_잎(앞면)

은사시나무_잎차례

은사시나무_암꽃　　은사시나무_수꽃　　은사시나무_열매

생태적 특성

생장이 빠르고 습기가 많은 곳에서 잘 자라서 1960년대 당시 제1한강교(지금의 한강대교) 아래 고수부지에 조림용으로 많이 심었던 나무이다. 목재는 흰빛으로 가볍고 연하여 잘 갈라지고 뒤틀려서 재질은 좋지 않은 편으로 주로 성냥갑, 상자재, 나무젓가락, 일회용 나무도시락 등으로 사용하는데, 지금은 성냥이나 일회용 도시락을 사용하지 않아 이 나무의 용도가 줄어들었다.

낙엽활엽교목으로 높이는 20m이고 지름은 60cm이다. 수피는 푸르스름한 흰빛이 돌며 다이아몬드 또는 마름모꼴을 하고 있어 언뜻 보면 자작나무의 수피와 비슷하게 생겼다. 잎은 난형 및 타원형으로 서로 어긋나게 나 있고 끝이 뾰족하다. 암수딴그루이며 꽃은 4월에 핀다. 이삭처럼 작은 열매가 달리는 암꽃차례는 길이 5cm로 100개 정도의 열매가 달리며 5월에 익는다.

은행나무_수피

은행나무_새잎

고생대에 나타나 중생대에 번성하고 여러 차례 빙하기를 겪으면서도 살아남아 흔히 '살아 있는 화석'이라고 부른다.

은행나무

- **학명** *Ginkgo biloba* L.
- **과명** 은행나무과
- **형태** 낙엽침엽교목
- **꽃** 4~5월
- **열매** 9~10월

은행나무_잎

은행나무_암꽃

은행나무_수꽃

은행나무_열매

은행나무_씨앗

은행나무_겨울눈

생태적 특성

은행나무는 낙엽침엽교목으로 원산지는 중국이며, 암수딴그루이다. 은행이라는 이름은 열매가 살구를 닮았고 은빛이 돈다고 해서 붙여진 것이다. 그 모양을 중국에서는 오리발로 생각해서 압각수(鴨脚樹)라고 불렀으며, 한번 심으면 손자 대에서나 열매를 얻을 수 있다고 해서 공손수(公孫樹), 행자목(杏子木)이라고도 한다.

암나무에 열매가 열리려면 인근에 수나무가 꼭 있어야 한다. 길가에 서 있는 은행나무를 보면 어떤 것이 암나무이고 수나무인지 헷갈리는데, 우선 암나무는 수형이 펑퍼짐하고 가지가 안쪽으로 휘는 경향이 있다. 이에 반해 수나무는 날씬하고 가지가 곧게 뻗는다. 그러나 키가 크지 않은 은행나무는 열매가 맺히는 것을 보지 않고는 암수를 구분하기 어렵다.

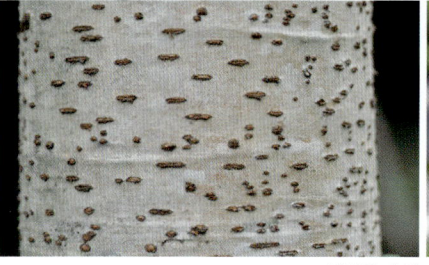
이나무_수피

이나무_잎(뒷면)

전체적인 나무 형태와 잎의 모양이 오동나무와 비슷하다 하여 산동자(山桐子)라고도 하며 팥피나무, 위나무, 의동(椅桐)이라고도 한다.

이나무

- **학명** *Idesia polycarpa* Maxim.
- **과명** 이나무과
- **형태** 낙엽활엽교목
- **꽃** 5월
- **열매** 10~11월

이나무_잎(앞면)

이나무_잎자루

이나무_암꽃

이나무_수꽃

이나무_열매

이나무_겨울눈

생태적 특성

이나무라는 이름은 의자를 뜻하는 한자 의(椅)에서 유래한다. 따라서 의나무라고 해야 맞으나 쉬운 발음으로 변해 이나무가 되었다. 그러나 아직도 북한에서는 의나무라고 부른다. 전체적인 나무 형태와 잎의 모양이 오동나무와 비슷하다 하여 산동자(山桐子)라고도 하며 팥피나무, 위나무, 의동(椅桐)이라고도 한다.

낙엽활엽교목으로 높이는 15m 정도이고 가지는 층층나무처럼 층층이 나서 사방으로 퍼지는 수형이며 수피는 황백색이고 껍질눈이 있다. 잎은 어긋나고 심장형으로 5~7개의 장상맥이 있으며 가장자리는 둔한 톱니 모양이다. 암수딴그루로 황록색 꽃이 원추화서에 달리며 꽃받침 잎은 5장으로 흰색이고 꽃잎은 없으며 5월에 핀다. 열매는 구형의 장과로 광택이 나고 10~11월에 붉은색으로 익으며 열매 안에는 약 10개의 씨가 들어 있다.

이팝나무_수피

이팝나무_새잎

옛날 이 나무에 치성을 드리면 풍년이 든다고 믿었는데, 꽃이 피는 모습을 보고 풍년인지 흉년인지 알아보기도 했다. 절기상으로 입하(立夏) 무렵에 꽃을 피우기 때문에 이팝나무라고 했다고도 한다.

이팝나무

- **학명** *Chionanthus retusus* Lindl. & Paxton
- **과명** 물푸레나무과
- **형태** 낙엽활엽교목
- **꽃** 5~6월
- **열매** 9~10월

이팝나무_잎

이팝나무_꽃

이팝나무_열매

이팝나무_열매와 잎

생태적 특성

봄철 도심의 길을 걷노라면 흰 쌀밥을 가지 끝에 올려놓은 듯한 나무들을 종종 볼 수 있다. 그대로 뭉치면 주먹밥이 될 것도 같다. 꽃이 흰 쌀밥(이밥)같이 보여서 이팝나무라고 한다. 다른 유래도 있다. 옛날 이 나무에 치성을 드리면 풍년이 든다고 믿었는데, 꽃이 피는 모습을 보고 풍년인지 흉년인지 알아보기도 했다. 절기상으로 입하(立夏) 무렵에 꽃을 피우기 때문에 이팝나무라고 했다고도 한다.

낙엽활엽교목으로 높이는 $25m$에 이른다. 수피는 회갈색이며 불규칙하게 세로로 갈라진다. 잎은 마주나며 긴 타원형 또는 도란형이다. 잎 가장자리는 밋밋하나 어릴 때에는 겹톱니가 나 있기도 하다. 암수딴그루로 꽃은 5~6월에 새 가지 끝에 하얗게 달린다. 열매는 9~10월에 검푸른색으로 익으며 타원형이다.

일본목련_수피    일본목련_새잎

일본목련은 일본 원산의 목련이라는 말이다. 한자명은 일본후박(日本厚朴)이며, 여기에서 후박이라는 말은 일본에서 쓰이는 말로 본래의 후박나무와는 관련이 없다.

일본목련

- **학명** *Magnolia obovata* Thunb.
- **과명** 목련과
- **형태** 낙엽활엽교목
- **꽃** 5월
- **열매** 9~10월

일본목련_잎

일본목련_꽃봉오리   일본목련_꽃

일본목련_열매   일본목련_씨앗

생태적 특성

　일본목련은 일본 원산의 목련이라는 말이다. 한자명은 일본후박(日本厚朴)이며 왕후박, 떡갈목련, 향목련, 황목련 등으로도 불린다. 여기에서 후박이라는 말은 일본에서 쓰이는 말로 본래의 후박나무와는 관련이 없다. 1920년경에 우리나라에 들여와 중부 이남에 식재하였는데, 그때 곧이곧대로 번역해 후박나무라고 부르게 되었다.

　낙엽활엽교목으로 높이는 20m 이상이고 지름이 1m이다. 원줄기는 곧게 나오고 곁가지가 둥글게 나와서 수형이 아름다우며, 수피는 회색이다. 잎은 긴 타원형으로 길이 20~40cm나 되어 매우 크며 가장자리는 밋밋하고 뒷면은 흰색 털로 덮여 흰빛을 띠고 있다. 꽃은 황백색으로 피는데 향기가 매우 좋으며 지름 15cm 정도로 5월에 잎보다 늦게 핀다. 열매는 자홍색의 골돌과로 긴 타원형이며 9~10월에 익는다.

일본잎갈나무_수피  일본잎갈나무_어린 열매

잎갈나무란 잎을 간다는 뜻으로, 즉 낙엽으로 떨어지고 해마다 새로운 잎이 나는 나무라는 의미이다. 그런 까닭에 잎이 소나무처럼 침형이지만 낙엽송이라고도 불린다.

일본잎갈나무

학명 *Larix kaempferi* (Lamb.) Carriere
과명 소나무과
형태 낙엽침엽교목
꽃 4~5월
열매 9~10월

일본잎갈나무_잎

일본잎갈나무_암꽃

일본잎갈나무_수꽃

일본잎갈나무_전년도 열매

일본잎갈나무_열매

생태적 특성

잎갈나무란 잎을 간다는 뜻으로, 즉 낙엽이 떨어지고 해마다 새로운 잎이 나는 나무라는 의미이다. 그런 까닭에 잎이 소나무처럼 침형이지만 낙엽송이라고도 불린다. 이깔나무라는 별칭도 있다.

낙엽침엽교목으로 높이는 30m 정도이며 지름은 1m 정도이다. 그러나 원산지의 나무는 이보다 훨씬 커서 높이가 60m까지 자라기도 한다. 수피는 회갈색이며 얇은 조각으로 벗겨진다. 어린 가지에는 털이 있고 밑으로 퍼진다. 잎은 진녹색으로 40~50개가 촘촘한 가지에 모여 난다. 꽃은 4~5월에 피는데 수꽃은 구형이고 암꽃은 타원형이다. 열매는 녹색을 띤 황갈색으로 타원형이며 열매조각은 30~40개이고 끝이 뒤로 젖혀진다. 씨는 도란형으로 날개가 있으며 9~10월에 익는다.

소나무나 전나무 등 침엽수는 대부분이 상록수이다. 하지만 낙엽을 떨구는 침엽수도 더러 있다. 잎갈나무가 대표적인데, 소나무처럼 생겼으면서도 가을에 주황색으로 바래는 모습을 보면 이색적이다.

잎갈나무

- **학명** *Larix olgensis* var. *koreana* (Nakai) Nakai
- **과명** 소나무과
- **형태** 낙엽침엽교목
- **꽃** 5~6월
- **열매** 9~10월

잎갈나무_잎

| 잎갈나무_암꽃 | 잎갈나무_수꽃 | 잎갈나무_열매 |
| 잎갈나무_전년도 열매 | | 잎갈나무_수피 |

생태적 특성

    낙엽침엽교목으로 높이는 35m, 지름은 1m까지 성장한다. 가지는 수평으로 자라거나 밑으로 처지며, 수피는 회갈색으로 불규칙하게 갈라져 벗겨진다. 잎은 솔잎처럼 바늘 모양인데 길이는 1.5~3cm, 너비는 1~1.5mm이다. 잎은 흩어져 나기도 하고 모여나기도 한다.

    꽃은 암수한그루로 5~6월에 짧은 가지 끝에서 피고, 열매는 9~10월에 솔방울처럼 달린다. 솔방울은 길이가 1.5~3.5cm, 지름이 1.5~2.5cm 정도이며, 솔방울의 조각은 25~40개쯤 된다. 다갈색으로 끝이 뒤로 젖혀지지 않는 것이 일본잎갈나무와의 차이점이다.

자금우_수피 자금우_잎(뒷면)

지길자(地桔子), 왜각장(矮脚樟), 노물대(老勿大)라고도 한다. 열매는 9월에 붉은색으로 익는데 이듬해 2월까지 달려 있으며, 새들의 좋은 먹이가 된다.

자금우

- **학명** *Ardisia japonica* (Thunb.) Blume
- **과명** 자금우과
- **형태** 상록활엽소관목
- **꽃** 5~6월
- **열매** 9~이듬해 2월

자금우_잎(앞면)

자금우_새순

자금우_꽃봉오리

자금우_꽃

자금우_열매

생태적 특성

지길자(地桔子), 왜각장(矮脚樟), 노물대(老勿大)라고도 한다. 이 나무는 특이하게도 350여 년 전 일본 도쿠가와 막부시대에 투기의 대상이 된 식물이다. 당시에 일본의 최고 권력층은 진기한 식물을 매우 좋아해 많은 이들이 좋은 식물을 찾아 헌상했는데, 자금우(紫金牛)도 귀한 식물로 헌상하여 가격 폭등을 일으켰다고 한다.

상록활엽소관목으로 높이는 20~30㎝ 정도이고 줄기는 옆으로 기면서 자란다. 잎은 마주나거나 돌려나며 타원형 및 난형으로 가장자리에는 톱니가 있다. 꽃은 양성화로 2~5개가 액생하는 산형화서를 이루며 아래로 처지고 꽃차례에 선모가 있다. 화관은 5갈래로 갈라지며 열편은 난형으로 흰색이나 흑색 선점이 있고 흰색으로 5~6월에 핀다. 열매는 장과상의 편구형으로 9월에 붉은색으로 익는데 이듬해 2월까지 달려 있으며, 새들의 좋은 먹이가 되어 멀리 번식한다.

자두나무_수피

자두나무_꽃봉오리

앵도나 살구처럼 집 근처에 심는 나무로, 이 세 수종은 서로 비슷한 점이 많다. 모두 다 장미과로, 꽃잎이 5개이고 잎보다 먼저 꽃이 피는 특징이 있다.

자두나무

- **학명** *Prunus salicina* Lindl.
- **과명** 장미과
- **형태** 낙엽활엽소교목
- **꽃** 4월
- **열매** 7~8월

자두나무_잎

자두나무_꽃

자두나무_열매(미성숙)

자두나무_열매(성숙)

생태적 특성

자두나무는 오얏나무, 자도나무라고도 한다. 그런데 본래 자두는 자주색 복숭아를 뜻하는 한자 자도(紫桃)에서 유래한다. 앵도나무, 살구나무처럼 집 근처에 심는 나무로, 이 세 수종은 서로 비슷한 점이 많다. 모두 다 장미과로, 꽃잎이 5개이고 잎보다 먼저 꽃이 피는 특징이 있다.

낙엽활엽소교목으로 높이는 $10m$이고 작은 가지는 적갈색이다. 잎은 어긋나며 도란형으로 가장자리에 둔한 톱니가 나 있다. 꽃은 잎보다 먼저 흰색으로 4월에 피며 대개 3개씩 달리고 열매는 난형의 원형 및 구형으로 황색 또는 적자색으로 7~8월에 익는다.

민간에서는 잎에 염증을 다스리는 약효가 있고 기침을 멎게 하는 효능이 있는 것으로 알려졌다. 또 생잎을 목욕물에 넣어 사용하면 땀띠를 없애는 효능이 있다고 한다. 기침이 난다든가 목이 아플 때에는 열매를 태워서 이용하기도 한다.

까치꽃나무라는 예쁜 별칭이 있다. 이른 봄에 꽃이 피며, 주로 사찰 주변에 많이 심는다. 특히 범어사에는 우리나라에서 가장 오래된 것으로 추정되는 자목련이 자라고 있다.

자목련

- **학명** *Magnolia liliiflora* Desr.
- **과명** 목련과
- **형태** 낙엽활엽교목
- **꽃** 4~5월
- **열매** 9월

자목련_잎

자목련_꽃봉오리　　　　　자목련_꽃

자목련_열매(미성숙)　　　자목련_열매(성숙)　　　자목련_수피

생태적 특성

자목련은 자주색의 꽃이 피는 목련이라는 뜻이다. 자옥란(紫玉蘭)이라고도 불리고, 까치꽃나무라는 예쁜 별칭도 있다.

낙엽활엽교목으로 높이는 15m 정도이다. 수피는 회갈색이고 작은 가지는 자갈색이다. 잎은 타원상의 도란형으로 뒷면 맥 위에 짧은 털이 있다. 꽃잎은 6개로 겉은 진한 자주색이고 안쪽은 연자주색이다. 꽃잎의 모양은 피침형으로 잎과 동시에 4~5월에 핀다. 열매는 난형 타원형의 골돌과로 9월에 갈색으로 익는다.

자목련이 일반 목련과 다른 점은 보통 목련은 잎보다 꽃이 먼저 피나, 자목련은 동시에 피기도 하고 자목련의 잎이 보통 목련의 잎보다 약간 작다는 것이다.

자작나무라는 이름은 껍질을 얇게 벗겨내어 불을 붙이면 나무껍질의 기름 성분 때문에 자작자작 소리를 내며 잘 탄다고 해서 붙여졌다.

자작나무

- **학명** *Betula platyphylla* var. *japonica* (Miq.) H. Hara
- **과명** 자작나무과
- **형태** 낙엽활엽교목
- **꽃** 4~5월
- **열매** 9~10월

자작나무_잎

자작나무_암꽃　　　　　자작나무_수꽃

자작나무_열매　　　　　자작나무_수피

생태적 특성

자작나무의 껍질은 흰 종이처럼 벗겨지며 몇 겹으로 싸여 있고 잘 썩지 않으며 방수효과가 있어 백두산 근처의 너와집 지붕으로 많이 사용되었다. 또 화피(樺皮)라 하여 종이가 없던 시절에는 종이 대용으로 쓰기도 했으며, 화건(樺巾)이라는 두건을 만들어 쓰기도 하고, 두꺼우면서도 부드러워 신발의 뒤창에 붙여 사용하기도 하며 칼집, 말안장 등에도 사용했다.

낙엽활엽교목으로 높이는 $20m$ 정도이고, 잎은 삼각상의 난형이다. 암수한그루로 수꽃은 이삭 모양으로 아래로 늘어지고, 암꽃은 위로 서며 4~5월에 핀다. 열매는 아래로 처지고 열매의 날개가 씨의 폭보다 넓고 9~10월에 익는다.

잣나무_수피

잣나무_새순

옛말에 '송백(松柏)의 절개'라는 말이 있다. 이는 소나무와 잣나무를 변하지 않는 지조나 절개로 본 것이다. 송무백열(松茂柏悅)이라는 말도 있는데, 이는 소나무가 무성함을 잣나무가 기뻐한다는 뜻이다.

잣나무

- **학명** *Pinus koraiensis* Siebold & Zucc.
- **과명** 소나무과
- **형태** 상록침엽교목
- **꽃** 5월
- **열매** 이듬해 9~10월

잣나무_잎

잣나무_암꽃

잣나무_수꽃(개화 전)

잣나무_수꽃

잣나무_열매(1년생)

잣나무_열매(2년생)

생태적 특성

상록침엽교목으로 높이는 30m 정도이고 지름은 1m까지 자라는데 우리나라 전역의 해발 300~1,900m에서 분포한다. 한대성 나무로 추운 곳에서 잘 자라므로 중부 이북지방에서는 300m 이상 되는 지역에서 자라지만 남쪽지방에서는 해발 1,000m 이상에서 자란다.

비옥한 땅에서 잘 자라나 건조한 땅에서는 잘 자라지 못하며 어릴 때는 그늘에서도 잘 자라지만 크면서 햇빛을 좋아한다. 또한 추위에는 강하나 바닷바람에는 약하다. 심은 후 12년이 지나면 잣이 열린다.

수피는 흑갈색이고 침엽은 5개씩 속생하고 양면에 5~6줄의 백색 기공조선이 있으며 가장자리에는 잔톱니가 있고 엽초는 곧 떨어진다. 꽃은 5월에 피는데 암꽃은 녹황색, 수꽃은 붉은색이다. 열매는 긴 난형의 원뿔형으로 이듬해 9~10월에 익는다. 열매조각은 끝이 길게 자라 뒤로 젖혀지며 씨가 1개씩 열리는데, 긴 난형으로 회갈색이며 날개가 없다.

장미_수피

장미_열매

우리나라에도 야생종 장미가 있다. 찔레꽃이나 돌가시나무, 해당화, 붉은인 가목 등은 야생 장미라고 부를 수 있는 수종들이다.

장미

학명 *Rosa hybrida* cv.
과명 장미과
형태 낙엽활엽 또는 활엽반상록성 관목
꽃 5~10월
열매 10~11월

장미_잎과 잎차례

장미_꽃(노란색) 장미_꽃(붉은색) 장미_꽃(흰색)

장미_지상부

생태적 특성

장미는 세계적으로 널리 분포된 관상용 식물로 주로 북반구의 한대, 아한대, 온대, 아열대에 분포하는데 자생종만도 약 100종 이상이 있는 것으로 알려져 있다.

우리나라에도 야생종 장미가 있다. 찔레꽃이나 돌가시나무, 해당화, 붉은 인가목 등은 야생 장미라고 부를 수 있는 수종들이다. 그리고 오래전부터 중국으로부터 야생종이 들어와 심어졌다.

낙엽활엽 또는 활엽반상록성 관목으로 높이는 $2m$ 정도이다. 잔가지는 적갈색이며 날카로운 가시가 있다. 때로는 샘털이 있다. 잎은 어긋나며 5~7개의 소엽으로 된 기수우상복엽이다. 꽃은 5~10월에 피지만 사철 피는 품종도 있다. 꽃 색깔은 홍자색, 붉은색, 백색, 연노란색 등 다양하며 겹꽃도 있다. 대개 꽃은 한 개나 몇 개가 가지 끝에 달린다. 겹꽃은 보통 열매를 맺지 않으나 어떤 품종은 둥글고 붉은 열매를 맺기도 한다.

전나무_수피

전나무_잎(뒷면)

종교개혁자인 마틴 루터가 밤하늘을 향해 우뚝 선 전나무가 마치 하느님에게 경배하는 것처럼 보여 전나무를 자기 집에 세운 뒤에 별과 촛불을 매달아 장식했다고 한다.

전나무

- **학명** *Abies holophylla* Maxim.
- **과명** 소나무과
- **형태** 상록침엽교목
- **꽃** 4월
- **열매** 10월

전나무_잎(앞면)

전나무_새잎

전나무_암꽃

전나무_수꽃

전나무_열매

생태적 특성

전나무라는 이름은 작은 가지와 잎이 옆으로 퍼져 납작하므로 전(煎)과 같이 착착 포갤 수 있는 나무라는 데에서 유래한다. 나무의 줄기를 자르면 하얀 액이 나와 이 유액을 젖이라 하여 젓나무라고 부르기도 한다. 또 줄기에 흰빛이 돈다고 해서 백송 또는 회목이라고도 하며, 간단히 회(檜) 또는 종목(樅木)이라고도 한다.

상록침엽교목으로 높이는 30m 이상이고 지름은 1m 정도이다. 습기가 있고 비옥한 땅을 좋아하는데 어릴 때는 그늘에서도 잘 자란다. 추위에 강하나 공해에는 약하다. 수피는 흑갈색이며 잎은 선형으로 끝이 매우 뾰족하며 뒷면에 흰색의 숨구멍 줄이 있다. 꽃은 4월에 핀다. 수꽃은 원통형으로 황록색이고 암꽃은 긴 타원형이다. 열매는 원통형이고 열매조각과 포린은 원형으로 짧고 밖으로 드러나지 않으며 10월에 익는다.

조릿대라는 이름은 쌀을 이는 데에 쓰는 주방기구 조리를 만드는 대나무에서 유래한다. 지죽(地竹), 산죽(山竹)이라고도 하며 갓대, 산대, 조리대 등 여러 가지 별칭이 있다.

조릿대

- **학명** *Sasa borealis* (Hack.) Makino
- **과명** 벼과
- **형태** 상록활엽성 목본
- **꽃** 4월
- **열매** 5~6월

조릿대_잎

조릿대_꽃

조릿대_열매

조릿대_수피

생태적 특성

조릿대라는 이름은 쌀을 이는 데에 쓰는 주방기구 조리를 만드는 대나무에서 유래한다. 학명에서 Sasa는 일본어 '세(笹)'에서 따온 것이며, borealis는 '북쪽의, 북방의'라는 뜻이다. 지죽(地竹), 산죽(山竹)이라고도 하며 갓대, 산대, 신우대, 섬대, 기주조릿대, 조리대 등 여러 가지 별칭이 있다.

상록활엽성 목본으로 조릿대의 땅위줄기는 수년간 마르지 않으며 줄기는 굵어지지 않는 특징이 있다. 포는 2~3년간 줄기를 둘러싸고 있으며 털과 더불어 끝에 피침형의 잎몸이 있다. 잎은 긴 타원상의 피침형이고, 가장자리에는 가시 같은 잔톱니와 털이 있는데 댓잎보다 비교적 크고 넓다.

꽃은 수십 년에서 수백 년 만에 피기 때문에 보기가 매우 어렵다. 또 다른 대나무들처럼 꽃을 피운 다음에는 죽는다. 꽃은 2~5개씩으로 된 조그만 이삭이 총상화서를 이루며 꽃차례는 털과 백분으로 덮여 있다. 기부에는 자주색 포가 2개 있다. 열매는 영과(穎果)로 5~6월에 익는데 보통 5년 만에 열매를 맺은 후 고사한다.

조팝나무_수피

조팝나무_새잎

조팝나무에는 해열제 및 진통제 성분이 포함되어 있어 버드나무에서 추출한 물질과 함께 아스피린의 원료가 된다.

조팝나무

- 학명 *Spiraea prunifolia* for. *simpliciflora* Nakai
- 과명 장미과
- 형태 낙엽활엽관목
- 꽃 4~5월
- 열매 9월

조팝나무_잎

조팝나무_꽃

조팝나무_열매(미성숙)

조팝나무_열매(성숙)

생태적 특성

조팝나무는 마치 좁쌀을 흩뿌린 듯 꽃이 핀다고 해서 붙어진 것이다. 처음엔 조밥나무라고 부르다가 세게 발음되며 조팝나무가 되었다. 조밥나무라고도 하며, 한자로는 목상산(木常山), 이엽수선국(李葉繡線菊), 압뇨초(鴨尿草), 소엽화(笑靨花)라고 하는데, 목상산은 뿌리를 생약으로 부르는 명칭이다.

낙엽활엽관목으로 높이는 $2m$ 정도 자라고 밑에서 많은 줄기가 나와 큰 포기를 형성하는데, 줄기에는 능선이 있으며 다갈색이다. 잎은 어긋나고 타원형으로 가장자리에 잔톱니가 있다. 꽃은 윗부분의 짧은 가지에 4~5개가 산형상으로 달리고 꽃잎은 5개로 도란형 및 타원형으로 4~5월에 흰색으로 핀다. 열매는 털이 없는 골돌로 9월에 익는다.

족제비싸리_줄기  족제비싸리_새잎

족제비싸리는 가지 끝에 피는 자주색의 꽃 색깔이 족제비 색깔과 비슷하고, 촘촘하게 달린 열매 모양도 족제비의 꼬리와 비슷하게 생겨 붙여진 이름이다.

족제비싸리

- **학명** *Amorpha fruticosa* L.
- **과명** 콩과
- **형태** 낙엽활엽관목
- **꽃** 5~6월
- **열매** 9월

족제비싸리_잎

족제비싸리_꽃

족제비싸리_열매

족제비싸리_씨앗

생태적 특성

족제비싸리는 가지 끝에 수상화서를 이루며 피는 자주색의 꽃 색깔이 족제비 색깔과 비슷하고, 수상화서에 촘촘하게 달린 열매 모양도 족제비의 꼬리와 비슷하게 생겨서 붙여진 이름이다. 미국싸리, 점박이미국싸리, 왜싸리라고도 하며 자수괴(紫穗槐)라고도 한다.

낙엽활엽관목으로 높이는 $3m$ 정도이고 작은 가지에 털이 있다. 잎은 11~25개의 소엽으로 된 기수우상복엽이며 소엽은 난형 및 타원형이다. 꽃은 가지 끝의 수상화서에 촘촘히 달리며 자줏빛이 도는 보라색으로 향기가 강하다. 기판은 난상의 원형이며 익판과 용골판은 없고 5~6월에 핀다. 열매는 협과로 약간 굽으며 9월에 익는다.

졸참나무_수피

졸참나무_잎(뒷면)

참나무과의 나무 중 도토리가 열리는 나무로 '졸'이라는 이름은 열매와 각두가 작다는 것에서 유래한다. 잎도 참나무류 중에는 가장 작다.

졸참나무

- **학명** *Quercus serrata* Murray
- **과명** 참나무과
- **형태** 낙엽활엽교목
- **꽃** 5월
- **열매** 9~10월

졸참나무_잎(앞면)

졸참나무_잎차례

졸참나무_암꽃

졸참나무_수꽃

졸참나무_열매

졸참나무_씨앗

생태적 특성

참나무과의 나무 중 도토리가 열리는 나무로 '졸'이라는 이름은 열매와 각두가 작다는 것에서 유래한다. 잎도 참나무류 중에는 가장 작다. 작은 상수리나무라 하여 한자로는 소상수(小橡樹)라고 부르며 굴밤나무, 가둑나무, 갈졸참나무, 재잘나무 등으로도 불린다.

낙엽활엽교목으로 높이는 25m이고 지름이 1m이다. 줄기는 하나로 곧게 자라고 수피는 회백색이며 세로로 골이 패 있다. 잎은 타원상의 도란형이며 가장자리에는 다소 조밀한 치아상 톱니가 있다. 잎 뒷면에는 단모와 별 모양의 털이 있고 잎맥은 7~12쌍이다. 수꽃은 새 가지 밑부분에서 아래로 처지고, 암꽃은 위로 곧게 서며 5월에 핀다. 각두는 견과를 1/3 미만을 감싸며 견과는 타원형으로 9~10월에 익는다.

종가시나무_수피 　　　　종가시나무_잎(뒷면)

열매가 종을 닮아 종가시나무라고 하며 사계절 내내 푸르다고 해서 사계청(四季靑)으로도 불린다. 한자로는 가서목(哥舒木)이라고 한다.

종가시나무

- **학명** *Quercus glauca* Thunb.
- **과명** 참나무과
- **형태** 상록활엽교목
- **꽃** 4~5월
- **열매** 10~11월

종가시나무_잎(앞면)

종가시나무_암꽃 종가시나무_수꽃 종가시나무_열매

생태적 특성

열매가 종을 닮아 종가시나무라고 하며 사계절 내내 푸르다고 해서 사계청(四季靑)으로도 불린다. 제주도에는 가시나무, 가시낭, 버레낭, 속소리라는 토속 이름도 있다. 가시나무를 한자로는 가서목(哥舒木)이라고 한다. 여기에서 '서'는 펼쳐진다는 뜻이므로 이 나무의 특성을 의미한다. 가시나무에 가시가 없는 것이 많으니 바로 이 가서라는 말에서 가시가 온 것이 아닌가 하는 생각이다.

상록활엽교목으로 높이는 15m에 달한다. 수피는 녹색이 나는 회색이다. 어긋나는 잎은 도란형이거나 넓은 타원형이다. 잎의 표면은 윤기가 나며 윗부분에는 톱니가 몇 개 난다. 처음에는 잎이 갈색 털로 덮이나 곧 사라진다. 암수한그루로 4~5월에 꽃이 피는데, 암꽃은 새 가지의 가운데 잎겨드랑이에서 위로 곧게 선다. 이에 비해 수꽃은 다른 가시나무류처럼 밑으로 처진다. 열매는 타원형 또는 난형의 견과이며 크기는 1.5~2cm이고 10~11월에 익는다.

주목_수피   주목_잎(뒷면)

목재는 향기가 좋고 단단해 이용 가치가 높다. 그래서 흔히 주목을 가리켜 '살아서 천 년, 죽어서도 천 년'이라고 표현한다.

주목

- **학명** *Taxus cuspidata* Siebold & Zucc.
- **과명** 주목과
- **형태** 상록침엽교목
- **꽃** 3~4월
- **열매** 8~9월

주목_잎(앞면)

주목_암꽃

주목_수꽃

주목_열매(미성숙)

주목_열매(성숙)

생태적 특성

주목(朱木)이라는 이름은 나무껍질과 속이 붉다고 해서 붙여졌다. 소나무와 비슷하게 생겼다고 해서 적백송(赤柏松)이라고도 한다. 이 밖에도 지방에 따라 화솔나무, 노가리, 적목, 경목, 자백송 등 부르는 이름이 다양하다.

상록침엽교목으로 아고산대의 능선이나 사면에서 높이는 20m, 지름은 2m까지 자란다. 가지는 사방으로 퍼져서 나무의 형태가 매우 아름답고, 수피는 붉은빛을 띤 갈색으로 껍질이 살짝 갈라지는 것이 특징이다. 잎은 침엽수답게 줄 모양이며 길이는 1.5~2.5cm이다. 잎의 뒷면에 황록색 줄이 나 있다. 한번 생긴 잎은 2~3년 뒤에 떨어진다. 암수딴그루로 꽃은 3~4월에 잎겨드랑이에 핀다. 암꽃은 연녹색, 수꽃은 갈색으로 약간 차이가 있다. 열매는 8~9월에 붉은색으로 조그만 앵두처럼 달린다.

중국 동북부 압록강 하류가 원산인 나무이다. 우리나라 자생의 굴피나무보다 크게 자라 높이 30m에 이르며 지름이 1m에 달한다.

중국굴피나무

- **학명** *Pterocarya stenoptera* C. DC
- **과명** 가래나무과
- **형태** 낙엽활엽교목
- **꽃** 4~5월
- **열매** 9~10월

중국굴피나무_잎

중국굴피나무_암꽃

중국굴피나무_수꽃

중국굴피나무_열매

중국굴피나무_수피

생태적 특성

낙엽활엽교목으로 수피는 홍갈색이고 작은 가지의 골속은 계단상으로 되어 있다. 잎은 기수우상복엽이고 소엽은 난상의 타원형으로 9~25개씩 달려 있는데 잎줄기에는 날개가 달려 있다. 전년도에서 액생하며 미상화서로 매달린 모양으로 4~5월에 꽃이 핀다. 수꽃은 1~4개의 화피와 6~18개의 수술이 있고, 암꽃은 새로 난 가지의 맨 꼭대기 부분에서 나오고 꽃차례에 털이 촘촘히 나 있으며 화피로 싸여 있다. 열매는 2개의 심피로 되어 있으며 봉선을 따라 갈라지거나 날개가 달려 있는데, 이를 시과(翅果)라 한다. 열매는 양쪽에 날개가 있는 긴 타원형으로 9~10월에 익는다.

한방에서는 가지와 잎을 풍양이라 하여 여름과 가을에 채취하여 햇볕에 말린 후 이뇨, 소종, 살충, 피부가려움증, 급혈충증(배 속에 돌덩어리 같은 것이 있는 증상), 옴 등의 약재로 사용한다.

한자명은 삼각풍(三角楓), 영어명은 Three-toothed maple, Trident maple이다. 이름을 통해 잎끝이 세 갈래로 갈라진 단풍이라는 것을 알 수가 있다.

중국단풍

- **학명** *Acer buergerianum* Miq.
- **과명** 단풍나무과
- **형태** 낙엽활엽교목
- **꽃** 4월
- **열매** 9~10월

중국단풍_잎

중국단풍_꽃

중국단풍_열매

중국단풍_수피

생태적 특성

중국 단풍나무라는 뜻으로 당단풍나무, 세뿔단풍, 세갈래단풍나무, 메시닥나무라고도 한다. 한자명은 삼각풍(三角楓), 영어명은 Three-toothed maple, Trident maple이다. 이를 통해 잎끝이 세 갈래로 갈라진 단풍이라는 것을 알 수가 있다.

낙엽활엽교목으로 중국 원산이며 높이는 $15m$ 정도이고 수피는 갈색으로 벗겨진다. 잎은 긴 난원형 및 타원형이고 가장자리는 3개로 얕게 갈라진다. 열편은 삼각형으로 밋밋하며 뒷면은 연한 녹색이고 백분으로 덮여 있다. 꽃은 가지 끝에 다수가 모여 산방화서를 이루며 꽃차례에 털이 있고 황록색으로 4월에 핀다. 열매는 시과로 황갈색이고 둔각으로 벌어지며 소견과는 돌출되었고 9~10월에 익는다.

진달래_수피

진달래_수형(겨울)

달래보다 더 진하다 하여 진달래라고 했다고도 하는데, 꽃을 먹을 수가 있어 참꽃이라고도 하고 진달내, 진달래나무, 참꽃나무, 두견화(杜鵑花)라고도 한다.

진달래

- **학명** *Rhododendron mucronulatum* Turcz.
- **과명** 진달래과
- **형태** 낙엽활엽관목
- **꽃** 3~4월
- **열매** 10월

진달래_잎

진달래_꽃봉오리

진달래_꽃

진달래_열매

진달래_열매 꼬투리

생태적 특성

봄이면 산을 분홍빛으로 물들이는 진달래는 국화인 무궁화 못지않게 우리 민족의 꽃이라고 할 만하다. 영어명도 Korean rosebay라 한다. 달래보다 더 진하다 하여 진달래라고 했다고도 하는데, 꽃을 먹을 수가 있어 참꽃이라고도 하고 진달내, 진달래나무, 참꽃나무, 두견화(杜鵑花)라고도 한다. 두견화라는 이름은 옛날 촉나라 임금 우두가 억울하게 죽어 그 넋이 두견새가 되었고, 두견새가 울면서 토한 피가 두견화로 변했다는 데에서 유래한다.

낙엽활엽관목으로 높이는 $2\sim3m$ 정도이다. 잎은 어긋나며 긴 타원상의 피침형으로 약간 광택이 난다. 꽃은 양성화로 잎겨드랑이에 1개씩 또는 2~5개가 모여 달리며 화관은 깔때기 모양으로 연한 홍색이다. 꽃은 3~4월에 잎보다 먼저 핀다. 열매는 삭과의 원통형으로 10월에 익는다.

나뭇잎이 쪽진 머리 모양을 하고 있어 쪽동백나무라고 이름을 붙였다고 한다. 영어명은 Fragrant snowbell인데, 이 때문에 Snowbell tree인 때죽나무와 혼동되어 불리기도 한다.

쪽동백나무

학명 *Styrax obassia* Siebold & Zucc.
과명 때죽나무과
형태 낙엽활엽소교목
꽃 5~6월
열매 9~10월

쪽동백나무_잎

쪽동백나무_꽃차례

쪽동백나무_꽃

쪽동백나무_열매

쪽동백나무_수피

생태적 특성

나뭇잎이 쪽진 머리 모양을 하고 있어 쪽동백나무라고 이름을 붙였다고 한다. 잎 가장자리의 윗부분에 잔톱니가 있다는 데서 톱니라는 뜻의 쪽과, 열매에서 짠 기름을 동백기름처럼 쓴다고 해서 쪽동백나무라고 했다고도 하며, 동백 씨앗보다 작아 쪽을 붙여 쪽동백나무라고 부르게 되었다고도 한다. 정나무, 때쪽나무, 물박달, 산아즈까리나무, 개동백나무, 왕때죽나무, 물박달나무, 산아주까리나무, 때죽나무 등으로도 불린다. 영어명은 Fragrant snowbell인데, 이 때문에 Snowbell tree인 때죽나무와 혼동되어 불리기도 한다.

낙엽활엽소교목으로 높이는 10m 정도이고 작은 가지의 수피는 다갈색으로 벗겨진다. 잎은 어긋나며 뒷면에는 회색 잔털이 많고 잎자루는 짧다. 꽃은 양성화로 새로 난 가지에 총상화서를 이루는데, 5~6월에 하얀 통꽃 20개가 밑으로 처지면서 달린다. 열매는 핵과로 난형 및 타원형이며 9~10월에 회녹색으로 익는다.

찔레꽃_수피

찔레꽃_어린 가지

새순은 먹을 것이 귀했던 옛날 어린이들이 자주 먹기도 했으며, 김치로 담가 먹기도 했다. 꽃은 물에 우려 차로 마시거나 전을 부쳐서 먹는다.

찔레꽃

- **학명** *Rosa multiflora* Thunb.
- **과명** 장미과
- **형태** 낙엽활엽관목
- **꽃** 5월
- **열매** 9~10월

찔레꽃_잎과 잎차례

찔레꽃_새순

찔레꽃_꽃

찔레꽃_꽃 무리

찔레꽃_열매(미성숙)

찔레꽃_열매(성숙)

생태적 특성

  찔레라는 이름은 가시가 많아 잘 찔리는 나무라는 뜻이다. 찔룩나무, 질구나무, 질꾸나무, 가시나무, 들장미, 야장미, 영실, 자매화, 자매장미화, 새비나무라고도 하는데, 여기에서 들장미나 야장미란 찔레꽃이 야생장미라는 의미이다. 오늘날 장미의 할아버지쯤으로 봐도 된다.

  낙엽활엽관목으로 높이는 $2m$ 정도이고 흔히 덩굴성으로 된다. 작은 가지에 가시가 많이 나 있다. 잎은 기수우상복엽으로 어긋나고 5~9개의 소엽은 타원형 및 도란형으로 양 끝이 좁고 톱니가 있다. 꽃은 새 가지 끝에 원추화서를 이루며 5월에 흰색 또는 연홍색으로 피고 향기가 좋다. 작은 꽃자루에는 털이 거의 없고, 열매는 9~10월에 붉은빛으로 익으며, 종자는 흰색으로 털이 나 있다.

참가시나무_수피

참가시나무_잎(앞면과 뒷면)

가시나무 중에서도 진짜 가시나무라는 뜻인데, 가시나무는 흔히 숲의 왕이라는 말이 있듯 모양이 웅장하면서도 단정하다.

참가시나무

- **학명** *Quercus salicina* Blume
- **과명** 참나무과
- **형태** 상록활엽교목
- **꽃** 5월
- **열매** 이듬해 10~11월

참가시나무_새잎

참가시나무_암꽃

참가시나무_수꽃

참가시나무_열매

참가시나무_씨앗

생태적 특성

참가시나무는 가시나무 중에서도 진짜 가시나무라는 뜻인데, 가시나무는 흔히 숲의 왕이라는 말이 있듯 모양이 웅장하면서도 단정하다. 그래서 유럽에서는 이 나무에 신령스러운 영혼이 깃든다고 믿어왔고, 고대 그리스에서도 정직과 예의, 진리의 상징으로 여겨졌다.

상록활엽교목으로 주로 섬이나 바닷가의 산기슭에 자란다. 높이는 약 10m이며 수피는 잿빛을 띤 검은색이고 흰색의 둥근 껍질눈이 존재한다. 작은 가지에 털이 나나 차츰 사라진다. 어긋나는 잎은 피침형이거나 긴 타원형이며 끝이 뾰족하다. 길이는 10~14cm이며 윗부분의 가장자리에 뾰족한 톱니가 나 있고, 뒷면은 흰색을 띤다. 암수딴그루로 5월에 꽃이 피는데, 암꽃은 잎겨드랑이에 3~4개가 피며, 수꽃은 어린 가지 밑부분에서 밑으로 처지게 핀다. 이듬해 10~11월에 맺는 열매는 타원형 또는 넓은 타원형으로 견과이며, 그 끝에는 잔털이 달린다.

참빗을 만드는 나무라 하여 붙여진 이름으로 물뿌리나무, 화살나무, 화살촉나무라고도 한다. 화살나무와 비슷하게 생겼는데 가지에 날개가 없고 줄기가 매끄럽다.

참빗살나무

- **학명** *Euonymus hamiltonianus* Wall.
- **과명** 노박덩굴과
- **형태** 낙엽활엽소교목
- **꽃** 5~6월
- **열매** 10월

참빗살나무_잎

참빗살나무_꽃

참빗살나무_열매(미성숙)

참빗살나무_열매(성숙)

참빗살나무_수피

생태적 특성

참빗살나무는 참빗을 만드는 나무라 하여 붙여진 이름으로 물뿌리나무, 화살나무, 화살촉나무라고도 하며, 한자명은 도엽위모(桃葉衛矛), 금은유(金銀柳)이다. 어청도(전북 군산시 옥도면에 있는 섬)에서는 화살나무를 참빗살나무라고 한다. 화살나무와 비슷하게 생겼는데 가지에 날개가 없고 줄기가 매끄럽다. 일본에서는 진궁(眞弓)이라 부르는데 옛날에 이 나무로 활을 만들었던 데에서 유래된 이름이다.

낙엽활엽소교목으로 높이는 $8m$ 정도이고 가지가 둥글다. 잎은 마주나고 피침상의 타원형이며 가장자리에 불규칙한 톱니가 있고 양면에 털이 없다. 암수딴그루로 꽃은 전년도 가지에서 액생하는 취산화서에 3~12개가 달리고 연한 녹색으로 5~6월에 핀다. 열매는 네모 모양의 둥근 꼴이며 4개의 능선이 있고 10월에 홍색으로 익는다. 씨는 4개로 갈라지며 주홍색의 종의에 싸여 있다.

참죽나무는 오래 사는 나무로도 유명하다. 참죽나무를 뜻하는 춘(椿) 자는 장수와 관련이 깊은데, 남의 아버지를 높여 부르는 춘부장(椿府丈)의 춘 자는 바로 여기에서 유래된 것이다.

참죽나무

- **학명** *Cedrela sinensis* Juss.
- **과명** 멀구슬나무과
- **형태** 낙엽활엽교목
- **꽃** 5~6월
- **열매** 9~10월

참죽나무_잎과 잎차례

참죽나무_새잎

참죽나무_꽃

참죽나무_꼬투리

참죽나무_수피

생태적 특성

참죽나무는 충나무, 쭉나무 등으로도 불린다. 일부 지방에서는 참죽나무 순을 가죽나물이라고 부르기도 하고, 충청도 지방에서는 죽순나무라고도 하므로 지역에 따라 부르는 명칭이 헷갈리는 수종이다. 참죽나무는 오래 사는 나무로도 유명하다. 참죽나무를 뜻하는 춘(椿) 자는 장수와 관련이 깊은데, 남의 아버지를 높여 부르는 춘부장(椿府丈)의 춘 자는 바로 여기에서 유래된 것이다.

낙엽활엽교목으로 높이는 $20m$ 정도이고 수피는 암갈색이며 작은 가지는 녹색으로 털이 있다. 잎은 어긋나고 기수우상복엽으로 소엽은 10~20개이며 피침형 및 긴 타원형으로 가장자리가 밋밋하거나 약간 톱니가 있다. 꽃은 가지 끝에서 밑으로 처지는 원추화서로 달리며 종 모양으로 5~6월에 흰색으로 피는데 향기가 난다. 열매는 도란형 및 타원형의 삭과로 9~10월에 홍갈색으로 익으며, 씨는 양쪽에 긴 날개가 있어서 열매가 터지면서 흩어진다.

가지가 아래로 처지면 가지와 물이 맞닿는 수평선에 시선이 가게 되어 정적의 평화로움을 느끼게 하는 나무로 호숫가에 심으면 물과 잘 어울릴 수 있어 더없이 좋다.

처진개벚나무

학명 *Prunus verecunda* var. *pendula* (Nakai) W. T. Lee
과명 장미과
형태 낙엽활엽교목
꽃 4월
열매 6~7월

처진개벚나무_잎

처진개벚나무_꽃

처진개벚나무_열매

처진개벚나무_수피

생태적 특성

처진개벚나무는 벚나무지만 수양버들처럼 축축 늘어진다고 해서 수양벚나무, 능수벚나무라고도 한다. 가지가 아래로 처지면 자연스럽게 사람의 시선도 아래로 가기 마련이어서 가지와 물이 맞닿는 수평선에 시선이 가게 되어 정적의 평화로움을 느끼게 하는 나무이다. 따라서 호숫가에 심으면 물과 호수와 잘 어울릴 수 있어 더없이 좋다. 원산지는 우리나라이다. 양지바르고 습기가 많은 비옥한 땅에서 잘 자라며 추위에도 강하여 전국 곳곳에 분포한다.

낙엽활엽교목으로 높이는 15m 정도이다. 잎은 난형으로 가장자리에 뾰족한 톱니가 나 있다. 꽃은 4월에 연한 홍색으로 피고 열매는 둥근 핵과로 6~7월에 자흑색으로 익는다.

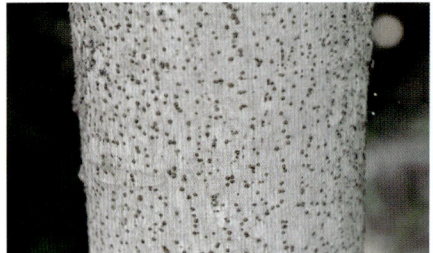
천선과나무_수피

천선과나무_잎(뒷면)

열매 위쪽에는 작은 배꼽이 있는데, 그곳으로 작은 천선과좀벌이 들어가 알을 낳고 어른 벌레가 되어 나올 때 몸에 꽃가루를 묻혀 나와 암꽃과 수꽃을 옮겨다니며 수정을 시킨다.

천선과나무

- 학명 *Ficus erecta* Thunb.
- 과명 뽕나무과
- 형태 낙엽활엽관목 또는 소교목
- 꽃 5~6월
- 열매 9~10월

천선과나무_잎(앞면)

천선과나무_열매(미성숙)

천선과나무_열매(성숙)

천선과나무_겨울눈

생태적 특성

'천상의 선녀들이 따 먹는 과일'이라는 이름을 가진 나무이다.

암수딴그루인 데다가 꽃이 주머니 속에 감춰져 있으니 도대체 이 나무는 어떻게 씨앗을 퍼뜨리고 열매를 맺을까? 하지만 다 방법이 있다. 열매 위쪽에는 작은 배꼽이 있는데, 그곳으로 작은 천선과좀벌이 들어가 알을 낳고 어른벌레가 되어 나올 때 몸에 꽃가루를 묻혀 나와 암꽃과 수꽃을 옮겨다니며 수정을 시키는 것이다.

낙엽활엽관목 또는 소교목으로 높이는 2~8m 정도이다. 수피는 회백색으로 껍질눈이 세로로 잔뜩 나 있다. 잎은 길이 5~19cm로 어긋나며, 도란형이나 끝이 뾰족하고 가장자리는 밋밋하다. 꽃은 암수딴그루로 5~6월에 새 가지의 잎겨드랑이에 달린 꽃주머니 속에 들어 있다. 꽃주머니는 지름 1.5cm 정도이다. 열매는 9~10월에 검은 자주색으로 익는데, 지름이 1.5~1.7cm로 작다.

철쭉은 진달래와 비슷하게 생겼다. 진달래꽃은 먹을 수 있어서 참꽃이라고 하는 반면, 철쭉꽃은 먹지 못하므로 개꽃이라고도 한다.

철쭉

- **학명** *Rhododendron schlippenbachii* Maxim.
- **과명** 진달래과
- **형태** 낙엽활엽관목
- **꽃** 5월
- **열매** 10월

철쭉_잎

철쭉_꽃

철쭉_열매

철쭉_수피

철쭉_겨울눈

생태적 특성

철쭉은 진달래와 비슷하게 생겼다. 진달래는 잎보다 꽃이 먼저 피나, 철쭉은 잎과 꽃이 동시에 피는 점이 다르다. 또 철쭉은 꽃잎 안쪽에 적자색의 반점이 있고, 꽃 자체에 점액질이 있어 구분이 간다. 진달래꽃은 먹을 수 있어서 참꽃이라고 하는 반면, 철쭉꽃은 먹지 못하므로 개꽃이라고도 한다.

낙엽활엽관목으로 높이는 2~5m 정도이다. 줄기는 곧게 자라고 굵은 가지를 많이 내며 수피는 회갈색으로 오래되면 갈라진다. 잎은 어긋나고 가지 끝에 5개씩 모여 달리며 도란형이다. 꽃은 양성화로 3~7개씩 가지 끝에 모여 산형화서를 이루며 달린다. 연한 홍색의 꽃잎 안쪽에 적자색 반점이 있으며 잎과 함께 5월에 핀다. 열매는 삭과로 긴 도란형이며 10월에 익는다.

청미래덩굴_수피

청미래덩굴_어린 열매

망개떡은 찹쌀가루를 쪄서 치대어 거피 팥소를 넣고 반달이나 사각 모양으로 빚어, 두 장의 나뭇잎 사이에 넣고 찐 떡이다. 이때 쓰이는 나뭇잎이 청미래덩굴 잎이다.

청미래덩굴

- **학명** *Smilax china* L.
- **과명** 백합과
- **형태** 낙엽활엽덩굴성 목본
- **꽃** 5월
- **열매** 9~10월

청미래덩굴_잎과 잎차례

청미래덩굴_암꽃

청미래덩굴_수꽃

청미래덩굴_열매(미성숙)

청미래덩굴_열매(성숙)

생태적 특성

청미래덩굴의 뿌리를 토복령(土茯苓) 또는 금강두(金剛兜)라고도 하는데, 토복령은 땅에 있는 복령이라는 뜻으로 혹같이 생긴 덩이뿌리가 있어서 붙여진 명칭이다. 덩이뿌리에는 녹말 성분이 많아 옛날 춘궁기에 곡식과 섞어 밥을 지어 먹었다. 나라가 망한 뒤 산으로 들어간 선비들이 뿌리를 캐어 먹기도 한 토복령은 신선이 남긴 음식이라 하여 선유량(仙遺糧)이라고도 하고, 넉넉한 요깃거리가 된다고 하여 우여량(禹餘糧)이라고도 한다.

낙엽활엽덩굴성 목본이고 줄기는 마디에서 굽어 자라며 길이가 3m에 이르고 갈고리 같은 가시가 있어 다른 나무를 기어올라 덤불을 이룬다. 잎은 두꺼우며 광택이 나고 넓은 타원형이다. 꽃은 암수딴그루로 액생하는 산형화서에 달리며 5월에 황록색으로 핀다. 열매는 둥글고 붉은색으로 한곳에 5~10개씩 9~10월에 익으며 종자는 황갈색이다.

초피나무_수피

초피나무_씨앗

초피나무는 산초나무와 같은 과(科) 식물로 비슷해 구분하기가 쉽지 않다. 산초나무는 여름인 6~8월에 꽃이 피는 반면, 초피나무는 봄인 5~6월에 핀다.

초피나무

- **학명** *Zanthoxylum piperitum* (L.) DC.
- **과명** 운향과
- **형태** 낙엽활엽관목
- **꽃** 5~6월
- **열매** 9~10월

초피나무_잎과 가시

초피나무_암꽃　　　　　초피나무_수꽃　　　　　초피나무_열매

생태적 특성

초피나무는 산초나무와 같은 과(科) 식물로 서로 비슷해 구분하기가 쉽지 않다. 그러나 산초나무는 여름인 6~8월에 꽃이 피는 반면, 초피나무는 봄인 5~6월에 핀다. 또 산초나무는 가시가 서로 어긋나게 달리나, 초피나무는 가시가 두 개씩 마주나게 달린다. 한 가지 더 따져보면 산초나무 잎의 톱니는 작은 톱니 모양이지만, 초피나무는 잎 가장자리에 물결 모양의 톱니가 있고 샘점이 있어 특유의 냄새를 풍기는 점이 다르다. 그리고 보통 산초나무는 초피나무의 대목으로 사용된다.

우리나라 남부지방과 중부 해안지대의 따뜻한 곳에서 잘 자라는데 추위에 약하고 스트레스에 민감한 편이다. 전피, 제피나무(경남), 상초나무, 산초나무(어청도), 좀피나무, 조피나무라고도 부른다.

낙엽활엽관목으로 높이는 3m 정도이다. 턱잎이 변한 가시는 밑으로 약간 굽었으며 마주보고 달린다. 잎은 9~10개의 소엽으로 된 기수우상복엽이고 소엽은 난상의 타원형이며 가장자리에 4~7개의 물결 모양 톱니가 있고 잎줄기에 가시가 있다. 꽃은 암수딴그루로 연한 황록색의 꽃이 5~6월에 핀다. 열매는 적갈색으로 9~10월에 익는다.

측백나무_수피

측백나무_씨앗

조선 초기 학자 서거정은 대구 십경의 하나로 도동 측백나무 숲을 노래했다. 우리나라에는 천연기념물로 지정된 나무 혹은 숲이 많은데, 그중 천연기념물 제1호가 바로 도동 측백나무 숲이다.

측백나무

학명 *Thuja orientalis* L.
과명 측백나무과
형태 상록침엽교목
꽃 4월
열매 9~10월

측백나무_잎

측백나무_암꽃　　　　　　　　　측백나무_수꽃

측백나무_열매(미성숙)　　　　　　측백나무_열매(성숙)

생태적 특성

측백(側柏)이란 이름은 잎이 납작하게 한쪽으로 치우쳐 달려 붙여진 것이다. 또 백자(柏子)라고도 하는데, 이 나무의 열매 모양을 뜻한다. 또 서쪽을 향해 몸을 기울이고 있어서 붙여진 것이기도 하다. 학명에서 *Thuja*는 고대 그리스 어로 '수지'를 뜻하는 thya 또는 thyia에서 유래되었다고도 하고, '향기'의 뜻인 thuin에서 유래되었다고도 한다. 그리고 *orientalis*는 원산지가 동양임을 나타낸다.

잎은 비늘 모양으로 끝이 뾰족한 도란형 또는 난형으로 흰 점이 약간 있다. 수꽃은 1개가 지난해 가지 끝에 난형으로 피고, 암꽃은 원형으로 연한 자갈색이며 4월에 핀다. 열매는 난형이며 열매조각은 8개이고 겉에 갈고리 같은 돌기가 있으며, 씨는 회갈색으로 날개가 없고 9~10월에 익는다.

충층나무_수피

충층나무_잎차례

충층나무는 가지가 줄기를 빙 둘러 층을 이루며 옆으로 퍼져 자라는 모양이 층층 계단처럼 보이는 나무라 하여 붙여진 이름이다.

층층나무

- **학명** *Cornus controversa* Hemsl.
- **과명** 층층나무과
- **형태** 낙엽활엽교목
- **꽃** 5월
- **열매** 9~10월

층층나무_잎

층층나무_꽃봉오리

층층나무_꽃

층층나무_열매(미성숙)

층층나무_열매(성숙)

생태적 특성

층층나무는 가지가 줄기를 빙 둘러 층을 이루며 옆으로 퍼져 자라는 모양이 층을 이루거나 층층 계단처럼 보이는 나무라 하여 붙여진 이름이다. 계단나무, 물깨금나무, 꺼그렁나무, 말채나무라고도 한다. 봄에 가지 끝을 꺾으면 물방울이 뚝뚝 떨어진다고 해서 일본에서는 물나무(水木)라고 부른다. 우리나라에서도 수액을 채취한다.

낙엽활엽교목으로 높이는 20m 정도이고 지름은 60cm이다. 수피는 암회색으로 세로로 얕게 갈라지며 가지는 계단상으로 층을 형성하여 수평으로 퍼진다. 잎은 어긋나고 난형이며 뒷면은 흰색으로 잔털이 밀생한다. 꽃은 가지 끝에 산방화서를 이루며 5월에 흰색으로 핀다. 열매는 구형으로 자홍색 또는 남흑색으로 9~10월에 익는다.

칠엽수_수피

칠엽수_겨울눈

마로니에로 유명한 프랑스의 몽마르트르 언덕은 많은 예술가들이 낭만을 즐기는 곳으로 유명하다. 우리나라에는 옛날 서울대가 있었던 동숭동의 마로니에 공원이 유명하다.

칠엽수

- **학명** *Aesculus turbinata* Blume
- **과명** 칠엽수과
- **형태** 낙엽활엽교목
- **꽃** 5~6월
- **열매** 9~10월

칠엽수_잎

칠엽수_꽃 　　칠엽수_열매

칠엽수_씨앗 　　칠엽수_단풍

생태적 특성

잎이 7개가 달려 있는 나무라 하여 칠엽수라는 이름이 붙여졌다. 칠엽나무, 왜칠엽나무라고도 한다. 원래 칠엽수는 중국 원산이지만 우리나라에 심어진 칠엽수는 거의가 일본 원산의 일본 칠엽수이다.

낙엽활엽교목이며 높이는 $30m$ 정도이고 작은 가지는 담녹색이다. 잎은 어긋나며 5~8개의 소엽으로 된 장상 복엽이고 소엽은 도란형 및 긴 도란형으로 가장자리에 겹톱니가 있으며, 뒷면에 적갈색의 부드러운 털이 있다. 꽃은 잡성으로 가지 끝에 형성된 원추화서에 달리며 꽃차례에 짧은 털이 있다. 꽃은 흰색 또는 담황색이며 꽃받침 통은 종 모양으로 갈라지고 5~6월에 핀다. 열매는 도원뿔형으로 갈라지며 9~10월에 심갈색으로 익는데 그 안에는 큰 알밤만 한 씨가 들어 있다. 이 씨는 매우 떫고 약간의 독성이 있어 사람은 먹을 수 없고 주로 동물들의 먹이가 된다.

큰꽃으아리_수피

큰꽃으아리_꽃(낙화)

꽃이 큰 으아리라는 뜻으로 어사리, 개비머리라고도 부른다. 식용으로 먹을 때는 반드시 잎과 줄기를 삶아서 물에 불려 독 성분을 뺀 다음에 말려서 나물이나 묵나물로 만들어 먹어야 한다.

큰꽃으아리

- **학명** *Clematis patens* C. Morren & Decne.
- **과명** 미나리아재비과
- **형태** 낙엽활엽덩굴성 목본
- **꽃** 5~6월
- **열매** 9~10월

큰꽃으아리_잎

큰꽃으아리_꽃봉오리

큰꽃으아리_꽃

큰꽃으아리_열매

큰꽃으아리_씨앗

생태적 특성

　큰꽃으아리라는 이름은 '꽃이 큰 으아리'라는 뜻으로 어사리, 개비머리라고도 부른다. 꽃이 아름다워 울타리 주변이나 구조물의 녹화용으로 적합하다. 특히 원예품종으로 많이 개발되어 있는데, 붉은빛이 도는 자주색, 붉은빛이 도는 흰색, 보라색 등의 꽃도 있다.

　낙엽활엽덩굴성 목본으로 길이는 $2m$ 이상이다. 줄기는 가늘고 길며 원기둥꼴이고 흑자색이며 6개의 세로 능선이 있다. 잎은 우상복엽이고 소엽은 3개(드물게 5개)로 난원형 및 난상의 피침형이며, 가장자리는 톱니가 없고 밋밋하다. 꽃은 1개씩 마주나며 흰색 또는 자줏빛으로 5~6월에 핀다. 꽃잎은 넓은 난형, 타원형 및 긴 타원형으로 끝이 뾰족하다. 열매인 수과는 난형으로 황금색 털이 있으며 9~10월에 익는다.

태산목_수피    태산목_잎(뒷면)

잎과 꽃이 워낙 커서 붙여진 이름이다. 다른 목련과 나무들과 다른 점은 상록수이며 꽃, 잎, 줄기 등 나무 전체가 다른 목련에 비해 크다는 것이다.

태산목

학명 *Magnolia grandiflora* L.
과명 목련과
형태 상록활엽교목
꽃 5~6월
열매 9~10월

태산목_잎(앞면)

태산목_꽃봉오리

태산목_꽃

태산목_열매

태산목_씨앗

생태적 특성

태산(泰山), 꽃나무 이름치고는 너무 크게 느껴진다. 이는 잎과 꽃이 워낙 커서 붙여진 이름이다. 하화옥란(荷花玉蘭), 양옥란(洋玉蘭)이라고도 하며, 큰 꽃목련이라고도 부른다.

상록활엽교목으로 높이는 20m 이상이고 지름이 30cm이다. 수관이 넓게 퍼져 장대하며 수피는 암갈색이고 얇게 벗겨지며 작은 가지는 적갈색으로 털이 나 있다. 잎은 혁질로 타원형이며 길이 10~20cm, 너비 4~10cm이다. 표면은 녹색으로 광택이 나고 뒷면에는 회갈색 털이 밀생하며 가장자리가 밋밋하다. 꽃은 가지 끝에 지름 15~20cm의 매우 큰 꽃이 흰색으로 5~6월에 피는데 향기가 짙다. 붉은색의 골돌과는 원기둥꼴의 긴 원형 및 난형이며 씨는 9~10월에 익는다.

탱자나무_수피    탱자나무_꽃

옛날부터 가시가 있는 나무는 울타리로 삼았으며, 특히 귀신까지 쫓는다고 해서 집 주변에 많이 심었다. 그중 하나가 바로 탱자나무이다.

탱자나무

학명 *Poncirus trifoliata* (L.) Raf.
과명 운향과
형태 낙엽활엽소교목
꽃 3~5월
열매 9~10월

탱자나무_잎

탱자나무_어린 열매　　　　　　　탱자나무_열매(성숙)

생태적 특성

중국이 원산지로 우리나라에서는 자생하지 않으나 경기 이남 해발 700m 이하의 따뜻한 지역에 많이 심어졌다. 추운 곳에서는 잘 자라지 못하여 강화도가 한계선이다. 특히 강화도에는 병자호란 뒤에 심은 두 그루 탱자나무가 주목된다. 갑곶리 탱자나무는 수령 400년으로 높이는 4m, 지름이 1m로 천연기념물 제78호로 지정되었으며, 사기리 탱자나무 역시 수령 400년으로 높이는 3.8m, 지름이 0.6m로 천연기념물 제79호로 지정되었다. 이외에도 강화도에는 탱자나무가 많은데, 이는 강화도가 외침을 많이 받은 곳이라서 외침을 막고자 하는 마음으로 심은 것이다.

대부분의 사람들은 탱자나무를 상록성의 나무로 잘못 알기 쉬운데 낙엽활엽소교목이다. 높이는 3m 정도이다. 줄기의 가시는 3~5cm이며 잎은 3출 복엽으로 잎자루에 날개가 있고 가지가 변한 가시는 어긋나고 단단하며 납작하다. 꽃은 3~5월에 방향성의 흰색으로 1~2개씩 피고 정생 및 액생한다. 열매는 구형으로 9~10월에 등황색의 장과로 열린다.

팥꽃나무_수피

팥꽃나무_꽃 무리

연보라색 꽃이 마치 팥처럼 생겨서 붙여진 이름이다. 서해에 조기가 밀려올 무렵에 꽃이 피는 나무라 하여 조기꽃나무라고 부르기도 한다.

팥꽃나무

- **학명** *Daphne genkwa* Siebold & Zucc.
- **과명** 팥꽃나무과
- **형태** 낙엽활엽관목
- **꽃** 3~5월
- **열매** 7월

팥꽃나무_잎

팥꽃나무_꽃(연보라색)

팥꽃나무_꽃(흰색)

팥꽃나무_열매

생태적 특성

팥꽃나무는 잎이 나기 전에 아름다운 연보라색 꽃이 피는데 꽃이 마치 팥처럼 생겨서 붙여진 이름이다. 서해에 조기가 밀려올 무렵에 꽃이 피는 나무라 하여 조기꽃나무라고 부르기도 한다. 이명은 팟꽃나무, 넓은이팝나무, 이팥나무, 니팝나무, 이팝나무, 넓은잎이팝나무, 넓은잎팟꽃나무, 넓은잎팥꽃나무 등 여러 가지가 있다.

낙엽활엽관목으로 높이는 $1m$ 정도이고 줄기는 자갈색이며 작은 가지는 암갈색으로 털이 있다. 잎은 마주나거나 간혹 어긋나며 양 끝은 뾰족하고 양면에 약간의 털이 있다. 꽃은 전년도 가지 끝에 3~7개씩 달리며 연보라색으로 3~5월에 잎보다 먼저 핀다. 열매는 둥글고 흰색의 장과로 7월에 익는다.

한자명은 두(杜), 당(棠)이다. 여기에서 두(杜)는 나무와 흙을 합친 글자로 나무와 흙으로 둑을 막는다는 뜻으로, 이 나무를 하천이나 둑의 물을 막을 때 많이 사용해 붙여졌다.

팥배나무

- **학명** *Sorbus alnifolia* (Siebold & Zucc.) C. Koch
- **과명** 장미과
- **형태** 낙엽활엽교목
- **꽃** 5월
- **열매** 9~10월

팥배나무_잎

팥배나무_꽃 / 팥배나무_어린 열매

팥배나무_열매(성숙) / 팥배나무_수피

생태적 특성

열매가 팥같이 작은 배처럼 생긴 데에서 유래한다. 실제 꽃도 배꽃처럼 희게 핀다. 작기는 하지만 꿀이 많이 들어 있어 좋은 밀원식물이기도 하다. 지방에 따라 다른 이름이 많은데 산매자나무(강원도), 물앵두나무, 운향나무(전남), 벌배나무, 물방치나무(황해도), 팟배나무, 팟배, 왕잎팥배, 긴팥배, 참팥배나무, 둥근잎팥배나무, 달피팥배나무, 왕잎팥배나무 등으로도 불린다. 한자명은 두(杜), 당(棠)이다. 여기에서 두(杜)는 나무와 흙을 합친 글자로 나무와 흙으로 둑을 막는다는 뜻이다.

낙엽활엽교목으로 높이는 15m 정도이고 작은 가지에 껍질눈이 뚜렷하다. 잎은 어긋나며 난형으로 표면과 뒷면 맥 위에 털이 나 있으나 점차 사라진다. 꽃은 6~10개가 정생하는 복산방화서에 달리고 5월에 흰색으로 핀다. 열매는 타원형의 이과(梨果)로 달린다. 열매는 반점이 뚜렷하고 9~10월에 황홍색으로 익는다.

팽나무_수피

팽나무_잎(뒷면)

정자목, 도심지의 녹음수나 가로수, 교정에 심기에 적합한 나무로, 노거수가 많아서 천연기념물의 수가 은행나무, 느티나무에 이어 3위를 차지한다.

팽나무

- **학명** *Celtis sinensis* Pers.
- **과명** 느릅나무과
- **형태** 낙엽활엽교목
- **꽃** 5월
- **열매** 9~10월

팽나무_잎(앞면)

팽나무_암꽃

팽나무_수꽃

팽나무_어린 열매

팽나무_열매(미성숙)

팽나무_열매(성숙)와 단풍

생태적 특성

팽나무는 지방에 따라 폭나무, 평나무, 달주나무, 게팽나무, 매태나무, 섬팽나무, 자주팽나무 등으로 불린다.

굵은 팥알만 한 열매는 익으면 맛이 달콤해 먹을 수 있다. 기름을 짜서 먹기도 하고 어린잎은 나물로 해 먹는다. 덜 익은 것은 장난감 팽총의 탄알로 쓴다.

낙엽활엽교목으로 높이는 $20m$ 정도이고 지름이 $1m$이다. 줄기는 곧게 자라며 가지가 넓게 퍼지고 수피는 흑갈색이며 어린 가지에는 잔털이 많이 나 있다. 잎은 2줄로 어긋나고 긴 타원형으로 상반부에 둔한 톱니가 있고 3출맥이다. 꽃은 잡성화로 액생하며 5월에 핀다. 열매는 원형의 핵과로 9~10월에 적갈색으로 익는다.

편백_수피  편백_잎(앞면과 뒷면)

아황산가스와 매연에 강해 도심 가로수로 적합한 수종으로 대기 중의 각종 세균을 죽이고 좋지 못한 냄새를 감소시킨다. 또 음향 조절력이 있어 음악당의 내장재로 사용된다.

편백

- **학명** *Chamaecyparis obtusa* (Siebold & Zucc.) Endl.
- **과명** 측백나무과
- **형태** 상록침엽교목
- **꽃** 4~5월
- **열매** 9~10월

편백_잎차례

편백_암꽃　　　편백_수꽃

편백_열매　　　편백_씨앗

생태적 특성

우리나라에 도입된 것은 1904년으로 전남, 제주도 및 경남 남해안지방에 조림하였다. 잎이 치밀하게 나 있고 질감이 좋아 정원수, 관상수 등으로 심으며, 맹아력이 좋아 산 울타리용으로도 심고 제주도에서는 방풍림으로 심는다. 습기가 있고 비옥한 사질양토에서 잘 자라며 추위와 공해에도 강하다.

상록침엽교목으로 높이는 $40m$ 정도이고 지름이 $60cm$ 정도이다. 수피는 적갈색으로 얇게 조각으로 떨어지고 수형은 원뿔형이다. 잎은 난형으로 두껍고 끝이 둔하며 뒷면에는 Y자형의 백색 기공조선이 있다. 꽃은 4~5월에 핀다. 열매는 $10~12mm$ 지름의 구형으로 갈색이며 열매조각은 8개로 정사각형이다. 종자는 길이가 $3mm$이며 2개씩 긴 삼각형으로 좁은 날개가 있고 9~10월에 익는다.

푸조나무_수피 　　　　　　　　　푸조나무_씨앗

천연기념물 제311호 부산 수영동 푸조나무는 마을의 안녕을 지켜주는 나무로 믿어 조선 효종 3년부터 수영동에 성을 쌓아 경상도의 방패역을 해 왔다.

푸조나무

학명 *Aphananthe aspera* (Thunb.) Planch.
과명 느릅나무과
형태 낙엽활엽교목
꽃 4~5월
열매 9~10월

푸조나무_잎

푸조나무_암꽃

푸조나무_수꽃

푸조나무_열매(미성숙)

푸조나무_열매(성숙)

생태적 특성

우리나라와 중국, 일본 등지에 분포한다. 우리나라의 경우 경기도 이남 해발 50~700m 이하의 따뜻한 남부지방의 해안과 마을 부근에 자생한다. 뿌리를 깊게 내리며 빨리 자라고, 가지치기를 하면 쉽게 가지가 나오므로 옮겨 심기가 쉬우며 비옥한 땅에서 잘 자란다. 추위에 약하여 추운 지방에서는 잘 자라지 못하지만 그늘에서는 잘 자라는 편이다.

낙엽활엽교목으로 높이는 20m 정도이고 지름이 1m 이상이다. 줄기는 곧게 자라고 수관은 우산 모양으로 매우 넓게 퍼지며 자라고 병충해가 적다. 수피는 회백색이며 어린 가지에는 거친 털이 나 있다. 잎은 난형이며 가장자리에는 톱니가 있고 양면에 털이 있다. 꽃은 액생하는 취산화서에 달리며 꽃잎은 5개로 갈라지고 4~5월에 녹색으로 핀다. 열매는 핵과로 난형이며 과육은 단맛이 나 먹을 수 있고 9~10월에 흑색으로 익는다.

풀명자_수피    풀명자_잎차례

장미가 꽃의 여왕이라면 풀명자는 꽃나무의 여왕이라 할 만하다. 이른 봄에 붉은색으로 피는 풀명자 꽃은 화려하면서도 은은하고 청초한 느낌을 주어 아가씨나무라고도 한다.

풀명자

- 학명 *Chaenomeles japonica* (Thunb.) Lindl. ex Spach
- 과명 장미과
- 형태 낙엽활엽관목
- 꽃 4~5월
- 열매 9~10월

풀명자_잎

풀명자_꽃(붉은색)

풀명자_꽃(분홍색)

풀명자_열매

풀명자_가지에 난 가시

생태적 특성

장미가 꽃의 여왕이라면 풀명자는 꽃나무의 여왕이라 할 만하다. 이른 봄에 붉은색으로 피는 풀명자 꽃은 화려하면서도 은은하고 청초한 느낌을 주어 아가씨나무라고도 한다. 꽃이 너무 화려하고 아름다워 풀명자 꽃이 피는 봄날에는 아가씨들을 밖에 내보내지 않았다고 한다. 그 아름다움에 자칫 바람이 날까 두려웠던 것이다. 다른 이름으로는 명자나무, 애기씨꽃나무라고도 한다.

낙엽활엽관목으로 높이는 1~2m 정도이다. 가지 끝이 가시로 변하며 가지는 여러 갈래로 갈라져 있어 수형이 둥글다. 잎은 어긋나고 타원형 및 긴 타원형으로 가장자리에 톱니가 있고 잎자루는 짧으며 턱잎은 일찍 떨어진다. 꽃잎이 5개인 꽃은 단성화로 4~5월까지 계속 피는데 붉은색, 분홍색 등 다양하며 잎보다 먼저 피거나 동시에 피기도 한다. 수꽃의 씨방은 열매를 맺지 못하고 암꽃의 수술은 꽃가루가 생기지 않는다. 녹색을 띠는 난원형의 열매가 9~10월이 되면 노랗게 익는데 길이는 10cm 정도이다.

풍게나무는 경북 울릉군 방언에서 유래된 이름이라고 하며 단감나무, 단감주나무라고도 한다. 나뭇잎에는 홍점알락나비와 유리창나비가 알을 낳고 그 잎을 먹고 자란다.

풍게나무

학명	*Celtis jessoensis* Koidz.
과명	느릅나무과
형태	낙엽활엽교목
꽃	5월
열매	9~10월

풍게나무_잎

풍게나무_암꽃

풍게나무_수꽃

풍게나무_열매

풍게나무_수피

생태적 특성

풍게나무는 경북 울릉군 방언에서 유래된 이름이라고 하며 단감나무, 단감주나무라고도 한다.

우리나라와 일본에 분포한다. 우리나라에서는 전국의 해발 100~1,100m의 산기슭이나 계곡에 자생한다. 습기가 있고 비옥한 사질양토를 좋아하며, 음지와 양지를 가리지 않고 잘 자라나 건조한 땅에서는 잘 자라지 못한다. 공해에 강해 도심지 가로수나 정원수로 심기에 적합하며, 특히 남부지방에서는 방풍림이나 풍치수로 심는다.

낙엽활엽교목으로 높이는 15m 정도이며 지름이 60cm이다. 줄기는 곧게 자라면서 많은 가지가 나오며 수피는 회갈색으로 평활하다. 잎은 어긋나고 긴 타원형이며 잎 가장자리에 구부러진 날카롭고 작은 톱니가 있다. 암수한그루로 꽃은 5월에 피고 열매는 둥근 핵과로 9~10월에 검게 익는다.

함박꽃나무_수피 　　　　　함박꽃나무_새순

함박꽃나무 이름은 꽃의 모양이 함박꽃과 비슷한 데서 유래된 것으로 북한의 국화로도 유명하다. 북한은 진달래꽃을 국화로 삼았으나 1991년부터 함박꽃나무의 꽃을 국화로 삼고 있다.

함박꽃나무

학명 *Magnolia sieboldii* K. Koch
과명 목련과
형태 낙엽활엽소교목
꽃 5~6월
열매 9~10월

함박꽃나무_잎

함박꽃나무_꽃봉오리

함박꽃나무_꽃

함박꽃나무_씨앗

함박꽃나무_열매(미성숙)

함박꽃나무_열매(성숙)

함박꽃나무_겨울눈

생태적 특성

낙엽활엽소교목으로 높이는 $8m$ 정도이다. 원줄기와 함께 옆에서 많은 줄기가 올라와 수형을 이루고 자라며 작은 가지는 가늘고 담갈색으로 털이 나 있다. 잎은 도란형 및 넓은 타원형으로 뒷면은 담회색의 짧은 털이 있다. 꽃잎은 6장의 도란형으로 잎과 같이 흰색이고, 어린 가지 끝에 밑으로 늘어지며 5~6월에 피고 향기가 있다. 열매는 난형 골돌과로 9~10월에 붉은색으로 익는데, 씨는 타원형의 붉은빛이다. 씨가 익으면 터지면서 실 같은 하얀 줄에 매달린다.

씨를 싸고 있는 붉은색 껍질을 고급 요리에 향신료로 쓰는데, 씨의 껍질을 벗겨 말려서 가루로 빻으면 맵고 향기로운 향신료가 된다. 또 열매는 새들의 좋은 먹이이기도 하다.

해당화_수피

해당화_새잎

바닷가 모래땅에 사는 해당화를 보면 강인한 생명력의 아름다움을 느끼게 된다. 아침 이슬을 머금고 바다를 향해 피어 있는 모습은 마치 멀리 떠난 임을 기다리는 여인처럼 보이기도 한다.

해당화

학명 *Rosa rugosa* Thunb.
과명 장미과
형태 낙엽활엽관목
꽃 5~7월
열매 8월

해당화_잎

해당화_꽃(진분홍색)

해당화_꽃(흰색)

해당화_열매(미성숙)

해당화_열매(성숙)

생태적 특성

해당화의 멋은 꽃으로 5~7월 늦봄 또는 초여름에 가지 끝에 1~3개 정도의 진분홍색 꽃이 피는데, 드물게는 흰 꽃도 핀다. 꽃은 지름 6~10㎝가량으로 제법 크다. 꽃잎은 5개로 구성되는데, 마치 심장을 거꾸로 세운 모양이다. 물론 향수의 원료가 되는 만큼 꽃의 향기는 강하다. 한편 열매는 8월에 지름 2~3㎝ 정도의 편구형 수과로 붉게 익는데 식용이 가능하다. 어긋나는 잎은 기수우상복엽이며 소엽은 5~9개 정도이다. 소엽의 모양은 타원형 또는 난형이다. 잎이 두꺼운 편이며 가장자리에는 톱니가 있다. 또 잎의 표면에는 주름이 많으며 뒷면에는 털이 빽빽하다.

낙엽활엽관목으로 1.5㎝ 정도 자라며, 우리나라를 비롯한 동북아시아에 분포한다. 각처의 바닷가 모래땅과 산기슭에서 자란다. 모래땅과 같이 물 빠짐이 좋고 햇볕을 많이 받는 곳에서 잘 자란다. 향이 많이 나기 때문에 바람이 불어오면 장미향보다 더 은은한 향이 난다.

향이 있어 향나무라고 한다. 《동의보감》에 따르면 향나무는 향이 좋고 습기를 막아주며 벌레를 물리치고 심신을 안정시키는 데 탁월한 효과가 있다고 하였다.

향나무

학명 *Juniperus chinensis* L.
과명 측백나무과
형태 상록침엽소교목 또는 교목
꽃 4월
열매 이듬해 9~10월

향나무_잎

향나무_암꽃 향나무_수꽃

향나무_열매 향나무_수피

생태적 특성

상록침엽소교목 또는 교목으로 높이는 5~20m이고 지름이 70cm 정도이다. 수피는 적갈색으로 세로로 갈라지며 벗겨진다. 1~2년생 가지는 녹색이고 3년생 가지는 암갈색이며 7~8년생부터 인엽이 생긴다. 움에서 침엽이 나오며, 침엽은 짙은 녹색으로 돌려나거나 마주나는데 아래 가지에 많다. 한편 인엽은 능형으로 끝이 둥글며 가장자리가 흰색이다.

암수딴그루이나 간혹 암수 꽃이 같이 열리기도 한다. 수꽃은 가지 끝에 달리며 황색이고 타원형이며, 암꽃은 가지 끝이나 잎겨드랑이에 달리고 3~8개의 포린으로 구성되며 4월에 핀다. 열매는 원형으로 겉이 흰색으로 덮인 암갈색이고, 종자는 2~4개로 난원형이며 이듬해 9~10월에 익는다.

호두나무_수피

호두나무_잎(앞면과 뒷면)

서양에서는 11월 1일을 만성절이라고 해서 젊은이들이 마음속에 점찍어 둔 사람의 이름을 외우며 호두를 불 속에 던져 그 터진 정도로 상대의 마음을 점친다.

호두나무

- **학명** *Juglans regia* L.
- **과명** 가래나무과
- **형태** 낙엽활엽교목
- **꽃** 4~5월
- **열매** 9~10월

호두나무_잎

호두나무_암꽃

호두나무_수꽃

호두나무_열매

호두나무_씨앗

생태적 특성

 우리나라에서는 평택, 원주, 강릉으로 이어지는 지방 아래의 따뜻한 곳에 유실수로 재배된다. 햇빛이 잘 들고 습기가 있는 비옥한 사질양토에서 잘 자란다. 특히 천안의 광덕면은 우리나라에 처음 호두나무가 재배된 곳으로, 고려 충렬왕 16년(1290) 9월에 유청신이 원나라에 사신으로 갔다 오면서 호두나무를 가져왔다고 전해진다. 천안 호두가 유명한 것은 시배지로서 당연한 일이다. 천안 광덕사의 호두나무는 천연기념물 제398호로 지정하여 보호되고 있는데 수령이 400년이며 높이는 20m, 지름이 4m에 이른다.

 낙엽활엽교목으로 높이는 20m 이상이고 수피는 회백색으로 밋밋하지만 점차 길게 갈라지고 어린 가지에는 털이 없다. 잎은 기수우상복엽이며 타원형의 소엽이 5~7개씩 달려 있다. 수꽃은 녹색으로 길게 늘어지고 암꽃은 흰색 선모가 있는 포피로 덮이고 4~5월에 핀다. 열매는 둥글고 털이 없는 핵과로 9~10월에 익는데 핵은 도란형이며 내부는 4개의 방으로 이루어져 있다.

호랑가시나무_수피

호랑가시나무_씨앗

잎끝에 호랑이 발톱 같은 날카롭고 단단한 가시가 있다는 데서 이름 붙여졌다. 이 가시를 이용해 호랑이가 등이 가려울 때 긁었다는 이야기도 전해진다.

호랑가시나무

- **학명** *Ilex cornuta* Lindl. & Paxton
- **과명** 감탕나무과
- **형태** 상록활엽관목 또는 소교목
- **꽃** 4~5월
- **열매** 9~10월

호랑가시나무_잎

호랑가시나무_암꽃

호랑가시나무_수꽃

호랑가시나무_열매(미성숙)

호랑가시나무_열매(성숙)

생태적 특성

　호랑가시나무라는 이름은 잎끝에 호랑이 발톱 같은 날카롭고 단단한 가시가 있다는 데서 붙여진 것이다. 일설에는 이 가시를 이용해 호랑이가 등이 가려울 때 긁었다는 이야기도 전해진다. 둥근잎호랑가시, 호랑이발톱나무, 범의발나무, 묘아자(猫兒刺), 묘아자나무, 구골(枸骨), 노호자(老虎刺) 등으로도 불린다.

　상록활엽관목 또는 소교목으로 높이는 2~6m 정도이고 수피는 회백색이며 작은 가지에는 털이 없다. 잎은 어긋나고 혁질이며 타원상의 육각형 및 사각상의 타원형으로 각이 진 부분에 모두 날카롭고 단단한 가시가 달려 있다.

　꽃은 암수딴그루로 액생하는 산형화서에 4~5개씩 달린다. 수꽃의 꽃잎은 난형이고, 암꽃은 꽃자루에 달리며 4~5월에 흰색으로 핀다. 열매는 둥글며 9~10월에 붉은색으로 익는데 겨울 동안에도 나무에 매달려 있다.

홍가시나무_수피

홍가시나무_열매

잎이 나올 때와 단풍이 들 때 붉어지므로 홍가시라는 이름이 붙었다. 잎은 자라면서 녹색으로 변하지만 가지치기를 해주면 계속해서 붉은 새순을 볼 수 있다. 붉은 새순이 매우 유혹적이다.

홍가시나무

- **학명** *Photinia glabra* (Thunb.) Maxim.
- **과명** 장미과
- **형태** 상록활엽소교목
- **꽃** 5~6월
- **열매** 10~11월

홍가시나무_잎

홍가시나무_꽃

홍가시나무_울타리

생태적 특성

홍가시나무는 잎이 나올 때와 단풍이 들 때 붉어지므로 홍가시라는 이름이 붙었다. 가시나무라는 이름은 붙었으나 본래의 가시나무와는 종이 다르다. 가시나무는 참나무과의 상록활엽소교목으로 높이가 15~20m까지 자라지만, 홍가시나무는 장미과의 상록활엽소교목으로 높이가 3~10m이다. 붉은순나무라고도 한다.

수피는 갈색 또는 검은색을 띠는 갈색이다. 어긋나는 잎은 긴 타원상 도피침형이며 가장자리에 잔톱니가 있다. 잎은 겉에 윤기가 흐르고 털이 없으며 턱잎은 비교적 일찍 떨어진다. 5~6월에 흰색의 꽃이 원추화서로 달린다. 꽃의 크기는 5~10cm쯤이다. 꽃잎과 꽃받침조각은 각각 5개이다. 수술은 20개이고 암술은 1개이다. 타원형의 열매는 지름이 5mm로 10~11월에 붉게 익는다. 잎은 자라면서 녹색으로 변하지만 가지치기를 해주면 계속해서 붉은 새순을 관찰할 수가 있다. 붉은색 새순이 매우 유혹적이다.

화살나무_수피

화살나무_새잎

잔가지에 코르크질로 된 날개 모양의 갈색 껍질이 있는데, 이것을 화살에 비유하여 '활살나무'라 하였으나 지금의 화살나무로 되었다.

화살나무

- **학명** *Euonymus alatus* (Thunb.) Siebold
- **과명** 노박덩굴과
- **형태** 낙엽활엽관목
- **꽃** 5월
- **열매** 10월

화살나무_잎

| 화살나무_꽃 | 화살나무_열매 | 화살나무_가지의 날개 |

생태적 특성

화살나무는 잔가지에 코르크질로 된 날개 모양의 갈색 껍질이 있는데, 이것을 화살에 비유하여 '활의 살 같다'고 해서 처음에는 '활살나무'라 하였으나 지금의 화살나무로 되었다. 날개가 참빗 모양과 비슷하다 하여 참빗나무라고 부르는 지방도 있다. 이외에 홋잎나무, 참빗살나무, 챔빗나무라고도 하며, 한자명은 귀전우(鬼箭羽), 팔수(八樹), 사능수(四稜樹)이다.

낙엽활엽관목으로 높이는 $3m$ 정도이고 작은 가지에 2~4줄의 코르크질의 날개가 있다. 잎은 마주나고 타원형 및 도란형이며 가장자리에 예리한 톱니가 있다. 꽃은 액생하는 취산화서에 3~9개가 달리며 황록색으로 5월에 핀다. 열매는 삭과로 붉은색이며 4갈래로 갈라지고 10월에 익으며 12월까지 달려 있다.

황매화_수피

꽃이 매화와 비슷하고 황색으로 핀다 하여 황매화라고 부른다. 줄기는 녹색이고 속은 흰색이며 푹신한데, 옛날엔 이 부분을 이용해 아이들이 딱총을 만들어 가지고 놀았다.

황매화

- **학명** *Kerria japonica* (L.) DC.
- **과명** 장미과
- **형태** 낙엽활엽관목
- **꽃** 4~5월
- **열매** 9~10월

황매화_잎

황매화_꽃

황매화_열매

생태적 특성

꽃이 매화와 비슷하고 황색으로 핀다 하여 황매화라고 부른다. 이명은 죽도화, 죽단화, 수중화, 체당화(棣棠花), 산취(山吹), 금매화 등이다.

낙엽활엽관목으로 높이는 1.5~2m 정도이고 가늘고 긴 가지가 총생하는데 작은 가지는 녹색으로 능선이 진다. 잎은 긴 타원형으로 어긋나고 결각상의 겹톱니가 있다. 엽맥이 표면에서 오목하게 들어가고 뒷면에는 돌출되어 있으며 그 위에 털이 있다. 꽃은 가지 끝에 1개씩 피며 4~5월에 노란색으로 핀다. 열매는 수과로 9~10월에 흑갈색으로 익으며 꽃받침이 남아 있다.

줄기는 언제나 녹색으로 속엔 흰색의 푹신한 속이 있는데, 옛날엔 이 부분을 이용해 아이들이 딱총을 만들어 가지고 놀았다. 한방에서는 꽃, 줄기, 잎 모두를 체당화(棣棠花)라 하여 약재로 사용하는데 거풍, 진해, 거담에 효능이 있으며 소화불량, 수종, 류머티즘, 창독, 소아의 마진을 치료하는 데도 쓴다.

황벽나무_수피와 속   황벽나무_수형(가을)

세계 최고의 목판인쇄물인 무구정광대다라니경은 1,200여 년이나 되었음에도 제법 글자를 잘 알아볼 수 있는데, 이는 이 열매에서 추출한 물질을 종이 제조 과정에 섞었기 때문이라고 한다.

황벽나무

학명 *Phellodendron amurense* Rupr.
과명 운향과
형태 낙엽활엽교목
꽃 5~6월
열매 7~10월

황벽나무_잎

황벽나무_암꽃

황벽나무_수꽃

황벽나무_어린 열매

황벽나무_열매(미성숙)

생태적 특성

황벽나무라는 이름은 속껍질이 노란색이라서 황벽(黃檗), 황백(黃柏)이라고 부른 것에서 유래한다. 황경피나무, 황경나무, 황병피나무라고도 부른다. 수피의 코르크가 잘 발달된 나무로는 황벽나무 외에 굴참나무, 개살구나무 등이 있는데, 그중 황벽나무의 코르크가 가장 부드러워 손가락으로 눌러보면 푹신푹신함을 느낄 수 있다.

낙엽활엽교목으로 높이는 $10m$ 정도이다. 가지는 굵고 사방으로 퍼지며 수피는 연한 회색으로 갈라지고 두꺼운 코르크층이 발달하여 깊이 갈라지며 내피는 황색이다. 잎은 5~13개의 소엽으로 된 기수우상복엽으로 마주나며 소엽은 난형 및 피침상의 난형이다. 꼬리 모양의 잎 가장자리에는 잔톱니가 있으며 뒷면은 흰색이고 밑부분 잎맥에 털이 있다. 꽃은 암수딴그루로 원추화서를 이루며 노란색으로 5~6월에 핀다. 열매는 핵과로 둥글며 7~10월에 검은색으로 익는데 겨울에도 달려 있고 5개의 종자가 들어 있다.

회양목_수피    회양목_꽃가지

경기도 화성시 용주사에는 천연기념물 제264호로 지정된 회양목이 있는데, 정조가 손수 심은 기념수로 수령은 약 300년이다.

회양목

- **학명** *Buxus koreana* Nakai ex Chung & al.
- **과명** 회양목과
- **형태** 상록활엽관목
- **꽃** 4~5월
- **열매** 7~8월

회양목_잎

회양목_꽃

회양목_열매

회양목_꼬투리

회양목_씨앗

생태적 특성

회양목은 강원도 회양(淮陽)에서 많이 생산된다고 하여 붙여진 명칭으로 섬회양목, 회양나무, 섬회양나무, 도장나무, 섬회양, 고양나무 등으로도 불린다. 본래 이름은 황양목(黃楊木)이라 하였으나 수피가 회색이어서 바뀐 것이다. 생장이 아주 더뎌 천년왜(千年矮)라는 특이한 이름도 있다. 그리고 도장을 팔 때 많이 사용하기 때문에 도장나무라고 부른다.

상록활엽관목으로 해발 200~750m에 주로 자라며 전국의 석회암 지대의 지표식물로 자생한다. 높이는 2~3m 정도이고 작은 가지는 녹색으로 능각이며 털이 있다. 잎은 타원형의 혁질로 돌려나며 표면은 녹색이고 뒷면은 황록색이다. 꽃은 액생 또는 정생하며 암수 꽃이 몇 개씩 모여 달린다. 이 중 수꽃은 1~4개의 수술과 씨방의 흔적이 있으며 꽃밥은 황색이다. 암꽃은 3개의 암술머리가 있는 삼각형의 씨방이 있고 4~5월에 꽃이 핀다. 열매는 난형의 삭과로 7~8월에 갈색으로 익는데 씨는 검은색이며 셋으로 갈라져 있다.

후박나무_수피

후박나무_씨앗

남해 창선면의 왕후박나무는 천연기념물 제299호로, 500년 전에 고기잡이를 하던 노부부가 어느 날 큰 고기를 잡아 배를 가르자 씨가 나와 심었더니 후박나무가 자랐다는 전설이 전해진다.

후박나무

- **학명** *Machilus thunbergii* Siebold & Zucc.
- **과명** 녹나무과
- **형태** 상록활엽교목
- **꽃** 5~6월
- **열매** 7~8월

후박나무_잎

후박나무_꽃

후박나무_열매

후박나무_겨울눈

생태적 특성

후박나무는 우리나라와 중국, 타이완, 일본 등지에 분포한다. 우리나라는 전라도, 경상도, 울릉도, 제주도 및 남쪽 섬의 해발 $700m$ 이하에 자생하는데 세계적인 희귀종으로 손꼽히는 나무이다. 따뜻한 섬 지방의 비옥한 땅에서 잘 자라나 추위에는 약하다. 생장이 빠르며 공해와 맹아력도 강하다.

상록활엽교목으로 높이는 $20m$이고 지름이 $1m$이다. 수피는 황갈색이고 정아는 난형이다. 잎은 혁질로 표면에 광택이 나며 어긋나고 도란형 및 도란상의 피침형 또는 타원형이다. 잎의 표면은 짙은 녹색이고 뒷면은 흰빛이 도는 녹색인데, 잎을 입속에 넣고 오래 씹으면 찐득찐득한 것이 남는다. 꽃은 원추화서로 가지 선단 또는 상부 잎겨드랑이에 형성되고 황록색의 양성화가 달리며 5~6월에 잎과 함께 핀다. 열매는 장과로 둥글고 흑자색으로 7~8월에 익는다.

히어리_수형(봄)

히어리_수형(가을)

외국에서 들어온 나무처럼 느껴지지만 엄연히 우리나라 고유 수종이다. 히어리라는 이름은 시오리(十五里)에서 히어리로 바뀐 것으로 생각된다.

히어리

학명 *Corylopsis gotoana* var. *coreana* (Uyelci) T. Yamaz.
과명 조록나무과
형태 낙엽활엽관목 또는 소교목
꽃 3~4월
열매 9월

히어리_잎

히어리_수피

히어리_상층부

생태적 특성

마치 외래어 같아서 외국에서 들어온 나무처럼 느껴지지만 히어리는 엄연히 우리나라 고유 수종이다. 학명도 *Corylopsis gotoana* var. *coreana*로 우리나라산임이 명시되어 있으며 영어명도 Korean winter hazel로 우리나라산임을 알 수 있다.

히어리라는 이름은 시오리(十五里)에서 히어리로 바뀐 것으로 생각된다. 송광납판화, 납판나무, 송광꽃나무, 조선납판화 등으로도 불린다. 여기에서 송광납판화란 이 나무가 송광사 부근에서 발견되었으며 꽃잎이 밀랍과 같이 두꺼운 데서 비롯된 것이다.

히어리_꽃봉오리

히어리_꽃

히어리_꽃(낙화)

히어리_열매

히어리_씨앗

낙엽활엽관목 또는 소교목으로 높이는 5m 정도이다. 가지가 많이 올라와 둥근 수형을 이루며 가지는 황갈색으로 흰색의 껍질눈이 있고 겨울눈은 타원형으로 황갈색이다. 잎은 난형으로 가장자리에 뾰족한 톱니가 있다. 표면은 연한 녹색이며 뒷면은 회백색으로 털이 없다. 꽃은 총상화서를 이루며 연노란색으로 3~4월에 핀다. 열매는 구형의 삭과이며 9월에 검은색으로 익는다.

여름 나무

가죽나무_수피    가죽나무_씨앗

한자로 참죽나무를 진승목(眞僧木), 가죽나무를 가승목(假僧木)이라고 한다는 것이 흥미롭다. 이렇게 나무의 유래를 살펴보면 가죽나무가 가죽과는 전혀 관련이 없음을 알 수 있다.

가죽나무

- **학명** *Ailanthus altissima* (Mill.) Swingle
- **과명** 소태나무과
- **형태** 낙엽활엽관목
- **꽃** 6~7월
- **열매** 9~10월

가죽나무_잎과 잎차례

가죽나무_암꽃

가죽나무_수꽃

가죽나무_열매(미성숙)

가죽나무_열매(성숙)

생태적 특성

한자로 참죽나무를 진승목(眞僧木), 가죽나무를 가승목(假僧木)이라고 한다는 것이 흥미롭다. 이렇게 나무의 유래를 살펴보면 가죽나무가 가죽과는 전혀 관련이 없음을 알 수 있다. 가죽나무는 가중나무, 까중나무, 개죽나무라고도 한다.

낙엽활엽교목으로 높이는 20m 정도이고 수피는 회갈색이며 작은 가지는 황갈색으로 털이 있다. 잎은 어긋나고 13~25개의 소엽으로 된 기수우상복엽이며 소엽은 피침형 및 피침상의 난형이다. 잎의 가장자리는 밑부분에 2~4개의 둔한 톱니가 있고 끝부분에 1개의 선점이 있다.

꽃은 암수딴그루로 정생하는 원추화서에 달리며 녹색을 띤 흰색으로 6~7월에 핀다. 열매는 시과로 긴 타원형이며 9~10월에 갈색으로 익는다. 열매에는 날개가 봄까지 달려 있으며 바람을 타고 멀리까지 날아가 번식한다.

개다래_수피

다래는 아주 달콤한 야생과일이다. 먹을 수 있는 다래는 '참' 자를 붙여 참다래라고 하는데, 이에 비해 개다래는 '개' 자가 붙었으니 그보다는 못하다는 뜻이다.

개다래

- **학명** *Actinidia polygama* (Siebold & Zucc.) Planch. ex Maxim.
- **과명** 다래나무과
- **형태** 낙엽활엽덩굴성 목본
- **꽃** 6~7월
- **열매** 9~10월

개다래_잎

개다래_암꽃 　　　　　　　　　개다래_수꽃

개다래_열매(미성숙) 　　　　　　　개다래_열매(성숙)

생태적 특성

다래는 아주 달콤한 야생과일이다. 먹을 수 있는 다래는 '참' 자를 붙여 참다래라고 하는데 익으면 녹색이 된다. 이에 비해 '개' 자가 붙었으니 그보다는 못하다는 뜻이며 열매는 갈색으로 익는다. 말다래, 못좃다래나무, 쥐다래나무, 묵다래나무, 쉬젓가래, 말다래나무 등으로도 불린다.

낙엽활엽덩굴성 목본으로 길이는 5m 정도이고 작은 가지는 털이 있으며 골속은 흰색으로 차 있다. 잎은 어긋나고 넓은 난형이며 가장자리에는 잔톱니가 있고 어린 가지 잎 앞면의 상반부가 흰색으로 변하기도 한다. 잎에 흰 페인트칠을 하다 만 듯한 무늬가 있어 산에 가면 쉽게 찾을 수 있다. 꽃은 액생하는 취산화서에 1~3개가 달리며 흰색으로 6~7월에 피며 향기가 있다. 열매는 장과로 끝이 뾰족한 원기둥꼴로 황갈색이며 9~10월에 누런빛 또는 황적색으로 익는다.

머루와 유사하지만 먹지 못하고 변변치 못하다는 뜻으로 붙여진 이름이다.
돌머루, 사포도(蛇葡萄), 산포도(山葡萄)라고도 한다.

개머루

- 학명 *Ampelopsis heterophylla* (Thunb.) Siebold & Zucc.
- 과명 포도과
- 형태 낙엽활엽덩굴성 목본
- 꽃 6~7월
- 열매 9월

개머루_잎

개머루_꽃

개머루_열매(미성숙)

개머루_열매(성숙)

개머루_수피

생태적 특성

개머루는 머루와 유사하지만 먹지 못하고 변변치 못하다는 뜻으로 붙여진 이름이다. 돌머루, 사포도(蛇葡萄), 산포도(山葡萄)라고도 한다.

우리나라와 일본, 중국, 타이완, 쿠릴 열도, 우수리 등지에 분포한다. 우리나라는 전국의 해발 100~1,200m의 산기슭과 계곡에서 자생한다. 습기가 있는 땅을 좋아하고 추위에 강하며 음지와 양지를 가리지 않고 잘 자라며 바닷가나 도심지에서도 잘 자란다.

낙엽활엽덩굴성 목본으로 가지와 수피가 갈색이고, 수피는 마디가 굵고 골속이 흰색이다. 잎은 어긋나고 심장상의 난형이며 가장자리가 3~5개로 갈라지고, 열편에 둔한 치아상 톱니가 있으며 뒤쪽의 맥 위에 털이 나 있다. 꽃은 양성화이며 6~7월에 녹색 또는 녹황색으로 핀다. 열매는 원형 및 편구형의 장과로 9월에 보라색, 남색, 흰색 등으로 익어 색상이 다양한 것이 특징이다.

여름으로 접어드는 6월이면 흰 꽃잎에 자주색 점과 짙은 노란색 선이 있는 화려한 꽃을 피운다. 어찌 보면 팝콘처럼 보이기도 한다. 꽃향기도 매우 좋아 개오동을 향오동이라고도 한다.

개오동

- **학명** *Catalpa ovata* G. Don
- **과명** 능소화과
- **형태** 낙엽활엽교목
- **꽃** 6월
- **열매** 10월

개오동_잎

개오동_꽃

개오동_열매

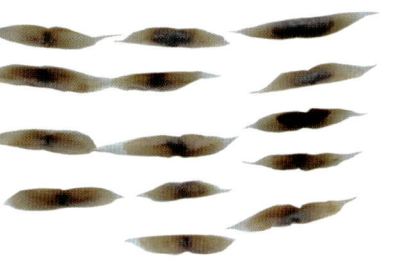
개오동_씨앗

개오동_수피

생태적 특성

　개오동은 여름으로 접어드는 6월이면 흰 꽃잎에 자주색 점과 짙은 노란색 선이 있는 화려한 꽃을 피운다. 어찌 보면 팝콘처럼 보이기도 한다. 꽃향기도 매우 좋아 개오동을 향오동이라고도 하며, 열매가 노끈처럼 가늘고 길게 늘어져 노끈나무, 노나무라고도 한다.

　낙엽활엽교목으로 높이는 20m 정도이다. 나무껍질은 잿빛을 띤 갈색이며, 가지가 퍼진다. 잎은 마주나거나 돌려나고 넓은 난형으로 길이 10~25cm이다. 잎 겉면은 자줏빛을 띤 녹색이며 뒷면은 맥 위에 잔털이 난다. 잎자루는 길이 6~14cm로 자줏빛이다. 꽃은 6월에 가지 끝에 노란빛을 띤 흰색으로 원추화서를 이룬다. 꽃받침은 2개로 갈라지고, 꽃잎은 입술 모양인데 양면에 노란색 줄과 자주색 점이 있다. 열매는 삭과로 10월에 익으며 종자는 갈색이다.

외부의 해로운 요인으로부터 자신을 지키기 위해 줄기와 잎에서 닭똥 냄새를 풍긴다. 자연은 저마다 생명을 유지하는 지혜를 갖추고 있음을 알 수 있다.

계요등

- 학명 *Paederia scandens* (Lour.) Merr. var. *scandens*
- 과명 꼭두서니과
- 형태 낙엽활엽덩굴성 목본
- 꽃 7~8월
- 열매 9~10월

계요등_잎

계요등_꽃

계요등_꽃 무리

계요등_열매(미성숙)

계요등_열매(성숙)

생태적 특성

식물이 냄새를 풍긴다는 것은 두 가지 이유에서이다. 하나는 나비나 벌 등 각종 곤충들을 유인하기 위한 것이고, 다른 하나는 자신을 방어하기 위한 것이다. 닭똥 냄새가 나는 계요등(鷄尿藤)은 후자에 더 가깝다. 줄기와 잎에서 냄새를 풍겨 외부의 해로운 요인으로부터 피해를 입지 않고자 함이다. 자연은 저마다 생명을 유지하는 지혜를 갖추고 있음을 알 수 있다. 구렁내덩굴, 계각등이라고도 한다.

낙엽활엽덩굴성 목본으로 줄기는 길이 5~7m쯤 자라며, 잎은 길이 5~12cm, 너비 1~6cm로 잎끝은 약간 뾰족하며 난형이다. 꽃은 7~8월에 흰색이나 안쪽에 자주색이 선명하다. 꽃은 길이 1~1.5cm, 너비 4~6mm이다. 열매는 9~10월경에 둥글고 황갈색으로 달리며 지름은 5~6mm이다.

추위 속에서도 잎이 푸르른 모습이 마치 정절을 지키는 여인 같다고 하여 여정목(女貞木)이라고 불린다. 또 서리와 찬바람을 이겨내는 기질 때문에 선비들의 사랑을 받았다고 한다.

광나무

- 학명 *Ligustrum japonicum* Thunb.
- 과명 물푸레나무과
- 형태 상록활엽소교목
- 꽃   7~8월
- 열매 10~11월

광나무_잎과 잎차례

광나무_꽃

광나무_열매(미성숙)

광나무_열매(성숙)

광나무_수피

생태적 특성

추위 속에서도 잎이 푸르른 모습이 마치 정절을 지키는 여인처럼 고고한 자태를 지니고 있는 듯하다고 하여 여정목(女貞木)이라고도 불린다. 또 정목(貞木, 楨木), 서자(鼠子), 서시목(鼠矢木), 여정자(女貞子), 사절목(四節木), 정여(貞女) 등으로도 불린다. 또 토양으로부터 흡수한 암모니아가 내부에 많이 들어있어 나무의 맛이 짭조름하여 소금나무라는 별칭도 있다.

상록활엽소교목으로 높이는 3~5m 내외이며 가지는 회색이다. 마주나는 잎은 혁질로 질기며 넓은 난형이거나 긴 타원형으로 길이는 3~10cm, 너비는 2.5~4.5cm 정도이다. 잎끝은 뾰족하고 톱니는 나지 않는다. 잎 뒷면에 희미한 잔 점이 있는 것이 특징이다. 7~8월에 흰색 꽃이 새 가지 끝에서 겹총상화서로 달린다. 꽃의 크기는 길이와 너비가 모두 5~12cm 정도이다. 꽃은 깔때기처럼 생겼으며 향이 매우 뛰어나다. 작고 둥근 핵과의 열매가 열리는데 10~11월에 자줏빛을 띤 검은색으로 익으며 크기는 8~10mm이다.

광대싸리_수피

광대싸리_잎차례

싸리라는 이름은 붙었으나 싸리나무와는 다른 과(科)에 속한다. 광대가 남의 흉내를 잘 내듯 이 나무도 싸리 흉내를 낸다고 해서 광대라는 이름이 붙었다.

광대싸리

- **학명** *Securinega suffruticosa* (Pall.) Rehder
- **과명** 대극과
- **형태** 낙엽활엽관목 또는 소교목
- **꽃** 6~7월
- **열매** 9~10월

광대싸리_잎

광대싸리_암꽃　　　　광대싸리_수꽃　　　　광대싸리_열매

생태적 특성

 싸리라는 이름은 붙었으나 싸리나무와는 다른 과(科)에 속한다. 광대가 남의 흉내를 잘 내듯이 이 나무도 싸리 흉내를 낸다고 해서 광대라는 이름이 붙었다는 것이다. 구럭싸리, 고리비아리, 공정싸리, 굴싸리, 싸리버들옻이라고도 하며, 한자명으로는 일엽추(一葉萩)로 불린다.

 낙엽활엽관목 또는 소교목으로 높이는 보통 $3m$ 정도이다. 줄기에 잔줄이 나 있으며 밑으로 처지는데 수피는 황갈색이다. 잎은 어긋나고 도란상의 타원형이며 뒷면에 흰빛이 돈다. 암수딴그루로 수꽃은 황색이고 잎겨드랑이에서 다수가 속생하며, 암꽃도 같은 곳에 2~5개씩 달리며 6~7월에 황록색으로 핀다. 열매는 편구형의 삭과로 9~10월에 황갈색으로 익는데 씨는 6개가 들어 있다.

구기자나무는 가시가 헛개나무(枸)와 비슷하고 줄기는 버드나무(杞)와 비슷하여 생긴 이름이다. 가을에 붉게 달리는 열매를 구기자(枸杞子)라고 하여 약재와 술로 이용한다.

구기자나무

학명 *Lycium chinense* Mill.
과명 가지과
형태 낙엽활엽관목
꽃 6~9월
열매 8~10월

구기자나무_잎과 잎차례

구기자나무_꽃

구기자나무_열매

구기자나무_수피

생태적 특성

구기자나무는 가시가 헛개나무(枸)와 비슷하고 줄기는 버드나무(杞)와 비슷하여 생긴 이름이다. 버릴 것이 하나도 없는 유용한 수종으로, 특히 가을에 붉게 달리는 열매를 구기자(枸杞子)라고 한다.

낙엽활엽관목으로 높이는 약 4m까지 자란다. 줄기는 비스듬히 자라는데 가시가 있기도 하고 없기도 하다. 껍질은 회백색이 돈다. 잎은 어긋나며 길이가 3~8cm로 난형이다. 꽃은 6~9월에 보라색으로 줄기에서 1~4개씩 핀다. 꽃은 지름이 1cm가량이며, 화관은 종 모양으로 5갈래로 갈라지며 끝이 뾰족하다. 열매는 8~10월경에 긴 타원형의 붉은색으로 달리며, 산수유 열매와 비슷하게 생겼다. 그러나 산수유는 신맛이 강한 반면, 구기자는 단맛이 강하다. 또 산수유는 속에 씨가 하나 들어 있으나 구기자는 작은 씨가 여러 개 들어 있는 점도 다르다.

구실잣밤나무_수피

구실잣밤나무_잎(뒷면)

열매는 밤보다 도토리를 닮았으며, 특유의 타닌 성분이 없어 고소한 밤 맛이 난다. 열매가 아홉 개가 달린다고 하여 구실(九實)이라는 이름이 붙었고, 잣처럼 열매가 작아 잣이라는 이름까지 붙었다.

구실잣밤나무

- 학명 *Castanopsis sieboldii* (Makino) Hatus.
- 과명 참나무과
- 형태 상록활엽교목
- 꽃 6월
- 열매 이듬해 10월

구실잣밤나무_잎(앞면)

구실잣밤나무_새잎

구실잣밤나무_암꽃

구실잣밤나무_수꽃

구실잣밤나무_씨앗

생태적 특성

밤나무라는 이름이 붙었듯 열매를 식용할 수 있는 수종이다. 열매는 밤보다는 도토리를 닮았으며, 특유의 타닌 성분이 없어 고소한 밤 맛이 난다. 그래서 흔히 꿀밤나무라고도 부르며, 전라도 방언으로는 쨋밤나무, 새불잣밤나무, 구슬잣밤나무라고도 한다. 열매가 아홉 개가 달린다고 하여 구실(九實)이라는 이름이 붙었고, 잣처럼 열매가 작아 잣이라는 이름까지 붙었다.

상록활엽교목으로 높이는 약 15m이며 지름이 약 1m이고, 수피는 흑갈색이다. 어긋나는 잎은 피침형이거나 긴 타원형이며 끝이 뾰족하다. 잎은 길이가 7~12cm이며 물결무늬의 톱니가 나 있다. 잎의 뒷면에는 갈색의 비늘털이 덮여 있다. 꽃은 6월에 단성화로 잎겨드랑이에 핀다. 총포는 난형이고, 견과의 열매는 이듬해 10월에 익는다.

귤_수피   귤_꽃

새콤달콤한 귤은 겨울철 최고의 과일로 손꼽힌다. 귤화차는 귤꽃을 말렸다가 물에 넣어 끓인 차로 향기가 은은해 추운 겨울날 담소하며 마시기에 더없이 좋은 차이다.

귤

학명 *Citrus unshiu* S. Marcov.
과명 운향과
형태 상록활엽소교목
꽃 6월
열매 10월

귤_잎과 잎차례

귤_어린 열매　　　귤_열매(미성숙)

귤_열매(성숙)

생태적 특성

새콤달콤한 귤은 겨울철 최고의 과일로 손꼽힌다. 옛날에는 많이 재배되지 않아 귀한 과일로 쳤지만 요즘에는 어느 때나 맛볼 수 있는 흔한 과일이 되었다. 생과는 물론 주스나 통조림과 같이 다양한 방법으로 맛볼 수가 있다. 게다가 껍질을 이용한 차나 과자 또한 웰빙식품으로 각광을 받고 있으며, 약재로도 많이 이용된다.

귤은 밀감(蜜柑), 귤나무, 참귤나무라고도 한다. 영어명으로는 Unshiu orange라고도 하는데, Unshiu는 원산지인 중국의 원저우(溫州)를 가리킨다.

상록활엽소교목으로 높이는 $5m$ 정도이고 줄기는 곧게 자라며 가지가 많다. 가지에는 가시가 없으며 수피는 갈색이고 잘게 갈라진다. 잎은 어긋나며 피침형 및 넓은 피침형으로 가장자리는 밋밋하거나 물결 모양의 잔톱니가 있으며 잎자루의 날개는 좁거나 없다. 꽃잎과 꽃받침은 각각 5개로 향기가 강하며, 꽃은 흰색으로 6월에 핀다. 열매는 편구형으로 10월에 황색으로 익는다.

꽃댕강나무_수피

꽃댕강나무_꽃

아벨리아(Abelia)라고도 불리는 개량종 나무로, 1880년대 이전에 낙엽수인 중국댕강나무에 상록수인 댕강나무의 화분을 받아 만들졌다고 한다.

꽃댕강나무

- **학명** *Abelia mosanensis* T. H. Chung
- **과명** 인동과
- **형태** 상록활엽관목
- **꽃** 6~11월
- **열매** 9~11월

꽃댕강나무_잎

꽃댕강나무_꽃 무리 꽃댕강나무_열매

생태적 특성

꽃댕강나무는 동아시아에 집중 분포한다. 우리나라에서는 남부지방에 주로 분포하며, 겨울에도 견디지만 중부지방에서는 월동이 쉽지 않은 수종이다. 공원이나 정원수로 많이 심는다.

아벨리아(Abelia)라고도 불리는 개량종 나무로, 1880년대 이전에 낙엽수인 중국댕강나무에 상록수인 댕강나무의 화분을 받아 만들어졌다고 한다.

상록활엽관목으로 높이는 1~2m로 작으며 마주나는 잎은 난형으로 길이는 2.5~4cm 정도이다. 잎끝은 무디거나 뾰족하고 잎 가장자리에는 뭉툭하게 톱니가 난다. 종 모양의 꽃은 여름부터 가을에 걸쳐 작은 가지 끝에 원추화서를 이룬다. 꽃받침은 2~5장으로 붉은 갈색이다. 열매는 4개의 날개가 달려있고 대부분 성숙하지 않는다.

나도밤나무_수피

나도밤나무_새잎

목재를 태우면 봉밀(蜂蜜)의 향기가 나고 거품이 나오는 특징이 있다. 학명에서 *Meliosma*는 그리스 어로 봉밀을 뜻하는 meli와 향기를 뜻하는 osme의 합성어이다.

나도밤나무

- **학명** *Meliosma myriantha* Siebold & Zucc.
- **과명** 나도밤나무과
- **형태** 낙엽활엽소교목
- **꽃** 6월
- **열매** 10월

나도밤나무_잎

나도밤나무_잎차례

나도밤나무_꽃

나도밤나무_열매(미성숙)

나도밤나무_열매(성숙)

나도밤나무_씨앗

생태적 특성

나도밤나무는 밤나무를 아주 닮았다. 나무 모양새와 가지, 잎 등이 거의 흡사하다. 꽃 피는 시기 또한 5~6월로 비슷하다. 하지만 결정적인 것은 역시 열매다. 밤나무 열매는 밤송이 속에 갈색으로 열리지만, 나도밤나무 열매는 핵과로 둥글고 붉다. 참고로 합다리나무를 닮아서 나도합다리나무라고도 하며, 한자로는 포취수(泡吹樹)라 불린다.

목재를 태우면 봉밀(蜂蜜)의 향기가 나고 거품이 나오는 특징이 있다. 학명에서 *Meliosma*는 바로 그리스 어로 봉밀을 뜻하는 meli와 향기를 뜻하는 osme의 합성어이다.

낙엽활엽소교목으로 높이는 10m이고 지름이 20cm이다. 수피는 갈색이고 껍질눈이 많이 산재한다. 잎은 어긋나게 달리며 도란상의 타원형이고 가장자리에는 잔톱니가 있으며 양면에 털이 있다. 꽃은 새로 난 가지에 원추화서로 달리고 6월에 황백색으로 핀다. 열매는 핵과로 둥글고 10월에 주홍색으로 익는다.

열매에 날개가 있어서 유래된 이름으로 나래는 날개의 방언이다. 이 나무의 열매 끝이 선풍기 날개처럼 4개로 갈라져 있다. 본래 명칭은 회나무였는데 시간이 흘러 나래회나무가 되었다.

나래회나무

- **학명** *Euonymus macropterus* Rupr.
- **과명** 노박덩굴과
- **형태** 낙엽활엽소교목
- **꽃** 6월
- **열매** 9월

나래회나무_잎

나래회나무_열매

나래회나무_열매 날개

나래회나무_겨울눈

생태적 특성

나래회나무라는 이름은 열매에 날개가 있어서 유래된 이름으로 나래는 날개의 방언이다. 이 나무의 열매 끝이 프로펠러나 선풍기 날개처럼 4개로 갈라져 있다. 본래 명칭은 회나무였는데 시간이 흘러 나래회나무가 되었다. 회뚝이나무라고도 한다.

낙엽활엽소교목으로 높이는 5~10m 정도이고 가지는 둥글며 약간 굵다. 잎은 마주나며 도란형으로 가장자리에 굽은 둔한 톱니가 있다. 꽃은 가지 끝에 액생하는 취산화서에 다수가 달리며 연한 녹색으로 6월에 핀다. 열매는 삭과로 둥글며 4개의 날개가 달려 있는데, 날개는 너비 1~1.8mm로 9월에 익는다. 씨는 적갈색으로 적황색의 종의에 싸여 있다.

낙상홍_수피

낙상홍_새잎

잎이 떨어져 서리가 내린 후에도 빨갛게 익은 열매를 달고 있어서 낙상홍(落霜紅)이라고 부른다. 잎이 다 떨어지고 난 후에 진가를 보여주는 나무라고 할 수 있겠다.

낙상홍

- **학명** *Ilex serrata* Thunb.
- **과명** 감탕나무과
- **형태** 낙엽활엽관목
- **꽃** 6월
- **열매** 10~11월

낙상홍_잎

낙상홍_암꽃

낙상홍_수꽃

낙상홍_열매

생태적 특성

잎이 떨어지고 서리가 내린 후에도 빨갛게 익은 열매를 달고 있어서 낙상홍(落霜紅)이라고 부른다. 잎이 다 떨어지고 난 후에 진가를 보여주는 나무라고 할 수 있겠다. 이런 속성을 가진 까닭에 열매는 새들의 좋은 먹이가 되며, 소화되지 않은 씨들이 새들을 따라 멀리까지 옮겨지게 된다. 종족을 번식하는 독특한 방법이다.

낙엽활엽관목으로 높이는 $2~3m$ 정도이고 수피는 회색이다. 작은 가지(어린 가지 또는 1년생의 가지)에 억센 털이 있거나 없다. 잎은 어긋나며 긴 타원형 및 도란형이고 가장자리에 날카로운 톱니가 있으며 양면에 짧고 억센 털이 있다. 꽃은 암수딴그루로 새로 자란 가지에 연한 자주색으로 6월에 피며 흰색으로도 핀다. 수꽃은 7~15개, 암꽃은 1~7개가 산형으로 모여 달린다. 열매는 둥근 꼴로 10~11월에 붉은빛으로 익으며 잎이 떨어진 겨울에도 계속 남아 있다. 씨는 흰색으로 6~8개씩 들어 있다.

남천_수피

남천_꽃봉오리

남천이라는 이름은 중국명인 남천촉(南天燭), 남천죽(南天竹)에서 유래되었다. 여기에서 촉(燭)은 열매가 불에 타는 것처럼 빨갛다 하여 붙여졌고, 죽(竹)은 줄기가 대나무 같다는 데서 유래한다.

남천

- **학명** *Nandina domestica* Thunb.
- **과명** 매자나무과
- **형태** 상록활엽관목
- **꽃** 6~7월
- **열매** 10월

남천_잎

남천_꽃　　　　　　　　　　남천_어린 열매

남천_열매(성숙)　　　　　　남천_씨앗

생태적 특성

중국 원산으로 중국명인 남천촉(南天燭), 남천죽(南天竹)에서 유래되었다. 즉 중국의 중부 이남 지역인 남천(南天)에서 자란다고 해서 붙여진 이름이다. 여기에서 촉(燭)은 열매가 불에 타는 것처럼 빨갛다 하여 붙여졌고, 죽(竹)은 곧게 자란 줄기가 대나무 같다는 데서 유래한다.

상록활엽관목으로 높이는 $2m$ 정도이고 밑에서 많은 줄기가 갈라져 포기를 형성한다. 잎은 2~3회 우상복엽으로 어긋나게 달리고, 소엽은 혁질로 타원상의 피침형이며 겨울철에는 홍색으로 변한다. 꽃은 흰색의 양성화로 곧게 서는 가지 끝의 원추화서에 달리며 6~7월에 핀다. 열매는 장과로 구형이며 10월에 붉은색으로 익고 2개의 종자가 들어 있다.

노각나무_수피

노각나무_새잎

노가지나무, 비단나무라고도 하며, 껍질이 벗겨져서 적갈색 또는 황금색 얼룩무늬가 있어서 금수목(錦繡木)이라고도 한다.

노각나무

- **학명** *Stewartia pseudocamellia* Maxim.
- **과명** 차나무과
- **형태** 낙엽활엽교목
- **꽃** 6~7월
- **열매** 9~10월

노각나무_잎

노각나무_꽃봉오리

노각나무_꽃

노각나무_꼬투리

노각나무_씨앗

노각나무_겨울눈

생태적 특성

사슴뿔처럼 보드랍고 황금빛을 가진 아름다운 수피라는 뜻에서 녹각나무라고 하다가 지금의 노각나무로 변한 것이다. 백로의 다리를 닮은 아름다운 나무라는 설도 있다. 노가지나무, 비단나무라고도 하며, 껍질이 벗겨져서 적갈색 또는 황금색 얼룩무늬가 있어서 금수목(錦繡木)이라고도 한다.

낙엽활엽교목으로 높이는 7~15m 정도이며 수피에는 홍색과 황색의 얼룩무늬가 있는데, 모과나무나 배롱나무와 같이 껍질이 벗겨진다. 잎은 어긋나며 타원형으로 가장자리에 물결 모양의 톱니가 있고 가을이면 황색으로 단풍이 든다. 꽃은 액생하며 동백꽃과 비슷한 꽃이 6~7월에 흰색으로 핀다. 열매는 삭과로 모서리가 5개로 갈라진 모양이며 9~10월에 익는데 갈색의 씨가 들어 있다.

누리장나무_수피

나무는 향기로 벌을 유인하기도 하고, 역겨운 냄새를 풍겨 더 이상 훼손하지 못하도록 하기도 한다. 누리장나무는 어린싹부터 누린내를 풍겨 자신의 존재를 알린다.

누리장나무

- **학명** *Clerodendrum trichotomum* Thunb.
- **과명** 마편초과
- **형태** 낙엽활엽관목 또는 소교목
- **꽃** 7~8월
- **열매** 9~10월

누리장나무_잎

누리장나무_꽃   누리장나무_열매

생태적 특성

나무가 냄새를 뿜어내는 까닭은 생존을 위해서이다. 향기로 벌을 유인하기도 하고, 가지가 꺾일 때 역겨운 냄새를 풍겨 더 이상 훼손하지 못하도록 하기도 한다. 누리장나무는 어린싹부터 누린내를 풍겨 자신의 존재를 알린다. 냄새가 역해 구린내나무라고도 하며 개똥나무, 개나무, 노나무, 누룬나무라고도 한다. 또한 오동나무와 비슷하고 냄새가 난다 하여 취오동(臭梧桐)이라고도 부른다. 꽃말은 깨끗한 사랑이다.

낙엽활엽관목 또는 소교목으로 높이는 약 2~5m이다. 잎은 마주나고 난형이며 끝이 뾰족하다. 잎 양면에 털이 나며 길이 8~20cm, 너비 5~10cm이다. 잎자루는 3~10cm이다. 꽃은 암수한그루이며 7~8월에 엷은 붉은색으로 새 가지 끝에 취산꽃차례로 달리며 강한 냄새가 난다. 열매는 9~10월에 짙은 파란빛으로 익으며, 지름은 6~8mm로 둥글게 달린다.

눈잣나무_수피

눈잣나무_새순과 열매

누워 자라는 잣나무라고 해서 눈잣나무라는 이름이 붙었다. 누워 있는 까닭에 줄기 부분이 계속 뿌리를 내려 오래오래 산다 해서 만년송(萬年松)이라고도 한다.

눈잣나무

- **학명** *Pinus pumila* (Pall.) Regel
- **과명** 소나무과
- **형태** 상록침엽관목 또는 소교목
- **꽃** 6~7월
- **열매** 이듬해 9월

눈잣나무_잎

눈잣나무_암꽃   눈잣나무_수꽃   눈잣나무_잎과 열매

눈잣나무_열매(1년생)   눈잣나무_열매(2년생)   눈잣나무_씨앗

생태적 특성

누워 자라는 잣나무라고 해서 눈잣나무라는 이름이 붙었다. 한자로는 파지송(爬地松)이라고 부르며, 누워 있는 까닭에 줄기 부분이 계속 뿌리를 내려 오래오래 산다 해서 만년송(萬年松)이라고도 한다. 이 밖에도 천리송(千里松), 혈송(血松) 등의 별칭이 있다.

상록침엽관목 또는 소교목으로 해발 900~2,540m에 자생하는 고산성이며, 높이는 4~5m이고 지름 15cm 정도이다. 누워 자라는 특성 때문에 밑동에서 줄기가 여러 개 나오므로 주된 줄기는 없다고 볼 수 있다. 수피는 어두운 갈색이고 얇은 비늘조각으로 벗겨지는데 어린 가지는 부드럽고 잘 꺾이지 않는다. 처음에는 얇은 적갈색의 털이 많이 나지만 자라면서 털이 없어진다. 잎은 침엽으로 길이는 3~6cm 정도이다. 5개가 속생하며 3개의 능선이 있고 양면에는 서너 개의 기공조선이 있다. 수꽃은 타원형이며 자홍색이고 암꽃은 난형이며 담자홍색으로 6~7월에 핀다. 열매는 구과로 이듬해 9월에 녹색에서 황갈색으로 익으며 길이 3~4.5cm, 너비 3cm 정도 된다.

옛날에 장원급제한 사람의 화관에 꽂는 어사화로 이용되기도 하였다. 꽃의 자태가 고고하면서도 아름다웠기 때문이다. 또한 양반 집에나 심는 꽃이었다고 하여 양반꽃이라고도 한다.

능소화

- **학명** *Campsis grandifolia* (Thunb.) K. Schum.
- **과명** 능소화과
- **형태** 낙엽활엽덩굴성 목본
- **꽃** 8~9월
- **열매** 10월

능소화_잎과 잎차례

능소화_새잎

능소화_꽃

능소화_꼬투리

능소화_수피

생태적 특성

능소화는 옛날에 장원급제한 사람의 화관에 꽂는 어사화로 이용되기도 하였다. 귀한 꽃이라서 양반 집에나 심는 꽃이었다고 하여 양반꽃이라고도 하며, 금등화(金藤花)라고도 한다.

낙엽활엽덩굴성 목본으로 가지에 흡착근이 있어 벽에 붙어서 올라가는데, 길이는 10m까지 자란다. 잎은 마주나고 기수우상복엽이며 소엽은 7~9개로 난형 또는 난상의 피침형이다. 잎의 길이는 3~6cm이며 끝이 점차 뾰족해지고 가장자리에는 톱니와 털이 있다. 꽃은 8~9월경에 가지 끝에 원추꽃차례를 이루며 5~15개가 주황색으로 달리고 지름은 6~8cm이며, 꽃받침은 길이가 3cm이다. 화관은 깔때기와 비슷한 종 모양을 이루고 있다. 열매는 10월에 익는데, 삭과로 네모지다. 하지만 우리나라에서는 대개 열매를 맺지 못한다.

다릅나무_수피

다릅나무_겨울눈

다릅나무에서 '다릅'은, 겉의 수피는 너덜너덜하게 벗겨져 지저분하지만 속은 겉과 다르게 결이 곱고 아름다워 겉과 속이 다르다는 의미이다.

다릅나무

학명 *Maackia amurensis* Rupr.
과명 콩과
형태 낙엽활엽교목
꽃 7월
열매 10월

다릅나무_잎

다릅나무_새잎 | 다릅나무_꽃

다릅나무_열매 | 다릅나무_씨앗

생태적 특성

다릅나무에서 '다릅'은, 겉의 수피는 너덜너덜하게 벗겨져 지저분하지만 속은 겉과 다르게 결이 곱고 아름다워 겉과 속이 다르다는 의미이다. 내수피는 황백색, 심재 부분은 짙은 갈색의 아름다운 무늬를 띤다. 송아지 코를 뚫는 데 사용한다 하여 쇠코둘개나무라 하며 개물푸레나무, 개박달나무, 소터래나무, 쇠코뜨래나무, 좀실다릅나무 등으로도 불린다.

낙엽활엽교목으로 높이는 15m 정도이고 둘레는 1.5m에 이른다. 수피는 회갈색으로 껍질이 지저분하고 너덜너덜하게 벗겨지는 특징이 있다. 잎은 아까시나무의 잎과 비슷하게 생겼는데 7~11개의 소엽으로 된 기수우상복엽이며 소엽은 타원형 및 긴 난형이다. 꽃은 가지 끝에 총상 또는 원추화서에 달리며 흰색으로 7월에 핀다. 열매는 넓은 선형의 협과로 털이 없으며 10월에 익는다.

담쟁이덩굴_수피

담쟁이덩굴_새잎

한자로는 지금(地錦) 또는 파산호(爬山虎), 상춘등(常春藤)이라고 하며, '지금'이라는 이름은 가을에 붉은 단풍이 들어 땅(地)을 뒤덮는 비단(錦)과 같다 하여 붙여졌다.

담쟁이덩굴

- **학명** *Parthenocissus tricuspidata* (Siebold & Zucc.) Planch.
- **과명** 포도과
- **형태** 낙엽활엽덩굴성 목본
- **꽃** 6~7월
- **열매** 9~10월

담쟁이덩굴_잎

담쟁이덩굴_꽃

담쟁이덩굴_어린 열매

담쟁이덩굴_열매

생태적 특성

흠 하나 없는 담장을 타고 오르는 것은 줄기의 가지 끝에 있는 흡착근 때문이다. 가만히 보면 정말 대단한 재주를 가졌는데, 그래서 '쟁이'라는 명칭이 붙었음을 알 수가 있다. 한자로는 지금(地錦) 또는 파산호(爬山虎), 상춘등(常春藤)이라고 하며 담쟁이넝쿨, 담장넝쿨, 담장이넝쿨, 돌담장이 등으로도 불린다. 여기에서 '지금'이라는 이름은 가을에 붉은 단풍이 들어 땅(地)을 뒤덮는 비단(錦)과 같다 하여 붙여졌다.

낙엽활엽덩굴성 목본으로 줄기는 길이 $10m$ 이상 자란다. 줄기가 많이 갈라지고 덩굴손은 짧으며 가지 끝에 흡착근이 생겨 담벼락이나 암벽에 잘 부착한다. 잎은 어긋나며 난형이고 어릴 때는 3개의 소엽으로 된 복엽이 나타나기도 한다. 꽃은 양성화로 많은 꽃이 액생 또는 가지 끝에 취산화서를 이루며 황록색으로 6~7월에 핀다. 열매는 구형의 장과로 백분으로 덮이고 9~10월에 익는다.

담팔수_수피

담팔수_잎(뒷면)

잎이 팔손이처럼 여덟 개가 모여 있고, 그중에 적어도 한 장은 붉게 물들어서 담팔수라고 부른다는 것이다. 또 나뭇잎이 여덟 가지 빛을 낸다고 해서 담팔수라고 한다는 설도 있다.

담팔수

- **학명** *Elaeocarpus sylvestris* var. *ellipticus* (Thunb.) H. Hara
- **과명** 담팔수과
- **형태** 상록활엽교목
- **꽃** 7월
- **열매** 11~12월

담팔수_잎(앞면)

담팔수_새잎

담팔수_잎차례

담팔수_꽃

담팔수_열매

생태적 특성

사람 이름도 재미있는 이름이 많듯 식물도 재미있는 이름을 가진 것들이 많다. 쓸개 담 자에 여덟 팔 자를 쓰는 담팔수(膽八樹)도 그중 하나인데, 잎이 팔손이처럼 여덟 개가 모여 있고, 그중에 적어도 한 장은 붉게 물들어서 담팔수라고 부른다는 것이다. 또 나뭇잎이 여덟 가지 빛을 낸다고 해서 담팔수라고 한다는 설도 있다.

상록활엽교목으로 높이는 20m, 지름은 50cm이다. 잎은 어긋나고 길이는 12~15cm이다. 모양은 도피침형으로 가죽처럼 두껍고 광택이 나며 가장자리에는 물결처럼 톱니가 있다. 꽃은 양성화로 7월에 총상꽃차례를 이루며 핀다. 흰색 이외에 분홍색 꽃을 피우기도 한다. 꽃잎은 5개로 길이는 4~5mm 정도이다. 타원형의 열매는 11~12월에 검푸르게 익으며, 씨앗은 큰 편으로 겉에 주름이 나 있다.

두릅나무_수피    두릅나무_어린순

두릅은 알싸하면서도 단맛이 나고 향이 그윽하다. 어린순을 데쳐서 먹기도 하지만 튀김, 산적, 부침, 전골, 장아찌 등 다양하게 요리할 수 있다.

두릅나무

- **학명** *Aralia elata* (Miq.) Seem.
- **과명** 두릅나무과
- **형태** 낙엽활엽관목 또는 소교목
- **꽃** 8~9월
- **열매** 10월

두릅나무_잎

두릅나무_꽃

두릅나무_열매

두릅나무_싹

두릅나무_겨울눈

생태적 특성

두릅나무 이름은 목두채(木頭菜)에서 둘흡이 유래되었고 다시 두릅으로 변한 것이다. 두채는 나무줄기의 끝에서 나오는 어린순이 마치 머리처럼 나오는 것을 비유하여 이름을 붙였다. 드릅나무, 참두릅나무, 참두릅, 참드릅 등으로도 불리며, 한자명은 늙은 까마귀 발톱 같은 가시가 있다 하여 자노아(刺老鴉), 용의 비늘과 같다 하여 자룡아(刺龍芽)로 불리기도 한다.

낙엽활엽관목 또는 소교목으로 높이는 3~5m이고 수피는 회색이며 줄기에 가시가 많다. 잎은 어긋나며 기수 2회 우상복엽이며 잎줄기와 소엽에 가시가 있다. 소엽은 넓은 난형 및 긴 난형으로 가장자리에 큰 톱니가 있고 뒷면은 회색으로 맥 위에 털이 있다. 꽃은 양성화로 흰색이며 가지 끝에서 나오는 산형상의 원추화서로 8~9월에 흰색으로 핀다. 열매는 구형으로 5개의 능선이 있고 10월에 검은색으로 익는다.

마삭줄_수피

마삭줄_새잎

꽃은 하얗게 피어서 점점 노란빛으로 바뀌어 간다. 다섯 장의 꽃잎이 마치 바람개비처럼 돌려나는 모습이 재미있다. 꽃말이 바람개비, 하얀 웃음이라니 실로 적절한 표현이다.

마삭줄

- **학명** *Trachelospermum asiaticum* (Siebold & Zucc.) Nakai
- **과명** 협죽도과
- **형태** 상록활엽덩굴성 목본
- **꽃** 6~7월
- **열매** 10~11월

마삭줄_잎

마삭줄_꽃

마삭줄_열매(미성숙)

마삭줄_열매(터진 모습)

마삭줄_열매

생태적 특성

　마삭줄은 협죽도과의 덩굴성 식물로 삼으로 꼰 밧줄 같다고 해서 마삭(麻索)줄이라고 한다. 마삭나무, 겨우사리덩굴, 마삭덩굴, 마살풀이라고도 한다. 재미있는 것은 줄기가 땅에 닿으면 그곳에 뿌리를 내리며, 다른 물체에 닿으면 그 물체에 붙어 위로 올라간다.

　상록활엽덩굴성 목본으로 총길이는 5m 정도까지 뻗는다. 잎은 타원형 또는 난형으로 마주나며 표면은 짙은 녹색으로 윤기가 흐르고 뒷면에는 털이 있거나 또는 없다. 꽃은 6~7월에 하얗게 피어서 점점 노란빛으로 바뀌어 간다. 다섯 장의 꽃잎이 마치 바람개비처럼 돌려나고 지름은 2~3cm 내외이며, 열매는 10~11월에 길이 1.2~2.2cm로 2개씩 달린다. 꼬투리처럼 생긴 긴 열매가 활처럼 굽어 달리는데, 바람개비처럼 생긴 꽃에서 활 같은 모양의 열매를 맺는다.

만병초_수피

만병초_꽃(흰색)

만병초로 만든 지팡이는 중풍을 예방한다고 알려져 있어 예로부터 어르신들의 지팡이를 만들기도 했다. 야누이 족들은 만병초의 잎을 말아 담배 대신 피웠다고 한다.

만병초

- **학명** *Rhododendron brachycarpum* D. Don ex G. Don
- **과명** 진달래과
- **형태** 상록활엽관목
- **꽃** 6~7월
- **열매** 9월

만병초_잎

만병초_꽃(연분홍색)   만병초_열매

생태적 특성

말 그대로 만병(萬病)을 치료하는 풀이라 하여 붙여진 이름이다. 들쭉나무, 뚝갈나무, 홍만병초, 붉은만병초, 흰만병초, 큰만병초, 홍뚜깔나무 등으로도 불리며, 중국에서는 석남화(石南花), 칠리향(七里香), 향수(香樹)라고 한다.

상록활엽관목으로 높이는 $4m$ 정도이고 작은 가지는 갈색이다. 꽃은 10~20개가 가지 끝에 모여 달리고 흰색 또는 연분홍색으로 6~7월에 핀다. 열매는 삭과로 9월에 익는다.

주로 잎이 약재로 사용되는데 자양강장, 이뇨, 신장염, 고혈압, 감기, 불임증, 관절염, 거풍, 불임, 발기부전, 강장, 류머티즘, 월경불순, 해열 등 쓰임새가 매우 많다. 그러나 호흡중추를 마비시키는 안드로메도톡신이라는 유독 성분이 들어 있어 잘못 사용하면 식도가 타는 듯이 아프고 구토와 설사를 하므로 주의를 요한다.

희귀 수종으로 가지는 농기구와 땔감으로 많이 쓰이고, 꿀은 양도 많고 질도 좋아 중요한 밀원식물로 이용된다.

망개나무

학명 *Berchemia berchemiifolia* (Makino) Koidz.
과명 갈매나무과
형태 낙엽활엽교목
꽃 6~7월
열매 9~10월

망개나무_잎

망개나무_꽃　　　　　　　　　망개나무_어린 열매

망개나무_열매　　　망개나무_어린 가지　　　망개나무_수피

생태적 특성

살배나무, 메답싸리, 멧대싸리, 모이대싸리 등으로도 불린다. 충청북도 보은의 속리산 망개나무는 높이가 12m, 둘레는 80cm로 천연기념물 제207호로 지정되어 있으며, 이 나무의 껍질을 달여 먹으면 아들을 낳을 수 있다는 소문이 퍼져 수난을 겪었다. 충청북도 제천의 송계리 망개나무는 천연기념물 제337호로, 괴산의 사담리 망개나무는 천연기념물 제266호로 각각 지정되었다.

낙엽활엽교목이며 높이는 15m 정도이다. 가지는 적갈색으로 늘어지고 작은 껍질눈이 산재한다. 잎은 어긋나고 긴 타원형 및 긴 난형이며 가장자리는 밋밋하거나 뚜렷하지 않은 물결 모양의 톱니가 있다. 꽃은 양성화로 가지 끝의 잎겨드랑이에 달리는 취산화서 또는 총상화서를 이루며 6~7월에 황록색으로 핀다. 열매는 핵과로 좁고 긴 타원형으로 9~10월에 붉은색으로 익는다.

여름

모감주나무_수피

모감주나무_새순

별명으로 염주나무라고도 한다. 꽈리 모양의 열매 안에 까맣고 단단한 씨가 들어 있는데 이 씨로 염주를 만들어 붙여진 것이다.

모감주나무

- **학명** *Koelreuteria paniculata* Laxmann
- **과명** 무환자나무과
- **형태** 낙엽활엽소교목 또는 교목
- **꽃** 6~7월
- **열매** 9~10월

모감주나무_잎과 잎차례

모감주나무_꽃

모감주나무_열매(미성숙)

모감주나무_열매(성숙)

모감주나무_열매 속에 든 씨앗

생태적 특성

 모감주나무는 별명으로 염주나무라고도 한다. 꽈리 모양의 열매 안에 까맣고 단단한 씨가 들어 있는데 이 씨로 염주를 만들어 붙여진 것이다. 영어명은 Goldenrain tree라고 이름을 붙였는데, 이 나무의 꽃 모양이 마치 황금비가 내린 듯하다 하여 붙여진 것이다. 한자명은 보리수(菩提樹), 난수(欒樹)이다. 난수는 서양에서는 이 나무의 꽃을 황금 비로 보았지만 중국에서는 마치 실이 엉켜 있는 모습으로 보여 붙여진 것이다.

 낙엽활엽소교목 또는 교목으로 높이는 $10m$ 정도이고 잎은 어긋나며 7~15개의 소엽으로 된 기수우상복엽으로 가장자리에 결각상의 불규칙한 둔한 톱니가 있다. 꽃은 가지 끝에서 원추화서를 이루며 노란색으로 6~7월에 핀다. 열매는 꽈리 같은 주머니 모양의 삭과로 9~10월에 익으며 씨는 둥글고 검은색으로 약간 광택이 난다.

모람_새잎

모람_잎(뒷면)

7~8월에 잎겨드랑이에 둥근 열매처럼 생긴 꽃이삭이 한두 개 달리는데, 그 속에 자잘한 꽃이 많이 붙는다. 겉에서 보면 꽃이 감춰져 있어 보이지 않으므로 은화과 식물이라고 한다.

모람

- **학명** *Ficus oxyphylla* Miq. ex Zoll.
- **과명** 뽕나무과
- **형태** 상록활엽덩굴성 목본
- **꽃** 7~8월
- **열매** 10~이듬해 1월

모람_잎(앞면)

모람_꽃

모람_열매

모람_덩굴줄기

생태적 특성

　상록활엽덩굴성 목본으로 우리나라 남해안과 제주도에 주로 분포한다. 줄기는 2~5m 정도이며, 가지에 돋는 공기뿌리로 다른 물체에 붙어 올라가며 자란다. 잎은 어긋나고 두꺼우며 피침형 또는 타원상 피침형으로 가장자리가 밋밋하고 털이 없으나 뒷면은 흰빛이 돌며 잎맥이 튀어나온다. 잎자루는 7~20mm로 잔털이 있다. 암수딴그루로 7~8월에 잎겨드랑이에 둥근 열매처럼 생긴 꽃이삭이 한두 개 달리는데, 그 속에 자잘한 꽃이 많이 붙는다. 겉에서 보면 꽃이 감춰져 있어 보이지 않으므로 은화과 식물이라고 한다. 열매는 10월부터 이듬해 1월에 자흑색으로 둥글게 익는데, 지름은 1cm 정도이고 단맛이 있어 식용할 수 있다.

무궁화_수피

무궁화_꼬투리

무궁화 꽃은 한 나무에 2,000~3,000송이가 약 100일간 피고 지고를 반복한다. 오늘 핀 꽃은 그날 저녁에 시들고 내일은 다시 다른 꽃이 피는 것이다. 끊임없이 이어서 핀다고 해서 무궁화(無窮花)이다.

무궁화

학명 *Hibiscus syriacus* L.
과명 아욱과
형태 낙엽활엽관목 또는 소교목
꽃 7~8월
열매 10월

무궁화_잎

무궁화_꽃(분홍색)

무궁화_꽃(흰색)

무궁화_열매

무궁화_씨앗

생태적 특성

　무궁화는 꽃이 피는 특징 때문에 붙여진 이름이다. 무궁화 꽃은 한 나무에 2,000~3,000송이가 약 100일간 피고 지고를 반복한다. 놀라운 것은 무궁화 꽃이 단 하루만 피고 사라진다는 것이다. 즉 오늘 핀 꽃은 그날 저녁에 시들어 사라지고 내일은 다시 다른 꽃이 피는 것이다. 그렇게 끊임없이 이어서 핀다고 해서 무궁화(無窮花)이다.

　낙엽활엽관목 또는 소교목으로 높이는 2~4m이고 줄기는 밑에서 여러 개가 올라와 자라며 수피는 회색이다. 잎은 어긋나고 삼각상의 난형으로 가장자리가 크게 3갈래로 갈라지며 결각상 톱니가 있다. 꽃은 맨 꼭대기에 단생 또는 액생하고 한여름인 7~8월까지 계속해서 분홍색으로 핀다.

　무궁화는 관상용, 약용으로 심는데, 한방에서는 껍질을 목근(木槿)이라 하여 이질, 옴, 피부병에 쓴다. 또 종자는 목근자(木槿子)라 하여 담천이나 해수, 편두통에 사용하며, 꽃은 목근화(木槿花)라 하여 이질이나 복통에, 잎은 종기에 쓴다. 서양에서도 약용으로 사용해 '약용장미'라고도 불렀다.

무화과나무_수피

무화과나무_잎(뒷면)

고대 로마에서는 바쿠스라는 주신(酒神)이 무화과나무에 열매가 많이 달리는 방법을 가르쳐 주었다고 하며, 그런 까닭에 다산의 상징으로 통한다. 꽃말은 다산이다.

무화과나무

학명 *Ficus carica* L.
과명 뽕나무과
형태 낙엽활엽관목 또는 소교목
꽃 6~7월
열매 8~10월

무화과나무_잎(앞면)

무화과나무_가지와 새순

무화과나무_열매

무화과나무_겨울눈

생태적 특성

무화과(無花果)란 꽃이 없는 과일이란 뜻인데, 꽃이 필 때 꽃받침과 꽃자루가 긴 타원형의 주머니처럼 비대해지면서 작은 꽃들이 씨방 속으로 들어가 버리고 꼭대기만 조금 열려 있어서 꽃을 잘 볼 수 없어 붙여진 것이다.

낙엽활엽관목 또는 소교목으로 자라며 높이는 2~7m이다. 수피는 회백색에서 점차 회갈색으로 변하며 가지를 많이 친다. 잎은 어긋나며 두껍고 손바닥 모양으로 3~5개로 깊게 갈라지는데, 표면은 거칠고 뒷면에는 잔털이 나 있으며 5개의 맥이 뚜렷하다. 꽃은 잎겨드랑이에 은두화서로 달리는데 화탁(花托) 내에 작은 꽃들이 많이 형성되어 수꽃은 상부에, 암꽃은 하부에 달리며 6~7월에 핀다. 여기에서 화탁이란 줄기에 꽃잎, 꽃받침 등 꽃의 모든 기관이 붙는 부위를 뜻한다. 열매는 은화과로 도란형이고 8~10월에 흑자색 또는 황록색으로 익는다.

미역줄나무_수피

미역줄나무_겨울 가지

미역줄나무는 덩굴의 뻗음이 미역 고갱이처럼 튼튼하여 붙여진 이름이다. 또는 나무의 잎몸이 넓고 줄기가 덩굴로 자라는 모양이 미역줄기와 같다고 하여 붙여졌다고도 한다.

미역줄나무

- 학명 *Tripterygium regelii* Sprague & Takeda
- 과명 노박덩굴과
- 형태 낙엽활엽덩굴성 목본
- 꽃 6~7월
- 열매 8~9월

미역줄나무_잎

미역줄나무_꽃 미역줄나무_열매

생태적 특성

　미역줄나무는 덩굴의 뻗음이 미역 고갱이처럼 튼튼하여 붙여진 이름이다. 고갱이는 초목의 줄기 속에 있는 연한 심을 말한다. 실제로 산간지방에서는 고갱이를 국처럼 끓여 먹는데, 미역국과 흡사하다. 또한 이 나무의 잎몸이 넓고 줄기가 덩굴로 자라는 모양이 미역줄기와 같다고 하여 붙여졌다고도 한다. 메역순나무라고도 하며 한자명은 곤명산해당(昆明山海棠)이다.

　낙엽활엽덩굴성 목본으로 줄기는 $2m$ 이상이다. 가지는 적갈색이고 돌기가 밀생하며 5줄의 능선이 있다. 잎은 어긋나며 넓은 난형 및 타원형이고 가장자리에 둔한 톱니가 있으며 뒷면 맥 위에 털이 있다. 잎자루는 적갈색인데 마르면 잎과 같이 검은색으로 변한다. 꽃은 새로 난 가지 끝이나 잎 사이에 원추화서로 달리는데 흰색으로 6~7월에 핀다. 열매는 시과로 연한 녹색이지만 붉은빛이 돌고 끝이 오목한 3개의 날개가 있으며 8~9월에 익는다.

배롱나무_수피

배롱나무_새잎

초본식물에도 백일홍이 있는데, 보통 백일홍 하면 초본을 가리키므로 이 나무는 목백일홍이라고 한다. 하나의 꽃이 지면 다른 꽃이 피어서 전체적으로 꽃이 100일 동안이나 피어 붙여진 이름이다.

배롱나무

- **학명** *Lagerstroemia indica* L.
- **과명** 부처꽃과
- **형태** 낙엽활엽소교목
- **꽃** 7~9월
- **열매** 10월

배롱나무_잎

배롱나무_꽃(붉은색)

배롱나무_꽃(진분홍색)

배롱나무_꽃(흰색)

배롱나무_열매(미성숙)

배롱나무_열매(성숙)

생태적 특성

꽃이 100일을 간다고 해서 백일홍(百日紅)이라고도 한다. 초본식물에도 백일홍이 있는데, 보통 백일홍 하면 초본을 가리키므로 이 나무는 목백일홍이라고 한다. 꽃이 100일간이나 간다고는 하지만 하나의 꽃이 지면 다른 꽃이 피어서 전체적으로 꽃이 100일 동안이나 피어 붙여진 이름이다. 간질이듯 줄기를 긁으면 나뭇가지가 움직여서 흰색간질나무라고도 하며, 충청도 일부 지방에서는 간지럼을 잘 타는 나무라 하여 간지럼나무라고 부른다. 간지럼을 타는 나무는 한자로 파양수(怕癢樹)라고 한다.

낙엽활엽소교목으로 높이는 5m 정도이고 수피는 갈색 또는 연한 홍자색이다. 껍질이 벗겨진 자리는 흰색 또는 황백색으로 반질거리고 잔가지는 네모져 있다. 잎은 두껍고 마주나며 타원형 및 도란형이고 뒷면에는 맥을 따라 털이 있다. 꽃은 가지 끝에 원추화서로 달리며 홍색 또는 흰색으로 7~9월에 핀다. 열매는 넓은 타원형의 삭과이며 갈색으로 10월에 익는다.

백리향_줄기

백리향_꽃

허브 하면 흔히 서양에서 들여와 약이나 향료로 써온 식물들을 말하지만, 실제로 우리나라에 자생하는 허브도 상당히 많다. 허브 타임(thyme)과 비슷한 백리향(百里香)도 그중 하나이다.

백리향

- **학명** *Thymus quinquecostatus* Celak.
- **과명** 꿀풀과
- **형태** 낙엽활엽반관목
- **꽃** 7~8월
- **열매** 9월

백리향_잎

백리향_꽃 무리

생태적 특성

허브 하면 흔히 서양에서 들여와 약이나 향료로 써온 식물들을 말하지만, 실제로 우리나라에 자생하는 허브도 상당히 많다. 시중에 판매되는 허브 타임(thyme)과 비슷한 백리향(百里香)도 그중 하나이다. 향이 백 리까지 간다고 해서 백리향이라 하는데, 어느 허브와 견주어도 훌륭한 향과 수형을 자랑한다.

고산지대에서 만날 수 있는 식물로 얼핏 보면 높이는 7~12cm가량으로 매우 작아 풀처럼 보인다. 그러나 엄연히 꿀풀과에 속하는 낙엽활엽반관목이다. 원줄기는 땅 위로 퍼져나가고 어린 가지가 비스듬히 서며 향기가 난다. 잎은 마주나며 난상의 타원형으로 길이 5~12mm, 너비 3~8mm이다. 양면에 선점이 있으며 가장자리는 밋밋하고 털이 난다. 꽃은 잎겨드랑이에 2~4개씩 분홍색으로 7~8월에 달리며 지름 7~9mm, 너비 5mm이다. 작은 꽃자루는 털이 나며 길이는 약 3mm이다. 꽃받침에 10개의 능선이 있다. 열매는 작은 견과로서 9월에 짙은 갈색으로 익는다.

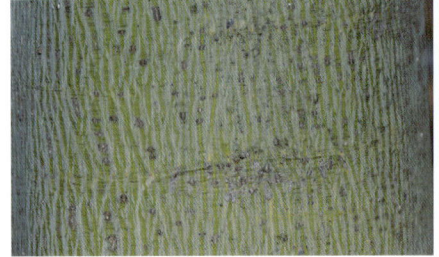
벽오동_수피

벽오동_잎줄기

벽오동 하면 예로부터 신비의 나무로 봉황이 둥지를 튼다고 알려져 있는데, 봉황이 나타나면 천하가 태평하다고 믿었기 때문에 사람들은 벽오동을 심곤 했다.

벽오동

- **학명** *Firmiana simplex* (L.) W. F. Wight
- **과명** 벽오동과
- **형태** 낙엽활엽교목
- **꽃** 6~7월
- **열매** 10월

벽오동_잎

벽오동_꽃

벽오동_열매

벽오동_수형(가을)

생태적 특성

봉황이 나타나면 천하가 태평하다고 믿었기 때문에 사람들은 벽오동을 심곤 했다. 특이하게도 영어명으로는 Phoenix tree라고 하는데, 이집트 신화에 나오는 불사조이니 봉황새와 어느 정도 의미가 상통한다. 또 다른 이름으로는 청오동나무, 청동(青桐), 동마수(桐麻樹), 오동자(梧桐子)라고도 하며, 잎이 커서 Chinese parasol tree(중국 파라솔나무)라는 다른 영어명도 있다.

낙엽활엽교목으로 높이는 15m 정도이고 지름은 50cm이다. 줄기의 수피는 벽색이며 작은 가지는 녹색이다. 줄기에도 엽록소가 있어서 광합성 작용을 한다. 잎은 장상으로 3개로 갈라지고, 꽃은 원추화서로 달리며 꽃잎은 없고 6~7월에 황백색으로 핀다. 열매는 꼬투리 모양의 삭과로 5갈래의 보트 모양으로 갈라지며 10월에 익는데, 열매껍질의 가장자리에 2~4개의 씨가 달린다.

부용_수피    부용_꽃봉오리

양귀비와 더불어 아름다운 여인에 비유하는 꽃이다. 흰 꽃이 점차 붉어져서 술에 취해 가는 듯하다고 해서 취부용(醉芙蓉)이라고도 한다.

부용

- **학명** *Hibiscus mutabilis* L.
- **과명** 아욱과
- **형태** 낙엽활엽반관목
- **꽃** 8~10월
- **열매** 11월

부용_잎

부용_꽃(진분홍색)

부용_꽃(연분홍색)

부용_꽃(흰색)

부용_꼬투리

부용_씨앗

생태적 특성

양귀비와 더불어 아름다운 여인에 비유하는 꽃으로 부용자(芙蓉姿)가 있다. 이는 '아름다운 여자의 몸맵시'라는 뜻으로 부용의 꽃이 아름다워 붙여진 이름이다. 흰 꽃이 점차 붉어져서 술에 취해 가는 듯하다고 해서 취부용(醉芙蓉)이라고도 하며 산부용, 땅부용, 부용화(芙蓉花)라고도 한다.

중국 원산의 낙엽활엽반관목으로 높이는 1~3m이다. 우리나라는 남부지역 일부를 제외하고는 겨울에 지상부가 고사한다. 작은 가지, 꽃자루, 화통, 잎자루에 별 모양의 털이 밀생한다. 잎이 어긋나고 손 모양으로 5갈래로 갈라지며 끝이 뾰족하고 둔한 톱니가 있다. 꽃은 가지 끝에 액생하고 한여름인 8~10월에 담홍색으로 핀다. 꽃의 크기가 무궁화보다 크다. 열매는 11월에 구형의 삭과로 익으며 씨는 흑갈색이다. 부용의 꽃 색깔은 아침에는 흰색 또는 연분홍색으로, 점심에는 진분홍색으로, 저녁에는 담홍색으로 바뀌다가 시드는 것으로 알려져 있다.

붉나무_오배자(벌레집)

붉나무_잎(뒷면)

열매가 익어서 갈라지면 붉은 가종피(假種皮)에 싸여 있던 종자에서 소금 성분이 나오는데, 옛날에 소금을 구할 수 없었던 산간벽지에서는 이 열매의 짠맛을 우려내어 소금 대용이나 간수로 썼다.

붉나무

- **학명** *Rhus javanica* L.
- **과명** 옻나무과
- **형태** 낙엽활엽소교목
- **꽃** 7~9월
- **열매** 10월

붉나무_잎(앞면)과 잎차례

붉나무_암꽃　　　　붉나무_수꽃

붉나무_열매

생태적 특성

가을에 단풍이 마치 불이 붙은 듯하다고 해서 붉나무라고 부른다. 지방에 따라 오배자나무, 굴나무(경상도), 뿔나무(강원도), 불나무(전남)로 부르기도 하며, 오배자수(五倍子樹), 염부목(鹽膚木), 산오동(山梧桐)이라고도 한다. 여기에서 염부목은 이 나무에 소금 성분이 들어 있기 때문에 붙여진 것이다. 한편 오배자수라는 이름은 잎줄기, 새잎, 어린순에 오배자벌레가 기생하여 혹같이 생긴 벌레집을 만드는데, 이를 오배자라고 해서 붙여진 것이다.

낙엽활엽소교목으로 높이는 7m 정도이고 수피는 심갈색이며 작은 가지에 털이 있다. 잎은 어긋나고 기수우상복엽이며 소엽은 7~13개이고 난형의 타원형이다. 잎의 가장자리에 톱니가 드문드문 나 있으며 잎줄기에 날개가 있다. 꽃은 암수딴그루로 7~9월에 황백색으로 핀다. 수꽃 꽃차례는 길고 암꽃 꽃차례는 짧게 핀다. 열매는 편구형의 핵과로 10월에 황적색으로 익는데 황갈색의 잔털이 덮여 있으며 시고 짠맛이 난다.

사람주나무_수피

사람주나무_꽃

잎의 생김새가 감나무와 비슷하지만 잎자루와 잎새가 맞닿는 곳에 2개의 돌기가 있고 잎자루를 꺾으면 우윳빛의 즙이 나오는 점이 감나무와 다르다.

사람주나무

- 학명 *Sapium japonicum* (Siebold & Zucc.) Pax & Hoffm.
- 과명 대극과
- 형태 낙엽활엽소교목
- 꽃 6월
- 열매 10월

사람주나무_잎과 잎차례

사람주나무_잎(앞면)

사람주나무_잎(뒷면)

사람주나무_열매(미성숙)

사람주나무_열매(성숙)

생태적 특성

사람주나무는 나무줄기가 사람 피부처럼 매끄럽고 단풍이 들면 홍조 띤 얼굴처럼 잎이 붉어진다. 이와 같은 이유로 사람주나무라는 이름이 붙여졌는데, 나무껍질의 색깔이 흰빛을 띠어 백목(白木)이라고도 하며, 여자의 살갗처럼 매끈거려서 여자나무라고도 부른다. 이 밖에도 쇠동백나무, 귀룽목, 아구사리, 신방나무, 산호자나무라고도 한다.

낙엽활엽소교목으로 높이는 $6m$ 정도이고 수피는 녹회백색으로 오래된 줄기는 얇게 갈라지고 밑에서 많은 줄기가 올라와 아름다운 수형을 이룬다. 잎은 어긋나며 타원형 및 도란상 타원형으로 가장자리는 밋밋하고 측맥 끝에 선점이 있다. 잎의 생김새가 감나무와 비슷하지만 잎자루와 잎새가 맞닿는 곳에 2개의 조그만 돌기가 있고 잎자루를 꺾으면 우윳빛의 즙이 나오는 점이 감나무와 다르다. 꽃은 암수한그루로 정생하며 수상 및 총상화서에 달리는데 윗부분에는 많은 수꽃이 달리며, 아랫부분에는 꽃자루가 있는 몇 개의 암꽃이 6월에 핀다. 열매는 3개의 열매껍질로 이루어진 둥근 삭과로 10월에 익는다.

사위질빵_줄기

사위질빵_어린 줄기

재미난 이름이다. 이름에는 장모의 사위 사랑이 숨어 있다. 질빵풀이라고도 하며, 영어명은 Aoiifolia virgin's bower로 '처녀의 거처, 처녀의 나무 그늘 쉼터'의 뜻이다.

사위질빵

- **학명** *Clematis apiifolia* DC.
- **과명** 미나리아재비과
- **형태** 낙엽활엽덩굴성 목본
- **꽃** 6~9월
- **열매** 9~10월

사위질빵_잎

사위질빵_꽃

사위질빵_열매

생태적 특성

질빵풀이라고도 하며, 한자로는 여위(女萎), 백근초(百根草)라고 한다. 영어명은 Aoiifolia virgin's bower로 '처녀의 거처, 처녀의 나무 그늘 쉼터'의 뜻이다. 학명에서 *Clematis*는 고대 그리스 어로 '작은 가지'란 뜻이며, *apiifolia*는 '셀러리 비슷한 모양의 잎'이라는 뜻이다.

낙엽활엽덩굴성 목본으로 길이는 3m 이상이다. 줄기에 세로줄이 있으며 3출 복엽으로 마주나고 짧은 털이 있는데, 소엽은 좁은 난형으로 가장자리에 결각상 톱니가 있다. 꽃잎은 4개이며 새 가지 끝에 취산화서를 이루며 황백색으로 6~9월에 핀다. 수과는 5~6개가 모여 달리고 좁은 난형으로 흰색 털을 갖는 암술대가 있으며 9~10월에 익는다. 으아리와 비슷한데, 으아리는 잎의 가장자리에 톱니가 없어 밋밋하다.

사철나무_수피

사철나무_꽃

사시사철 푸른 잎을 달고 있다 하여 붙여진 이름이다. 겨우사리나무, 무룬나무, 개동굴나무, 동청목, 넓은잎사철나무, 들축나무, 긴잎사철나무, 무른사철나무, 무른나무, 푸른나무 등으로도 불린다.

사철나무

- **학명** *Euonymus japonicus* Thunb.
- **과명** 노박덩굴과
- **형태** 상록활엽관목 또는 소교목
- **꽃** 6~7월
- **열매** 10월

사철나무_잎

사철나무_꽃봉오리   사철나무_꽃

사철나무_열매(미성숙)   사철나무_열매(성숙)

생태적 특성

사철나무라는 이름은 사시사철 푸른 잎을 달고 있다 하여 붙여진 것이다. 겨우사리나무, 무룬나무, 개동굴나무, 동청목, 넓은잎사철나무, 들축나무, 긴잎사철나무, 무른사철나무, 무른나무, 푸른나무 등으로도 불리며, 한자명은 화두충(和杜沖), 동청위모(冬靑衛矛)이다.

상록활엽관목 또는 소교목으로 높이는 3m 정도이고 작은 가지는 녹색이고 능각이 졌다. 잎은 마주나고 혁질로 도란형 및 타원형이며 가장자리에 톱니가 있다. 꽃은 액생하는 취산화서에 5~12개가 달리며 황록색으로 6~7월에 핀다. 취산화서란 꽃대 끝에 달린 꽃 밑에서 1쌍의 꽃자루가 나와 각각 그 끝에 꽃이 1개씩 달리고, 또 그 꽃 밑에서 각각 1쌍의 작은 꽃자루가 나와 그 끝에 꽃이 1개씩 달리는 모양을 말한다. 열매는 삭과로 둥글고 10월에 홍적색으로 익는다.

산딸나무_수피

산딸나무_씨앗

동그랗게 만들어진 꽃차례에 4장의 꽃잎처럼 생긴 흰색의 포가 꽃처럼 보이게 하여 나비나 벌 등을 유혹한다. 이 나무의 독특한 생존법이다.

산딸나무

- 학명 *Cornus kousa* Buerg.
- 과명 층층나무과
- 형태 낙엽활엽소교목
- 꽃 6월
- 열매 10월

산딸나무_잎

산딸나무_꽃

산딸나무_꽃과 잎

산딸나무_열매

산딸나무_겨울눈

생태적 특성

산딸나무는 열매가 딸기처럼 붉은색으로 익는다고 하여 붙여진 이름이다. 꽃을 둘러싼 총포의 모양이 십자형인 데다가 예수가 이 나무로 만든 십자가에 못이 박혀 운명하였다고 하여 기독교에서는 성스러운 나무로 취급한다. 들메나무, 박달나무, 쇠박달나무, 미영꽃나무, 준딸나무, 소리딸나무, 애기산딸나무, 굳은산딸나무 등 다른 이름도 많으며, 한자명은 사조화(四照花)이다.

낙엽활엽소교목으로 높이는 6~10m 정도이고 가지는 층을 이루며 수평으로 퍼진다. 잎은 마주나며 난형 및 타원상의 난형이다. 잎 뒷면은 회녹색으로 복모가 밀생하며 맥 사이에는 갈색 밀모가 나 있고 잎맥은 4~5쌍이다. 6월에 피는 꽃은 지난해 자란 가지 끝에서 두상화서를 이루며, 총포편은 꽃잎처럼 4개가 사방으로 퍼져 달리며 좁은 난형이다. 열매는 취과로 둥글며 10월에 붉은색으로 익는다.

산수국_수피

산수국_새순

산수국은 산에 사는 수국이란 뜻인데, 수국이 물을 좋아하는 성질을 가졌듯 산수국 역시 산에서도 물이 많은 곳에서 자란다. 꽃이 모여 달리는 것이 꼭 국화 같다고 해서 산수국이라고도 한다.

산수국

학명 *Hydrangea serrata* for. *acuminata* (Siebold & Zucc.) E. H. Wilson
과명 범의귀과
형태 낙엽활엽관목
꽃 6~8월
열매 9~10월

산수국_잎

산수국_꽃봉오리

산수국_꽃

산수국_열매

생태적 특성

낙엽활엽관목으로 높이는 $1m$ 정도이다. 밑에서 많은 줄기가 나와 군집을 이루며 사는 식물로 작은 가지에 잔털이 나 있으며 물이 있는 바위틈이나 계곡에서 잘 자란다. 잎은 타원형 및 난형으로 마주나며 가장자리에 예리한 톱니가 있고 양면 맥 위에 털이 나 있다. 꽃은 6~8월에 가지 끝에 큰 산방화서를 이루며 피는데, 가장자리의 무성화는 지름 2~3㎝로 3~5개의 푸른빛이 도는 엷은 벽색의 꽃잎 같은 꽃받침 잎으로 되어 있다. 이는 벌이나 나비를 유인하기 위한 산수국의 특별한 전략이다. 진짜 꽃인 유성화는 가운데에 수북하게 자리 잡고 있다. 열매는 삭과로 도란형이고 9~10월에 짙은 갈색으로 익는다.

산초나무_수피

산초나무_새잎

자잘하게 많이 달린 열매는 다산(多産)을 상징한다. 중국 한나라에서는 황후의 방을 초방(椒房)이라 하여 황후가 아이를 많이 낳기를 기원하기도 했다.

산초나무

학명 *Zanthoxylum schinifolium* Siebold & Zucc.
과명 운향과
형태 낙엽활엽관목
꽃 6~8월
열매 9~10월

산초나무_잎차례

| 산초나무_암꽃 | 산초나무_수꽃 | 산초나무_열매(미성숙) |
| 산초나무_열매(성숙) | 산초나무_껍질과 씨앗 | 산초나무_씨앗 |

생태적 특성

산초(山椒)라는 말은 산에서 나는 초(椒)라는 의미를 담고 있다. 분지나무, 산추나무, 상초나무, 상초 등으로도 불린다.

낙엽활엽관목으로 3m 정도의 높이에 작은 가지는 적갈색이며 수피는 흑회색이다. 잎은 기수우상복엽이며 소엽은 피침형으로 13~21개이다. 줄기와 가시는 서로 어긋나게 달리며 꽃잎과 꽃받침이 구분되어 있다. 초피나무처럼 턱잎이 변한 가시가 밑으로 약간 굽었으며 어긋나게 달린다. 꽃은 6~8월에 암수딴그루로 황록색으로 피며 열매는 타원형으로 9~10월에 녹갈색에서 적갈색으로 익는다. 씨는 검은빛으로 광택이 난다.

산초나무는 초피나무와 비슷하지만 잎자루 밑부분에 가시가 1개 달리고 열매가 녹색을 띤 갈색이며 꽃잎이 있는 것이 다르다. 또 산초나무 꽃은 여름에 피고, 초피나무 꽃은 봄에 피는 것도 차이점이다.

생달나무_수피

생달나무_어린잎

경상남도 통영시 산양읍 연화리의 우도(牛島)라는 마을에는 국내에서 가장 나이가 많은 생달나무가 있다. 수령이 400년쯤으로 높이가 20m, 지름이 2m가 넘는 거목이다.

생달나무

- **학명** *Cinnamomum yabunikkei* H. Ohba
- **과명** 녹나무과
- **형태** 상록활엽교목
- **꽃** 6월
- **열매** 10~12월

생달나무_잎

생달나무_꽃봉오리   생달나무_꽃

생달나무_열매

생태적 특성

상록활엽교목으로 우리나라가 원산으로 주로 남부지방의 섬에 생육하며 일본, 중국 등지에 분포한다. 추위와 건조에 약한 편이지만 공해에는 강하다. 수피는 흑회색으로 미끈하며 고목이 되면 벗겨진다. 잎은 어긋나게 달리지만 마주나는 것처럼 아주 가까이에서 어긋난다. 잎의 모양은 긴 타원형으로 두꺼우며 양끝이 뾰족하다. 6월에 노란색을 띤 연한 녹색 꽃이 잎겨드랑이에서 나온 긴 꽃대 끝에 달린다. 꽃이 피는 모양은 산형화서처럼 보이지만 취산화서를 이룬다. 장과의 열매는 타원형으로 생겼으며 10~12월에 자주색을 띤 검은색으로 익는다.

목재는 단단하여 가구재로 사용하고, 나무껍질과 열매는 한약재로 사용된다. 특히 수피에서 계피향이 나 다른 약재와도 잘 어울리므로 수피를 마구 벗겨가는 바람에 수난을 입는 나무들이 많다.

섬국수나무_수피

섬국수나무_잎차례

섬국수나무는 섬에서 나는 산국수나무라는 뜻이며 우리나라 특산종이다. 국수나무와 비슷하나 꽃 색이 흰색으로, 연한 노란색인 국수나무 꽃과 차이가 있다.

섬국수나무

학명	*Physocarpus insularis* (Nakai) Nakai
과명	장미과
형태	낙엽활엽관목
꽃	6월
열매	9월

섬국수나무_잎

섬국수나무_꽃

섬국수나무_열매

생태적 특성

섬국수나무는 섬에서 나는 산국수나무라는 뜻이며 울릉도에서 자라는 우리나라 특산종이지만 서울에서도 볼 수 있다. 섬조팝나무라고도 한다. 전체적으로 국수나무와 비슷하나 섬국수나무의 꽃 색이 흰색으로, 연한 노란색인 국수나무 꽃과 차이가 있다. 참고로 국수나무는 가지를 잘라 벗기면 껍질이 국수같이 얇게 벗겨진다고 해서 붙여진 이름이다.

낙엽활엽관목으로 높이는 1m까지 자라고 밑에서 많은 줄기가 올라와 덤불을 이룬다. 수피는 암갈색이며 작은 가지는 홍갈색이다. 잎은 어긋나며 넓은 난형이고 가장자리는 깊은 톱니가 있으며 뒷면 맥 사이에 흰색 털이 나 있다. 꽃은 새 가지 끝에 산방화서로 달리며 6월에 흰색으로 핀다. 열매는 5개씩 달리며 9월에 익는다.

소태나무_어린 수피

소태나무_잎차례

경상북도 안동시 송사동 소태나무는 높이 20m, 지름 3.1m로 우리나라에서 가장 크며 천연기념물 제174호로 지정되었다. 매년 음력 정월 보름에 마을에서 고사를 지내는 신목이기도 하다.

소태나무

- **학명** *Picrasma quassioides* (D. Don) Benn.
- **과명** 소태나무과
- **형태** 낙엽활엽소교목
- **꽃** 6월
- **열매** 9월

소태나무_잎과 잎차례

소태나무_암꽃　　　　　　　소태나무_수꽃　　　　　　소태나무_열매(미성숙)

생태적 특성

우리말에 '소태같이 쓰다'는 말이 있다. 이는 맛이 아주 쓸 때 쓰는 말인데, 여기에서 소태는 소의 태를 말한다. 그런데 이 나무의 껍질에 들어 있는 콰신(quassine) 성분이 매우 써서 소태나무라고 한다.

소태나무라는 이름은 고목(苦木)에서 유래된 것이며, 학명 *Picrasma* 역시 쓴맛을 뜻하는 고대 그리스 어 picrasmon에서 온 말이다. 한자명인 고련(苦楝)이나 영어명 Bitter ash, Bitterwood 역시 쓴맛에서 유래한다.

낙엽활엽소교목으로 높이는 $8m$ 정도이고 지름이 $20cm$까지 자란다. 수피는 적갈색이고 황색 껍질눈이 있다. 잎은 어긋나며 기수우상복엽으로 소엽은 9~15개이고 난형 또는 긴 타원형이며 잎 가장자리에 물결 모양의 톱니가 있다. 꽃은 암수딴그루로 6월에 황록색으로 핀다. 열매는 난형의 핵과로 9월에 진한 자갈색으로 익으며 씨는 흑갈색으로 2~4개가 들어 있다.

수국_어린 수피

수국_새순

수국의 꽃은 마치 칠면조처럼 변화무쌍해 칠변화라고도 한다. 꽃이 피기 시작할 때는 흰색, 점점 꽃이 커지면 청색으로 변했다가 다시 붉은 기운이 돈다. 나중에는 자색으로 변한다.

수국

- 학명 *Hydrangea macrophylla* (Thunb.) Ser.
- 과명 범의귀과
- 형태 낙엽활엽관목
- 꽃 6~7월
- 열매 암술이 퇴화됨

수국_잎

수국_꽃(흰색)

수국_꽃(연자주색)

수국_꽃(연보라색)

수국_열매

생태적 특성

수국은 중국이 원산지로 자양화 이외에도 분단화(粉團花), 수구화(繡毬花), 팔선화(八仙花) 등으로도 불리며 분수국이라고도 한다. 중성의 토양을 좋아하는데 강한 산성 토양에서는 푸른 꽃이 피며 알칼리성 토양에서는 붉은 꽃이 핀다. 그래서 마치 칠면조처럼 꽃 색이 변화무쌍해 흔히 칠변화라고도 한다.

수국 하면 국화를 떠올려 초본류로 여겨지나 엄연히 낙엽활엽관목으로 높이는 $1m$ 이상이다. 밑부분에서 많은 줄기가 올라와 둥근 수형을 이룬다. 잎은 난형으로 마주나고, 꽃은 줄기 끝에 크고 둥근 산방화서를 이루는 무성화이다. 꽃받침 잎은 4~5개로 꽃잎 모양이다. 연자주색에서 연보라색으로 변하며 6~7월에 핀다.

순비기나무_수피

순비기나무_새잎

해녀가 바닷물에서 나와 숨비소리를 내며 뭍을 바라보면 바닷가의 바위틈에 피어 있는 순비기나무의 보랏빛 꽃이 보였던 것일까. 순비기나무는 바로 숨비소리에서 유래한다는 설이 있다.

순비기나무

- **학명** *Vitex rotundifolia* L.
- **과명** 마편초과
- **형태** 낙엽활엽덩굴성 목본
- **꽃** 7~9월
- **열매** 9~11월

순비기나무_잎

순비기나무_잎차례

순비기나무_꽃

순비기나무_꽃 무리

순비기나무_열매

생태적 특성

　제주도 해녀들이 물질을 하러 바닷속에 들어갔다 나오면 '휘이!' 하고 가쁘게 숨소리를 내는데, 이 소리를 제주도에서는 숨비소리 또는 숨비기소리라고 한다. 순비기나무는 바로 숨비소리에서 유래한다는 설이 있다. 이를 뒷받침하는 것이 이 나무의 열매가 물질 후 찾아오는 두통을 치료하는 데 효과가 있다고 하는 것이다.

　낙엽활엽덩굴성 목본으로 높이는 20~80cm로 작다. 줄기는 비스듬히 지면을 향해 자라고 회백색의 잔털이 있다. 잎은 마주나며 길이가 2~5cm, 너비가 1.5~3cm이다. 잎은 난형이며 두껍고 표면에는 잔털이 많이 있으며 회색빛이 돌고 뒷면은 은백색이다. 꽃은 7~9월에 보라색으로 가지 끝에 길이 4~7cm의 꽃들이 많이 달린다. 꽃받침 잎은 술잔 모양이고 암술머리는 연한 자주색으로 2개로 갈라진다. 열매는 9~11월경에 흑자색으로 달리며 지름은 약 6mm이다.

쉬나무_수피  쉬나무_어린 수피

서울 남산 꼭대기에는 큰 쉬나무가 있으며 전라남도 무등산, 황해도 등 각지에서 자란다. 경복궁과 덕수궁의 뜰에도 큰 쉬나무가 여러 그루 있다.

쉬나무

- **학명** *Euodia daniellii* Hemsl.
- **과명** 운향과
- **형태** 낙엽활엽소교목 또는 교목
- **꽃** 7~8월
- **열매** 9~10월

쉬나무_잎과 잎차례

쉬나무_꽃봉오리   쉬나무_암꽃

쉬나무_수꽃   쉬나무_열매

생태적 특성

수유나무와 비슷하다고 해서 본래 수유나무라고 하던 것이 쉬나무로 변하였다. 소동나무, 디지나무, 소동백나무, 시유나무라고도 한다. 꿀도 많이 나오지만 열매도 많이 열리고 정유가 들어 있어 기름을 짜서 등잔불이나 머릿기름, 피부병, 해충 구제약으로 사용한다.

낙엽활엽소교목 또는 교목으로 높이는 $10m$까지 자라고 수피는 회갈색으로 평활하다. 어린 가지는 적갈색으로 껍질눈(피목)이 발달되어 있다. 잎은 7~11개의 소엽으로 된 기수우상복엽으로 마주난다. 소엽은 난형 및 긴 타원상의 난형이고 가장자리에 선점과 더불어 잔톱니가 있으며 뒷면 맥 사이에 꼬부라진 털이 있다. 꽃은 정생하는 취산상의 원추화서에 달리며 7~8월에 흰색으로 핀다. 열매는 난구형의 골돌과로 9~10월에 홍갈색으로 익으며 종자는 검은색이다.

싸리_꽃

싸리_잎차례

우리 옛 조상들은 싸리로 집을 짓고, 싸리를 엮어 싸리문을 만들었으며, 싸릿대를 엮어 울타리를 만들었다. 가지와 줄기로는 농기구와 각종 생활도구를 만들어 썼다.

싸리

- **학명** *Lespedeza bicolor* Turcz.
- **과명** 콩과
- **형태** 낙엽활엽관목
- **꽃** 7~8월
- **열매** 10월

싸리_잎

싸리_잎줄기 싸리_열매

생태적 특성

싸리는 조록싸리, 해변싸리, 참싸리, 고양싸리와 함께 우리나라 특산식물이다. 좀풀싸리, 좀싸리, 애기싸리, 좀산싸리라고도 하며, 산추(山萩), 소형(小荊), 호지자(胡枝子)로도 불린다.

싸리는 척박한 야산에 지천으로 자생하는 조그마하고 보잘것없는 나무지만 쓰임새가 아주 많은 나무로 유명하다. 우리 옛 조상들은 집을 지을 때 싸리를 이용했고, 싸리를 엮어 싸리문을 만들었으며, 싸릿대를 엮어 울타리를 만들었다.

낙엽활엽관목으로 높이는 2~3m 정도이다. 작은 가지는 마름모꼴의 능선이 있고 암갈색이다. 잎은 삼출엽으로 원형 및 도란형이며, 표면은 진녹색이고 뒷면은 연녹색으로 누운 털이 나 있다. 꽃은 액생 또는 정생의 총상화서에 달리고 꽃대에 밀모가 있다. 꽃은 7~8월에 홍자색으로 핀다. 열매는 넓은 타원형의 협과로 끝이 부리처럼 길고 털이 약간 있는데, 10월에 익는다. 종자는 콩팥 모양으로 갈색 바탕에 반점이 있다.

예덕나무_수피

예덕나무_새잎

나무 모양이 오동나무를 닮았다 하여 야생 오동나무라는 의미로 야동(野桐) 또는 야오동(野梧桐)이라고도 부른다. 또한 비닥나무, 꽤잎나무, 예닥나무, 시닥나무 등으로도 불린다.

예덕나무

학명 *Mallotus japonicus* (L. f.) Mull. Arg.
과명 대극과
형태 낙엽활엽소교목 또는 교목
꽃 6월
열매 10월

예덕나무_잎

예덕나무_암꽃 예덕나무_수꽃 예덕나무_어린 열매

예덕나무_열매(성숙) 예덕나무_씨앗 예덕나무_겨울눈

생태적 특성

 예덕나무는 예와 덕을 갖춘 나무라고 해서 예덕나무라고 했다는 설이 있으나 정확한 것은 아니다. 나무 모양이 오동나무를 닮았다 하여 야생 오동나무라는 의미로 야동(野桐) 또는 야오동(野梧桐)이라고도 부른다. 또한 비닥나무, 꽤잎나무, 예닥나무, 시닥나무 등으로도 불린다. 봄에 싹트는 새순이 붉은 빛깔을 하고 있어 일본에서는 적아백(赤芽柏)이라고 부른다. 잎이 크고 넓어서 잎으로 밥이나 떡을 싸 먹는 풍습이 있어 채성엽(採盛葉)이라고도 한다.

 낙엽활엽소교목 또는 교목으로 높이는 $10m$ 정도이고 수피는 회백색이다. 잎은 어긋나며 난상의 원형 및 긴 난형이고 가장자리는 밋밋하거나 3개로 약간 갈라졌으며 잎자루는 매우 길다. 꽃은 암수딴그루로 정생하는 원추화서에 달리며 꽃차례에 선모가 밀생한다. 수꽃은 모여 달리고 50~80개의 수술이 있으며, 암꽃은 작으며 각 포에 1개씩 달리고 6월에 핀다. 열매는 삼각상 구형의 삭과로 황갈색 선점과 별 모양의 털이 밀생하고 10월에 익는다. 씨는 둥글며 암갈색이다.

오갈피나무_수피

오갈피나무_줄기에 난 가시

약리작용이 인삼을 능가한다고 발표한 이래 세계적인 주목을 받은 식물이다. 오갈피나무는 잎이 산삼처럼 5장이고, 나무껍질과 뿌리껍질을 약으로 쓴다고 해서 붙여진 이름이다.

오갈피나무

- **학명** *Eleutherococcus sessiliflorus* (Rupr. & Maxim.) S. Y. H
- **과명** 두릅나무과
- **형태** 낙엽활엽관목
- **꽃** 8~9월
- **열매** 10월

오갈피나무_잎

오갈피나무_꽃봉오리

오갈피나무_꽃

오갈피나무_열매(미성숙)

오갈피나무_열매(성숙)

생태적 특성

오갈피나무는 러시아 약리학자 브레크만이 오갈피속 식물들의 약리작용이 인삼을 능가한다고 발표한 이래 세계적인 주목을 받은 식물이다. 우리나라에서도 예로부터 오갈피는 인삼을 능가하는 약효가 있는 식물로 알려져왔다. 오갈피나무는 잎이 산삼처럼 5장이고, 나무껍질과 뿌리껍질을 약으로 쓴다고 해서 붙여진 이름이다. 오갈피, 참오갈피나무라고도 하며, 한자명은 오가피목(五加皮木)이다.

낙엽활엽관목으로 높이는 3~4m이고 수피는 흑회색이다. 줄기에 가시가 없거나 드물게 있다. 잎은 어긋나고 3~5개의 소엽으로 된 장상복엽이며 소엽은 타원형이고 가장자리에 겹톱니가 있으며 뒷면 맥 위에 털이 있다. 꽃은 가지 끝의 취산상의 산형화서에 달리며 꽃자루는 0.5~3cm이고 짙은 자색으로 8~9월에 핀다. 열매는 도란상 타원형의 장과로 10월에 검은색으로 익는다.

오죽(烏竹)은 검은 대나무를 말한다. 검은색의 대는 다른 대나무와는 차별화되어 독특한 빛깔의 세공품을 만들 수가 있다. 그러나 죽순은 먹지 않는다.

오죽

- **학명** *Phyllostachys nigra* (Lodd. ex Lindl.) Munro
- **과명** 벼과
- **형태** 상록활엽성 목본

오죽_잎

오죽_줄기와 잎

생태적 특성

오죽(烏竹)은 검은 대나무를 말한다. 그러나 싹부터 검은 것은 아니고 첫해에는 녹색이었다가 2년째부터 검은 자색으로 변하면서 점차 검은색으로 바뀐다. 학명에서 *Phyllostachys*는 고대 그리스 어로 잎을 뜻하는 phyllon과 이삭을 의미하는 stachys의 합성어로 작은 이삭이 잎 모양의 포에 싸여 있음을 나타낸다. 또 *nigra*는 검다는 뜻이다. 흑죽(黑竹) 또는 자죽(紫竹)이라고도 한다.

상록활엽성 목본으로 원대는 높이가 3~6m이고 지름은 2~4cm이다. 새 가지는 담녹색이며 털과 백분이 덮여 있으나 1년이 지나면 자흑색으로 변한다. 잎은 피침형이며 잔톱니가 난다. 꽃은 양성 또는 단성이다. 죽순은 4~5월에 나오며 연한 자갈색이다.

왕대_수피

왕대_잎차례

왕대는 대나무 종류 중에 키가 큰 대나무라고 하여 이름 붙여졌다. 옛말에 '왕대밭에서 왕대 나고 신우대 밭에서 신우대 난다'는 말이 있듯, 왕대는 대나무 중의 왕이다.

왕대

학명 *Phyllostachys bambusoides* Siebold & Zucc.
과명 벼과
형태 상록활엽성 목본

왕대_잎

왕대_죽순잎   왕대_빗자루병

생태적 특성

대나무는 예로부터 사군자의 하나로 고귀하게 취급되어왔다. 한자는 죽(竹)이라고 하는데, 이를 중국 남부지방에서 '덱'이라고 부른다. 이것이 우리나라에 들어와 '대'가 되었고, 일본에서는 '다케'로 바뀌었다.

왕대는 대나무 종류 중에 키가 큰 대나무라고 하여 이름 붙여졌다. 옛말에 '왕대밭에서 왕대 나고 신우대 밭에서 신우대 난다'는 말이 있듯, 왕대는 대나무 중의 왕이다.

상록활엽성 목본으로 보통은 10~20m까지 크는데, 따뜻한 곳에서는 30m까지 크기도 한다. 지름은 5~13cm가량이다. 추위에는 약해 추운 지방에서는 높이가 3m, 지름은 1cm밖에 안 크는 경우도 있다. 곧게 쭉 뻗는 줄기는 녹색에서 황록색으로 바뀌며 한 마디의 길이는 대개 25~40cm가량이다. 잎에는 어두운 빛깔의 반점이 난다. 잎의 길이는 10~20cm, 너비는 1~2cm이며 피침형이고 밑부분은 둔하며 끝은 길고 뾰족하며 톱니가 난다.

우묵사스레피_수피

우묵사스레피_잎차례

열매가 쥐똥 같고 해변에 자생한다고 하여 섬쥐똥나무라고도 하며 개사스레피나무, 갯사스레피나무라고도 한다. 제주도에서는 가스레기낭, 가스롱낭이라고도 부른다.

우묵사스레피

- **학명** *Eurya emarginata* (Thunb.) Makino
- **과명** 차나무과
- **형태** 상록활엽관목 또는 소교목
- **꽃** 6월
- **열매** 10월

우묵사스레피_잎

우묵사스레피_암꽃

우묵사스레피_수꽃

우묵사스레피_열매(미성숙)

우묵사스레피_열매(성숙)

생태적 특성

　사스레피나무 잎에 비하여 잎 가장자리가 뒤쪽으로 우묵하게 말려 있다고 해서 우묵사스레피나무라는 이름을 얻었다. 열매가 쥐똥 같고 해변에 자생한다고 하여 섬쥐똥나무라고도 하며 개사스레피나무, 갯사스레피나무라고도 한다. 제주도에서는 가스레기낭, 가스룽낭이라고도 부른다.

　우묵사스레피, 사스레피나무는 털이나 잎끝을 보면 구분이 된다. 우묵사스레피는 작은 가지에 연노란빛을 띠는 갈색의 털이 빽빽하게 나는 반면, 사스레피나무는 작은 가지에 보통 털이 없으며 잎끝이 뾰족하다.

　상록활엽관목 또는 소교목으로 높이는 2~4m 정도이며, 어긋나는 잎은 2줄로 늘어선다. 잎은 혁질로 두꺼우면서 좁으며 모양은 긴 도란형이다. 잎의 길이는 1~5cm, 너비는 1~1.2cm이다. 잎끝은 둥글며 가장자리는 젖혀진다. 암수딴그루이며 꽃은 6월에 녹색을 띤 흰색으로 핀다. 잎겨드랑이에 집중되어 피며, 지름은 4~5mm 정도이다. 장과의 열매는 지름 7~10mm 정도이며, 10월에 자줏빛을 띤 검은색으로 익는다.

육박나무_수피

육박나무_잎(뒷면)

천연기념물 제28호로 지정된 완도군 주도에는 여러 그루의 육박나무가 구실잣밤나무, 감탕나무, 후박나무, 붉가시나무, 까마귀쪽나무 등과 함께 자라고 있다.

육박나무

- 학명 *Actinodaphne lancifolia* (Siebold & Zucc.) Meisn.
- 과명 녹나무과
- 형태 상록활엽교목
- 꽃 7월
- 열매 이듬해 7~8월

육박나무_잎(앞면)

육박나무_암꽃

육박나무_수꽃 ／ 육박나무_열매(미성숙)

육박나무_열매(성숙)

육박나무_씨앗

생태적 특성

가지에 얼룩덜룩한 무늬가 많이 나 있어 마치 얼룩말을 보는 듯한 나무이다. 육박(六駁)이란 여섯 개 얼룩이라는 뜻인데, 이 나무가 많이 자라는 제주도에서는 해병대 옷처럼 생겼다고 하여 '해병대나무'라는 독특한 별명도 있다.

육박나무는 우리나라 남부지방의 섬에 주로 자라는데 천연기념물 제28호로 지정된 완도군 주도에는 여러 그루의 육박나무가 구실잣밤나무, 감탕나무, 후박나무, 붉가시나무, 까마귀쪽나무 등과 함께 자라고 있다.

상록활엽교목으로 높이는 약 15m, 지름이 40cm가량이다. 그러나 일본이나 중국에는 20m까지도 크는 것이 많이 발견된다. 수피는 연한 검은색을 띤 자주색이며 조각처럼 벗겨진다. 어긋나는 잎은 타원형 혹은 도란상의 피침형으로 길이는 7~10cm이다. 잎의 표면은 짙은 녹색이며 뒷면은 회녹색으로 잔털이 밀생한다. 암수딴그루로 7월에 잎겨드랑이에 산형화서로 노란색 꽃이 핀다. 장과의 열매는 이듬해 7~8월에 빨갛게 열린다.

음나무_수피

음나무_새순

엄나무라고도 하고 개두릅나무, 멍구나무, 당음나무, 털음나무, 엉개나무, 큰엄나무, 당엄나무, 털엄나무 등 여러 이름으로 불린다.

음나무

- **학명** *Kalopanax septemlobus* (Thunb.) Koidz.
- **과명** 두릅나무과
- **형태** 낙엽활엽교목
- **꽃** 7~8월
- **열매** 10월

음나무_잎

음나무_꽃

음나무_열매

음나무_어린 가지와 가시

음나무_겨울눈

생태적 특성

음나무는 줄기에 가시가 날카롭게 나 있어 엄(嚴)하게 보인다 해서 엄나무라고 하던 것이 음나무로 바뀌었다. 엄나무라고도 하고 개두릅나무, 멍구나무, 당음나무, 털음나무, 엉개나무, 큰엄나무, 당엄나무, 털엄나무 등 여러 이름으로 불린다. 오동나무와 비슷하나 가시가 나 있다 하여 자동(刺桐), 가시가 있는 개오동나무라 하여 자추(刺楸), 가시가 엄하게 보인다 하여 엄목(嚴木), 오동나무 잎을 닮았으며 바닷가에서 잘 자라서 해동목(海桐木)이라고도 한다.

낙엽활엽교목으로 높이는 25m 정도이고 지름 1m에 달한다. 수피는 흑갈색으로 불규칙하게 세로로 갈라지며 가지에 가시가 많다. 잎은 어긋나며 둥글고 손바닥 모양으로 갈라지며 톱니가 있고 잎자루가 길다. 꽃은 양성화로 산형화서에 달리며 황록색으로 7~8월에 핀다. 열매는 둥글며 10월에 검은색으로 익는다.

인동덩굴_수피

인동덩굴_꽃봉오리

여름에 흰색으로 피었다가 노란색으로 바뀐다. 그래서 금은화(金銀花)라고 한다. 꽃의 수술이 할아버지 수염처럼 보인다고 노옹수(老翁鬚)라고도 부른다.

인동덩굴

- **학명** *Lonicera japonica* Thunb.
- **과명** 인동과
- **형태** 반상록활엽덩굴성 목본
- **꽃** 6~7월
- **열매** 9~10월

인동덩굴_잎

인동덩굴_꽃

인동덩굴_열매(미성숙)

인동덩굴_열매(성숙)

생태적 특성

반상록활엽덩굴성 목본으로 꽃이 특이하게 생겼다. 여름에 흰색으로 피었다가 차차 노란색으로 바뀐다. 그래서 금은화(金銀花)라고도 한다. 이 밖에도 꽃의 수술이 할아버지 수염처럼 보인다고 노옹수(老翁鬚)라고도 하고, 꽃잎 모양이 해오라기 같아 노사등(鷺鷥藤)으로도 부른다. 또 꽃 속에 꿀이 많으니 밀통등(蜜桶藤), 귀신을 다스린다 하여 통령초(通靈草) 혹은 벽귀초라고도 한다.

높이는 5m에 이르며, 줄기는 적갈색으로 오른쪽으로 감고 올라간다. 어린 가지는 속이 비어 있다. 잎은 마주나고 타원형으로 크기는 길이가 3~8cm, 너비가 1~3cm이다. 잎은 처음에는 잔털이 있지만 나중에 털이 없어지거나 뒷면 일부에 남아 있다. 꽃은 6~7월에 1~2개씩 잎자루에 달린다. 열매는 9~10월에 검은색으로 익으며, 지름이 7~8mm로 둥글다.

자귀나무_수피 자귀나무_잎(왼쪽), 왕자귀나무_잎(오른쪽)

밤에 잎이 포개져 있는 모양이 마치 귀신이 잠을 자는 것 같아서 '잠자는 귀신'이라는 뜻으로 자귀나무라고 했다는 이야기가 전해진다.

자귀나무

- **학명** *Albizia julibrissin* Durazz.
- **과명** 콩과
- **형태** 낙엽활엽소교목 또는 교목
- **꽃** 6~7월
- **열매** 9~10월

자귀나무_잎과 잎차례

자귀나무_포개진 잎

자귀나무_꽃봉오리

자귀나무_꽃

자귀나무_열매

생태적 특성

 자귀나무는 넓게 퍼진 가지 모양 때문에 나무의 모양이 풍성하게 보이고, 특히 꽃이 활짝 피었을 때는 짧은 분홍 실을 마치 부챗살처럼 펼쳐 놓은 듯해 매우 아름답다. 잎은 낮에는 옆으로 펴지나 밤이나 흐린 날에는 접혀서 포개지며 아침이 되면 떨어지는 수면운동을 한다. 옛사람들은 이런 모습을 금실 좋은 부부 같다고 하여 합환목이라 불렀고, 신혼부부 침실 앞에 심었다 한다.

 낙엽활엽소교목 또는 교목으로 높이는 3~5m 정도인데 열대 지역에서는 16m까지 자라는 교목이다. 작은 가지는 녹갈색이고 능선이 있다. 잎은 우수2회우상복엽으로 10~30쌍의 소엽이 있고 소엽은 원줄기를 향해 굽으며 좌우가 같지 않은 긴 타원형이다. 꽃은 가지 끝에 15~20개가 산형화서로 달린다. 작은 꽃자루는 없고 화관은 담홍색으로 6~7월에 마치 공작처럼 피어나는데 꽃받침 잎은 녹색이다. 열매는 납작한 모양의 협과로 9~10월에 익으며, 5~6개의 씨가 들어 있는데 이듬해까지 그대로 달려 있다.

작살나무_수피

작살나무_꽃

작살나무라는 이름은 가지 때문이다. 가지가 어느 것이나 원줄기를 가운데 두고 양쪽으로 60도 정도 기울기로 뻗어서 마치 작살처럼 보여 붙여졌다.

작살나무

- 학명 *Callicarpa japonica* Thunb.
- 과명 마편초과
- 형태 낙엽활엽관목
- 꽃 7~8월
- 열매 9~10월

작살나무_꽃봉오리

작살나무_열매(미성숙)

작살나무_열매(성숙)

생태적 특성

열매는 학명에 영향을 주었다. 속명이 *Callicarpa*인데, 그리스 어로 아름답다는 뜻의 callos와 열매를 뜻하는 carpos의 합성어로 아름다운 열매라는 뜻이다. 한자어로는 자주색 구슬이라고 해서 자주(紫珠)라 한다.

작살나무라는 이름은 가지가 어느 것이나 원줄기를 가운데 두고 양쪽으로 60도 정도 기울기로 뻗어서 마치 작살처럼 보여 붙여진 것이다.

낙엽활엽관목으로 높이는 2~4m이다. 어린 가지와 새잎에는 별 모양의 털이 있다. 잎은 마주나며 긴 타원형이다. 잎의 윗부분이 아랫부분보다 넓고 잎끝이 뾰족하며 길고, 가장자리에는 잔톱니가 난다. 꽃은 7~8월에 연보라색으로 취산화서를 이루며 달린다. 화관은 4개로 갈라지며 안에 수술 4개와 암술 1개가 들어 있다. 열매는 지름 4~5mm로 9~10월에 보라색으로 익는다.

장구밤나무_수피    장구밤나무_잎(뒷면)

열매 허리가 잘록하고 양쪽이 볼록해 꼭 장구처럼 생겨서 장구밤나무라고 한다. 장구밥나무라고도 하며, 잘먹기나무라는 희한한 이름도 있다.

장구밤나무

학명	*Grewia parviflora* Bunge
과명	피나무과
형태	낙엽활엽관목
꽃	7월
열매	10월

장구밤나무_잎(앞면)

장구밤나무_잎차례

장구밤나무_꽃

장구밤나무_열매

생태적 특성

열매 허리가 잘록하고 양쪽이 볼록해 꼭 장구처럼 생겨서 장구밤나무라고 한다. 장구밥나무라고도 하며, 잘먹기나무라는 희한한 이름도 있다.

우리나라와 중국, 타이완 등지에 분포한다. 우리나라에서는 중부 이남의 해안 및 해발 100~700m 이하의 산기슭 양지바른 곳에 자란다. 햇빛을 좋아하고 추위와 바닷물에 잘 견디어 섬지방과 바닷가에서 잘 자라며 맹아력도 강하고 공해에도 잘 견딘다.

낙엽활엽관목으로 높이는 2m 정도이고 수피는 황갈색이며 별 모양의 털이 덮여 있다. 잎은 어긋나며 난형으로 3개의 큰 맥이 발달하고 가장자리에는 겹톱니가 있다. 잎의 양면에 별 모양의 털이 밀생한다. 별 모양의 털은 한 점에서 방사상으로 갈라져 별빛 모양으로 퍼져나간 털을 말한다. 꽃은 양성화로 취산화서에 5~8개씩 달리며 7월에 연한 황색으로 핀다. 열매는 핵과로 장구통 같은 구형이며 10월에 황색 또는 황적색으로 익는다.

옛날 어린이들은 추석 전후에 산에서 새콤달콤한 정금나무 열매로 허기를 달래기도 했다. 열매로는 정금주라고 하여 술을 빚기도 한다.

정금나무

- **학명** *Vaccinium oldhamii* Miq.
- **과명** 진달래과
- **형태** 낙엽활엽관목
- **꽃** 6~7월
- **열매** 9~10월

정금나무_잎(앞면)

정금나무_잎(뒷면)

정금나무_꽃

정금나무_열매

정금나무_수피

생태적 특성

요즘 블루베리가 눈과 뇌에 좋고 노화예방에도 좋다고 하여 큰 인기이다. 블루베리와 비슷한 열매를 맺는 정금나무는 진달래과의 토종 블루베리라고 하면 알맞을 것이다. 서양의 블루베리에 비하면 크기는 작지만 항산화성분이 3배 이상 많다고 알려져 있다. 흔히 조가리나무, 지포나무, 종가리나무라고도 한다.

낙엽활엽관목으로 높이는 2~3m 정도이다. 어린 가지는 회색빛을 띤 갈색이지만 자라면 짙은 갈색으로 변한다. 어긋나는 잎은 타원형이나 긴 타원형이며 난형도 있다. 잎이 어릴 때에는 붉은빛이 돌며, 양면 맥 위에 털이 있다. 6~7월에 연한 붉은빛을 띤 갈색의 꽃이 총상화서로 달린다. 꽃은 아래를 향하며 종처럼 생긴 화관은 끝이 5개로 갈라진다. 장과의 둥근 열매는 9~10월에 검은 갈색으로 익는데, 흰 가루로 덮여 있는 것이 특이하다.

조록싸리_수피  조록싸리_잎차례

우리나라 산에서 아주 흔하게 볼 수 있는 키 작은 나무이다. 향수와 정취를 일으키는 나무로 옛날에는 조록싸리로 만든 게 한두 가지가 아니었다.

조록싸리

- **학명** *Lespedeza maximowiczii* C. K. Schneid.
- **과명** 콩과
- **형태** 낙엽활엽관목
- **꽃** 6~7월
- **열매** 9~10월

조록싸리_잎

조록싸리_꽃

조록싸리_꽃차례

조록싸리_열매

생태적 특성

　조록싸리는 우리나라 산에서 아주 흔하게 볼 수 있는 키 작은 나무이다. 향수와 정취를 일으키는 나무로 옛날에는 조록싸리로 만든 게 한두 가지가 아니었다. 빗자루와 각종 농기구는 물론 생활도구, 수공예품 등을 만들었다.

　조록싸리라는 이름은 경상남도 방언에서 유래되었으며 참싸리, 통영싸리, 조선목추(朝鮮木萩)라고도 한다.

　낙엽활엽관목으로 높이는 1~3m 정도이며 수피는 갈색이고 세로로 갈라지며 작은 가지는 둥글다. 잎은 3출엽으로 마름모꼴이며 뒷면은 잎자루와 더불어 짧은 털이 밀생한다. 꽃은 액생 또는 정생하고 총상화서에 달리며 홍자색으로 6~7월에 핀다. 열매는 넓은 피침형으로 끝이 뾰족하고 꽃받침과 더불어 털이 있으며 9~10월에 익는다.

좀깨잎나무_수피

좀깨잎나무_잎차례

쐐기풀과로 과명이 풀로 되어 있을 뿐만 아니라, 깨잎이라는 이름 때문에 풀로 오해할 소지가 많은 나무이다.

좀깨잎나무

- **학명** *Boehmeria spicata* (Thunb.) Thunb.
- **과명** 쐐기풀과
- **형태** 낙엽활엽반관목
- **꽃** 7~8월
- **열매** 9~10월

좀깨잎나무_잎

좀깨잎나무_암꽃

좀깨잎나무_수꽃

좀깨잎나무_열매

생태적 특성

좀깨잎나무는 쐐기풀과로 과명이 풀로 되어 있을 뿐만 아니라, 깨잎이라는 이름 때문에 풀로 오해할 소지가 많은 나무이다. '좀'이라는 말은 작다는 뜻이며, 잎이 들깻잎과 비슷하고 반관목 상태로 자라는 데서 이름이 유래되었다. 북한에서는 새끼거북꼬리라고 부르며, 신진, 좀깨잎풀, 점거북꼬리라고도 한다.

낙엽활엽반관목으로 높이는 50~100㎝ 정도이다. 줄기는 월동하면서 상부가 말라 죽으며 잎은 마주나고 마름모꼴의 난형이며 잎끝은 꼬리처럼 뾰족하고 거친 톱니가 있다. 꽃은 늦은 여름인 7~8월에 핀다. 액생하는 길고 가느다란 꽃줄기에 꽃대 없는 작은 꽃들이 촘촘히 달려 수상화서를 이룬다. 열매는 껍질이 얇은데, 말라서 목질이나 혁질이 되고, 속에 한 개의 씨가 붙어 있으므로 전체가 씨앗처럼 보이는 수과로 긴 난형이며 여러 개 모여 달린다. 긴 암술대가 잔존하고 9~10월에 익는다.

좀작살나무_수피

좀작살나무_잎(뒷면)

작살나무는 가지가 마치 작살처럼 생겼다고 해서 붙여진 이름이다. 여기에 작다는 의미의 '좀'을 붙였으니 좀작살나무는 '작은 작살나무'라는 의미이다.

좀작살나무

- **학명** *Callicarpa dichotoma* (Lour.) K. Koch
- **과명** 마편초과
- **형태** 낙엽활엽관목
- **꽃** 7~8월
- **열매** 10월

좀작살나무_잎(앞면)

좀작살나무_잎차례

좀작살나무_꽃

좀작살나무_열매(미성숙)

좀작살나무_열매(성숙)

생태적 특성

작살나무는 가지가 마치 작살처럼 생겼다고 해서 붙여진 이름이다. 여기에 작다는 의미의 '좀'을 붙였으니 좀작살나무는 '작은 작살나무'라는 의미이다. 작살나무는 높이가 2~4m인 반면, 좀작살나무는 1.5m 정도이다. 또 대개 작살나무의 잎은 가장자리에 톱니가 있지만 좀작살나무의 잎은 상반부에만 톱니가 있다.

낙엽활엽관목으로 작은 가지는 사각형이며 여러 갈래로 갈라져 별 모양을 이루는 털이 있다. 잎은 마주나고 도란형 또는 도란상의 긴 타원형이다. 잎의 가장자리는 중앙 이상에 톱니가 있고 뒷면에는 별 모양의 털과 더불어 선점이 있다. 꽃은 7~8월에 연한 자줏빛으로 10~20개씩 잎겨드랑이에 취산화서로 달린다. 꽃줄기는 길이 1~1.5cm이며 별 모양의 털이 있다. 열매는 원형의 핵과로 10월에 보라색으로 익으며, 지름이 2~3mm로 작살나무의 열매보다 조금 작다.

주엽나무_수피

주엽나무_가시

《동의보감》에 의하면 주엽나무의 가시는 부스럼을 낫게 하며 나병에 효과가 있고, 열매는 뼈마디를 잘 쓰게 하고 두통을 낫게 하며 가래를 삭이고 기침을 멈추게 한다고 한다.

주엽나무

학명 *Gleditsia japonica* Miq.
과명 콩과
형태 낙엽활엽교목
꽃 6월
열매 10월

주엽나무_잎

주엽나무_꽃봉오리

주엽나무_꽃

주엽나무_열매

생태적 특성

생약명으로 열매를 조협(皁莢), 가시를 조각수(皁角樹)라고 하는 데서 유래된 이름이라는 설이 있다. 주엽 또는 쥐엄이 열리는 나무라는 뜻에서 주엽나무 또는 쥐엄나무라는 이름이 붙여졌다는 설도 있다. 주염나무 또는 쥐엽나무라고도 부른다.

낙엽활엽교목으로 높이는 20m이고, 줄기에는 가지가 변한 예리한 가시가 나 있다. 잎은 어긋나고 우수우상복엽으로 소엽은 6~12쌍이며 난형의 타원형으로 끝부분은 둔하고 밑부분은 둥글며 가장자리에 물결 모양의 톱니가 있다. 꽃은 총상화서에 달리며 황록색으로 6월에 피고, 다른 콩과식물의 꽃과는 달리 나비처럼 생기지 않았다. 협과인 열매는 비틀려서 꼬이고 10월에 익는데, 다 익은 열매는 안쪽 껍질 속에 달콤한 맛이 나는 끈끈한 물질이 있다. 이것을 흔히 주엽이라고 하여 식용한다.

죽순대_마디

죽순대_뿌리

옛날에는 음력 5월 13일을 죽취일(竹醉日)이라고 하였다. 대나무가 취하는 날로, 비가 자주 와서 대나무가 물을 흠뻑 먹고 쑥쑥 크기 시작하는 때라는 뜻이다.

죽순대

학명 *Phyllostachys pubescens* Mazel
과명 벼과
형태 상록활엽성 목본

죽순대_죽순

죽순대_죽순과 줄기

생태적 특성

옛날에는 음력 5월 13일을 죽취일(竹醉日)이라고 하였다. 대나무가 취하는 날로, 비가 자주 와서 대나무가 물을 흠뻑 먹고 쑥쑥 크기 시작하는 때라는 뜻이다. 어린 죽순(竹筍)이 나온 뒤 대개 두 달 이내에 큰 대나무로 자란다.

죽순대는 죽순을 해 먹는 대나무라고 하여 이름이 붙었으나 흔히 맹종죽(孟宗竹)으로 불리곤 한다. 따뜻한 지역에서 많이 자라 흔히 강남죽(江南竹)으로도 불린다.

상록활엽성 목본으로 높이는 10~20m에 이르며 지름은 대략 20cm 정도이다. 마디에 고리가 1개씩 있고, 가지에는 2~3개씩 있다. 5월에 죽순이 나오고, 포는 적갈색으로 털과 검은 갈색의 반점이 밀생한다. 가지 끝에 3~8개씩 피침형의 잎이 달린다. 잎 가장자리의 잔톱니는 빨리 사라지는 것이 특징이다. 꽃은 7~10월에 원추화서로 드물게 달리는데, 작은 이삭에 양성화 1개와 단성화 2개가 들어 있다. 포는 도란형이다.

청가시덩굴_수피

청가시덩굴_잎차례

가지와 어린 가시가 녹색이며 덩굴성 목본이라 하여 청가시덩굴이라고 부른다. 덩굴손이 메기수염처럼 생겼다고 해서 점어발(粘魚髮) 또는 점어수(粘魚鬚)라고도 한다.

청가시덩굴

- **학명** *Smilax sieboldii* Miq.
- **과명** 백합과
- **형태** 낙엽활엽덩굴성 목본
- **꽃** 6월
- **열매** 9~10월

청가시덩굴_잎

청가시덩굴_새순

청가시덩굴_꽃봉오리

청가시덩굴_암꽃

청가시덩굴_수꽃

청가시덩굴_열매(미성숙)

청가시덩굴_열매(성숙)

생태적 특성

가지와 어린 가시가 녹색이며 덩굴성 목본이라 하여 청가시덩굴이라고 부른다. 덩굴손이 메기수염처럼 생겼다고 해서 점어발(粘魚髮) 또는 점어수(粘魚鬚)라고도 한다. 이 밖에도 청가시나무, 청가시덤불, 종가시나무라는 별칭도 있다.

낙엽활엽덩굴성 목본으로 길이 5m 정도까지 자란다. 작은 가지는 녹색으로 곧은 가시와 흑색 반점이 있는데 다른 나무와 함께 바위 위에 덤불을 형성하며 자란다. 줄기는 녹색으로 날카로운 가시가 나 있으며, 잎은 난형의 타원형 및 난형의 심장형이고 가장자리는 물결 모양이다.

암수딴그루로 꽃은 액생하며 산형화서로 달리고 6월에 황록색으로 핀다. 수꽃은 6개의 수술이 있고, 암꽃은 1개의 암술이 있다. 열매는 장과로 둥글며 9~10월에 검은색으로 익는다. 전체적으로 청미래덩굴과 비슷하나 청미래덩굴에 비해 잎이 길쭉하고 가장자리가 구불거리는 것이 특징이다.

층꽃나무_수피

층꽃나무_열매

식물 중에는 풀인지 나무인지 헷갈리는 것이 꽤 된다. 층꽃나무도 윗부분은 풀처럼 겨울에 말라죽지만 아랫부분은 목질화된다. 그래서 풀로 분류해 층꽃풀이라고도 부른다.

층꽃나무

- **학명** *Caryopteris incana* (Thunb. ex Houtt) Miq.
- **과명** 마편초과
- **형태** 낙엽활엽관목
- **꽃** 8~10월
- **열매** 10~11월

층꽃나무_잎

층꽃나무_꽃(보라색)　　　　　　　　층꽃나무_꽃(흰색)

생태적 특성

낙엽활엽관목으로 높이는 30~60cm이다. 꽃이 가지 윗부분 잎겨드랑이에서 취산화서로 층층이 달려 층꽃나무라고 한다. 줄기가 무더기로 나오며, 작은 가지에는 흰빛이 도는 털이 많다. 잎은 마주나고 난형이며 끝이 뾰족하다. 잎은 길이 2.5~8cm, 너비 1.5~3cm로 표면은 짙은 녹색 털이 있고 뒷면은 회백색으로 촘촘히 털이 있다. 또 잎 가장자리에는 5~10개씩의 톱니가 있다. 꽃은 8~10월에 보라색으로 피지만 분홍색이나 흰빛을 띠기도 한다. 꽃부리는 길이 5~6mm로 겉에 털이 있고 잎겨드랑이에 돌아가며 층층이 핀다. 열매는 10~11월경에 갈색으로 익으며 검게 익은 씨앗이 들어 있다. 씨앗에는 날개가 있다.

치자나무_수피

치자나무_잎차례

예로부터 노란색 염료로 이용되어 온 치자나무는 꽃과 향기도 뛰어나다. 중국의 대표 시인 소동파는 '숲속의 부처'라 했으며, 강희안도 치자나무 꽃을 귀한 꽃으로 극찬하였다.

치자나무

학명 *Gardenia jasminoides* J. Ellis
과명 꼭두서니과
형태 상록활엽관목
꽃 6~7월
열매 10~11월

치자나무_잎

치자나무_꽃

치자나무_열매(미성숙)

치자나무_열매(성숙)

치자나무_씨앗

생태적 특성

중국 송나라 때에는 명화의 하나로 손꼽혀 목단, 임란, 백옥화, 월도, 선지, 옥구, 육치자, 황치화와 홍치화 등 여러 가지 별명이 붙여졌다. 우리나라에서는 산치자라고 불렀고, 일본에서는 열매가 익어도 터지지 않는다 하여 입이 없다는 뜻으로 구찌나시〔口無〕라 하였다.

상록활엽관목으로 높이는 4m이며 작은 가지에 짧은 털이 있다. 윤기가 나는 잎은 마주나고 긴 타원형이다. 잎의 가장자리는 밋밋하고 짧은 잎자루와 뾰족한 턱잎이 있다. 꽃은 6~7월에 가지 끝에 1개씩 흰색으로 피지만 차차 황백색으로 변한다. 화관은 지름 6~7cm이며 꽃받침조각과 꽃잎은 6~7개이다. 열매는 10~11월에 황홍색으로 익는다. 열매의 길이는 2cm로 안에 노란색 과육과 종자가 들어 있다.

칡_수피

칡_새순

옛날 여름에 칡으로 옷을 해 입으면 시원하기 그지없었으며, 갈건이라고 해서 두건을 만들어 쓰기도 했다. 줄기가 매우 질겨 새끼 대신 줄로 쓰기도 했고, 칡덩굴로 엮어 문짝을 만들기도 했다.

칡

- **학명** *Pueraria lobata* (Willd.) Ohwi
- **과명** 콩과
- **형태** 낙엽활엽덩굴성 목본
- **꽃** 8월
- **열매** 9~10월

칡_잎

칡_꽃봉오리

칡_꽃

칡_열매

칡_채취한 뿌리

생태적 특성

칡은 한자로 갈(葛)로 표기하는데, 줄기가 워낙 질겨 '질기'라고 부르다가 오랜 세월이 흐르면서 지금처럼 칡이 되었다. 칙, 칙덤불, 칡덤불 등으로도 부른다. 그런데 갈 자는 풀 초(艸) 변을 써서 나무가 아니라 풀로 오인하기도 한다. 실제로 칡을 보면 덩굴이 우거져 과연 나무인지 알기 어렵지만 엄연히 나무이다. 특히 줄기가 겨울에 죽지 않고 살아남아 매년 굵어져 나무로 분류된다.

낙엽활엽덩굴성 목본으로 길이는 $10m$ 이상으로 자라고 줄기는 흑갈색으로 털이 나 있다. 잎은 3출엽이고 소엽은 능형 및 난형으로 양면에 털이 있고 가장자리는 밋밋하거나 얕게 3갈래로 갈라지며 잎자루에는 털이 나 있다. 꽃은 액생으로 총상화서에 달리며 홍자색으로 8월에 핀다. 기판은 홍색이고 중앙이 황색으로 피며 익판은 적자색이다. 열매는 넓은 선형으로 갈색의 거친 털로 덮여 있으며 9~10월에 익는데 종자도 갈색이다.

포도_수피

포도_새잎

세계에서 가장 많이 재배되는 과일은 단연 포도이다. 포도는 특히 포도주의 원료가 되므로 세계 곳곳에서 대량으로 재배되는데, 전 세계에서 생산하는 과일의 1/3이 포도라고 한다.

포도

학명 *Vitis vinifera* L.
과명 포도과
형태 낙엽활엽덩굴성 목본
꽃 6월
열매 8~9월

포도_잎

포도_꽃봉오리

포도_꽃

포도_열매(미성숙)

포도_열매(성숙)

생태적 특성

원산지는 아시아 서부로 코카서스 지방과 카스피 해 연안에서 기원전 3000년 무렵부터 재배된 것으로 추정된다. 이것이 중국에 전파된 것은 한 무제 때 장건에 의해서라고 하는데, 페르시아 어 '부다우(budow)'를 음역해 중국인들이 포도(包桃 혹은 葡桃, 菊桃)로 부르다가, 나중에 현재처럼 포도(葡萄)로 부르게 되었다고 한다.

낙엽활엽덩굴성 목본으로 잎은 호생하고 원형이다. 잎의 가장자리는 3~5개로 얕게 갈라지며 뒷면에 면모가 밀생한다. 꽃은 다수의 작은 꽃이 원추화서를 이루며 황록색으로 6월에 핀다. 열매는 장과로 8~9월에 자갈색으로 익는다.

피나무_수피

피나무_잎(뒷면)

꽃은 향이 뛰어나면서도 꿀이 많아 밀원식물로도 훌륭하며, 서양에서는 벌이 많이 모이는 나무라고 해서 벌나무(bee tree)라고도 부른다.

피나무

학명 *Tilia amurensis* Rupr.
과명 피나무과
형태 낙엽활엽교목
꽃 6월
열매 9~10월

피나무_잎(앞면)

피나무_꽃봉오리

피나무_꽃

피나무_열매(미성숙)

피나무_열매(성숙)

생태적 특성

줄기의 질긴 껍질을 섬유로 이용하므로 모피목(毛皮木), 절에서 많이 심으므로 보리수(菩提樹), 이외에도 꽃피나무, 달피나무, 참피나무, 털피나무, 달피라고도 한다. 또 꽃은 향이 뛰어나면서도 꿀이 많아 밀원식물로도 훌륭하며, 서양에서는 벌이 많이 모이는 나무라고 해서 벌나무(Bee tree)라고도 부른다.

낙엽활엽교목으로 높이는 20m 정도이고 지름은 1m로 수피는 회갈색이다. 잎은 난원형으로 끝이 갑자기 뾰족해지고 가장자리에는 예리한 톱니가 있다. 꽃은 아래로 처지는 취산화서에 20개 이상 달리고 6월에 담황색으로 피는데 향기가 강하다. 꽃차례 자루 위로 꽃과 같은 색깔의 포(苞)라고 하는 것이 달려 있는데, 종족 보존의 방법으로 멀리 씨를 퍼뜨리기 위한 생존전략이다. 열매는 황백색 구형의 핵과로 갈색 털이 밀생하며 9~10월에 익는다.

피라칸다_꽃

피라칸다_씨앗

우리말 이름이 없어 속명 피라칸다(Pyracantha)를 그대로 부른다. 불꽃을 뜻하는 pyro와 가시를 뜻하는 acantha의 합성인데, 무리 지어 맺히는 열매를 그렇게 부르는 듯하다.

피라칸다

- 학명 *Pyracantha angustifolia* (Franch.) C. K. Schneid.
- 과명 장미과
- 형태 상록활엽관목 또는 소교목
- 꽃 6월
- 열매 9~12월

피라칸다_잎

피라칸다_잎차례

피라칸다_열매(겨울)

생태적 특성

장미과의 나무로 우리말 이름이 없어 속명 피라칸다(*Pyracantha*)를 그대로 부른다. 불꽃을 뜻하는 pyro와 가시를 뜻하는 acantha의 합성인데, 무리지어 맺히는 열매가 마치 불이 난 듯 보여 그렇게 부르는 듯하다. 영어명도 Firethorn 즉 불가시이다. 우리말로 불가시나무가 잘 어울린다. 피라칸타, 피라칸사스로도 불리고 있다.

상록활엽관목 또는 소교목으로 높이는 1~6m 정도이며 가지를 많이 친다. 특히 가지마다 조그만 가지가 가시처럼 난다. 어긋나는 잎은 두꺼우면서 좁은 타원형을 이룬다. 잎끝은 둔하고 가장자리는 밋밋하다. 잎의 뒷면에는 털이 난다. 6월에 흰색 또는 연한 노란빛을 띤 흰색의 꽃이 산방화서로 가지의 윗부분 잎겨드랑이에 달린다. 꽃받침 잎은 넓은 삼각형으로 5개이며, 꽃잎은 도란형으로 역시 5개이다. 열매는 9~12월에 감색이나 붉은색으로 익는다.

합다리나무_수피

합다리나무_새잎

제주도에서는 학을 합이라고 부르는데, 이 나무의 줄기가 학의 다리 같다고 하여 합다리라고 불렀을 것으로 생각된다.

합다리나무

- **학명** *Meliosma oldhamii* Maxim.
- **과명** 나도밤나무과
- **형태** 낙엽활엽교목
- **꽃** 6월
- **열매** 9~10월

합다리나무_잎

합다리나무_꽃

합다리나무_열매

생태적 특성

 마치 학의 두 다리를 합친 듯 보여 붙여진 이름이다. 제주도에서는 학을 합이라고 부르는데, 이 나무의 줄기가 학의 다리 같다고 하여 합다리라고 불렀을 것으로 생각된다. 합대나무 또는 합순남, 박다리꽃이라고도 부르며, 나도밤나무와 전체적인 모양이 비슷해 일부 지방에서는 나도밤나무로 부르기도 한다.

 낙엽활엽교목으로 높이는 $10m$ 정도에 이른다. 가지가 굵으며 어린 나무에는 노란빛의 갈색 털이 나는 것이 특징이다. 어긋나는 잎은 기수우상복엽이고, 난상의 타원형인 10여 개의 소엽으로 되어 있다. 소엽에는 양면에 털이 나고 가장자리에 자그마한 톱니들이 드문드문 난다. 6월에 자잘한 흰색 꽃이 원추화서로 가지 끝에 달린다. 꽃잎은 3장이고 4개의 꽃받침조각이 있으며, 2개의 수술 이외에 3개의 헛수술이 있다. 핵과의 열매는 9~10월에 붉은색으로 동그랗게 열린다.

헛개나무_수피

헛개나무_꽃

헛개나무는 강원도 방언에서 유래된 이름으로 지구자나무라고도 한다. 홋개나무, 호리깨나무, 볼게나무, 고려호리깨나무, 민헛개나무 등으로도 불리며, 한자명은 금조리(金釣梨)이다.

헛개나무

- **학명** *Hovenia dulcis* Thunb.
- **과명** 갈매나무과
- **형태** 낙엽활엽교목
- **꽃** 6~7월
- **열매** 9~10월

헛개나무_잎과 잎차례

헛개나무_열매(미성숙)　　　헛개나무_열매(성숙)　　　헛개나무_씨앗

생태적 특성

헛개나무는 강원도 방언에서 유래된 이름으로 지구자나무라고도 한다. 홋개나무, 호리깨나무, 볼게나무, 고려호리깨나무, 민헛개나무 등으로도 불리며, 한자명은 금조리(金釣梨)이다.

우리나라와 중국, 일본 등지에 분포한다. 우리나라에서는 중부 이남의 해발 50~800m의 산기슭이나 골짜기에 자생한다. 음지나 양지를 가리지 않고 잘 자라나 건조지에서는 잘 자라지 못한다. 내조성이 강하고 맹아력과 공해에도 강하여 도심지나 바닷가에서도 잘 자란다.

낙엽활엽교목으로 높이는 10m 정도이고 작은 가지는 흑자색이다. 잎은 어긋나고 난원형 및 타원형이며 가장자리에는 둔한 톱니가 있다. 꽃은 양성으로 가지 끝 부근에서 액생 또는 정생하는 취산화서에 달리며 백록색으로 6~7월에 핀다. 열매는 장과상의 핵과로 둥글고 갈색이 돌며 9~10월에 흑색으로 익는다.

협죽도_수피

협죽도_꽃

협죽도는 멋진 잎과 화려한 꽃을 피우지만, 그 속에 감추고 있는 독성은 치명적이다. 잎이 좁고(夾) 줄기가 대나무(竹) 같으며 꽃이 복사꽃(桃)처럼 예쁘다고 하여 붙여진 이름이다.

협죽도

- **학명** *Nerium oleander* L.
- **과명** 협죽도과
- **형태** 상록활엽관목
- **꽃** 7~9월
- **열매** 10월

협죽도_잎

협죽도_열매　　　　　　　　　　협죽도_꼬투리

생태적 특성

협죽도는 잎이 좁고(夾) 줄기가 대나무(竹) 같으며 꽃이 복사꽃(桃)처럼 예쁘다고 하여 붙여진 이름이다. 하지만 얼마나 독이 강한지 잎 한 장 만으로도 인체에 치명적인 영향을 끼친다. 등산객이 협죽도 가지를 잘라 나무젓가락 대용으로 썼다가 심장마비로 사망했다는 보고까지 있을 정도이다. 멋진 잎과 화려한 꽃을 피우지만, 그 속에 감추고 있는 독성은 치명적이다.

협죽도과의 상록활엽관목으로 높이는 3m 정도이다. 가지가 총생해 포기로 되고, 나무껍질은 검은 갈색이다. 잎은 3장씩 돌려나는데 가늘고 길다. 꽃은 7~9월에 홍색으로 피며, 흰색이나 자홍색, 황백색도 있고 겹으로 피는 것도 있다. 꽃의 지름은 3~4cm로 아래는 긴 통이나 윗부분은 5개로 갈라지며 퍼진다. 꽃밥 끝에는 털이 있는 실 같은 것이 나 있다. 꽃이 아름다우면서도 오래 피어 있어 관상 가치가 크다. 열매는 10월에 갈색으로 익은 후 세로로 갈라진다. 씨앗은 양 끝에 길이 1cm 정도의 털이 난다.

황칠나무_수피

황칠나무_수피 속

세계에서 오로지 우리나라에만 자라는 나무로 오랜 옛날부터 황금색 칠을 하는 나무로 유명해 진시황이 불로초라고 믿고 해동국 즉 우리나라에서 바로 이 나무를 가져갔다고 한다.

황칠나무

학명	*Dendropanax morbiferus* H. Lev.
과명	두릅나무과
형태	상록활엽교목
꽃	7~9월
열매	11~12월

황칠나무_잎(앞면과 뒷면)

황칠나무_꽃 / 황칠나무_열매와 씨앗

황칠나무_열매(미성숙)

황칠나무_열매(성숙)

황칠나무_수액

생태적 특성

나무껍질에 상처를 내면 황색 수액이 나오는데 이 수액으로 노란 칠을 하는 데 사용하는 나무라고 하여 황칠나무라고 한다. 노란옻나무라고도 하며, 한자명은 황칠목(黃漆木), 수삼(樹參)이다. 보길도에서는 상철나무 또는 황철나무라고도 부른다.

음력 6월쯤 나무줄기에 칼로 홈집을 내면 수액이 나오는데, 수액은 처음에는 우윳빛이지만 공기 중에서 산화되면서 황색으로 변한다. 황칠이 본격적으로 나오는 시기는 8월 초순부터 9월 중순 사이이다. 수액이 나오는 양은 나무 크기에 따라 조금씩 다르지만 한 나무에서 한 번에 1g 정도라고 한다.

상록활엽교목으로 높이는 15m 정도이고 어린 가지는 녹색이며 윤기가 난다. 잎은 어긋나고 난형 및 타원형이며 가장자리가 3~5개로 갈라진다. 꽃은 양성화로 산형화서를 이루며 7~9월에 흰색으로 핀다. 열매는 타원형의 핵과로 11~12월에 검은색으로 익는다.

회화나무_수피

회화나무_새잎

회화나무는 고상한 나무라고 할 만하다. 궁궐이나 명문가의 뜨락에 주로 심어졌기 때문이다. 회화나무를 심으면 훌륭한 학자가 많이 나온다고 믿었기 때문이다.

회화나무

학명 *Sophora japonica* L.
과명 콩과
형태 낙엽활엽교목
꽃 7~8월
열매 10월

회화나무_잎

회화나무_꽃　　　　　　　　　　　　회화나무_열매

생태적 특성

회화나무는 고상한 나무라고 할 만하다. 궁궐이나 명문가의 뜨락에 주로 심어졌기 때문이다. 회화나무를 심으면 훌륭한 학자가 많이 나온다고 믿었기 때문인데, 중국에서는 이 나무를 학자수(學者樹)라고도 했다. 영어명도 Chinese scholar tree로 되어 있으니 동서양을 막론하고 이 나무가 학자와 깊은 관련이 있다는 것을 잘 알 수가 있겠다. 또 이 나무에 피는 꽃은 괴화(槐花) 또는 괴미(槐米)라 하는데, 이는 꽃봉오리가 쌀 모양 같다고 하여 붙여진 이름이다. 그래서 옛날부터 이 꽃이 많이 피면 풍년이 들고 적게 피면 흉년이 든다고 하여 길상목(吉祥木)으로 여겼다.

낙엽활엽교목으로 높이는 $25m$ 정도이고 지름은 $1.5m$로 수피는 회갈색이다. 잎은 7~17개의 기수우상복엽으로 어긋나며 소엽은 난형 및 난형의 피침형으로 잎자루는 짧고 털이 나 있다. 잎은 마치 아까시나무의 잎을 확대해 놓은 것 같다. 꽃은 정생하는 원추화서에 달리며 황백색으로 7~8월에 핀다. 열매는 염주 모양으로 약간 육질이며 10월에 익는다.

후피향나무_수피

후피향나무_새잎

두꺼운 나무껍질에서 향기가 나는 나무라 하여 후피향(厚皮香)이라는 이름이 붙여졌다. 일본후피향 또는 간단히 후피향이라고도 한다. 또 화원에서는 목향나무라고 부르기도 한다.

후피향나무

- **학명** *Ternstroemia gymnanthera* (Wight & Arn.) Sprague
- **과명** 차나무과
- **형태** 상록활엽소교목
- **꽃** 6~7월
- **열매** 9~10월

후피향나무_잎

후피향나무_꽃봉오리

후피향나무_꽃

후피향나무_열매

후피향나무_씨앗

생태적 특성

두꺼운 나무껍질에서 향기가 나는 나무라 하여 후피향(厚皮香)이라는 이름이 붙여졌다. 일본후피향 또는 간단히 후피향이라고도 한다. 또 화원에서는 목향나무라고 부르기도 한다.

상록활엽소교목으로 높이는 8m 정도이고 지름은 20cm이며 새로 자란 가지는 붉은색이다. 잎은 어긋나고 가지 끝에서 총생하며 혁질로 긴 타원상의 도란형이고 가장자리가 약간 말린다. 암수딴그루로 꽃은 액생하며 잎겨드랑이에서 아래를 향해 황백색으로 6~7월에 핀다. 열매는 장과로 난형의 구형이며 9~10월에 익는다.

가을 나무

개잎갈나무_수피

개잎갈나무_발아

옛 이스라엘 왕국의 솔로몬 왕은 성전을 세우는 데 개잎갈나무를 많이 사용했다고 전해진다. 《성경》에 등장하는 백향목이 바로 개잎갈나무로서 힘과 영광, 평강을 상징한다.

개잎갈나무

- **학명** *Cedrus deodara* (Roxb. ex D. Don) G. Don
- **과명** 소나무과
- **형태** 상록침엽교목
- **꽃** 10월
- **열매** 이듬해 9~10월

개잎갈나무_잎

개잎갈나무_암꽃

개잎갈나무_수꽃

개잎갈나무_열매

생태적 특성

잎갈나무와 비슷하다고 해서 개잎갈나무라는 이름이 붙었다. 그러나 잎갈나무는 낙엽송인 데 반해 개잎갈나무는 상록수라는 점이 가장 큰 차이점이다. '개'는 바로 잎을 갈지 않는다는 의미를 가진다. 개이깔나무, 히말라야삼나무, 히말라야전나무라고도 하며, 한자로는 설송(雪松)이라고도 한다.

상록침엽교목으로 높이는 30~50m이고 지름이 1~3m이며, 나무껍질은 회갈색으로 갈라져 벗겨진다. 어린 가지는 털이 있고 밑으로 넓게 확장되면서 땅으로 축축 늘어지는 특징이 있다. 잎은 짙은 녹색의 바늘 모양으로 짧은 가지 끝에 무더기로 모여나고 끝이 뾰족하다. 언뜻 보면 소나무 잎과도 유사하다. 암수한그루로 꽃은 10월에 노란빛을 띤 갈색으로 핀다. 수꽃이삭은 원기둥 모양이며 암꽃이삭은 난형이다. 열매는 길이 7~10cm, 지름 6cm로 타조알처럼 생긴 타원형이며, 이듬해 9~10월에 밤색으로 익는다.

까마귀쪽나무_수피

까마귀쪽나무_새잎

구럼비해안이란 구럼비나무가 많이 자라고 있어 붙여진 명칭이다. 이 구럼비나무는 까마귀쪽나무를 제주도에서만 특별히 부르는 이름으로 구럼비 이외에도 구름비, 구롬비, 구룬비라고도 불린다.

까마귀쪽나무

- **학명** *Litsea japonica* (Thunb.) Juss.
- **과명** 녹나무과
- **형태** 상록활엽소교목
- **꽃** 10~이듬해 1월
- **열매** 이듬해 5~6월

까마귀쪽나무_잎

까마귀쪽나무_암꽃

까마귀쪽나무_수꽃

까마귀쪽나무_열매(미성숙)

까마귀쪽나무_열매(성숙)

생태적 특성

제주도 남부 서귀포시 강정마을에는 구럼비해안이라고 하는 곳이 있다. 구럼비해안이란 구럼비나무가 많이 자라고 있어 붙여진 명칭이다. 멀리 밤섬이 보이는 지역으로 경치가 뛰어나다. 구럼비나무는 까마귀쪽나무를 제주도에서만 특별히 부르는 이름으로 구럼비 이외에도 구름비, 구롬비, 구룬비라고도 불린다. 제주도에는 길가나 밭둑 등지에 흔하며 이외에도 우리나라 남부지방의 바닷가에 주로 자생한다.

상록활엽소교목으로 높이는 약 $7m$이며, 수피는 갈색이고 잔가지는 굵다. 마주나는 잎은 두꺼운 혁질이며 타원형으로 양 끝이 좁은 편이다. 잎의 뒷면에는 갈색 털이 밀생한다. 꽃은 10월부터 이듬해 1월에 잎겨드랑이에서 나오는 짧은 꽃자루에 겹산형화서로 핀다. 꽃의 색깔은 노란빛이 도는 흰색이다. 핵과의 열매는 타원형으로 이듬해 5~6월에 옅은 자주색으로 익는다.

목서_수피

목서_잎차례

목서(木犀)는 나무에 달린 잎이 코뿔소의 뿔처럼 생겼다고 해서 붙은 이름이다. 목서 종류로는 금목서, 은목서, 구골나무, 박달목서가 있다.

목서

- **학명** *Osmanthus fragrans* Lour.
- **과명** 물푸레나무과
- **형태** 상록활엽소교목
- **꽃** 9~10월
- **열매** 이듬해 2~3월

목서_잎

목서_꽃 목서_꽃과 잎줄기

생태적 특성

목서(木犀)는 나무에 달린 잎이 코뿔소의 뿔처럼 생겼다고 해서 붙은 이름이다. 목서 종류로는 금목서, 은목서, 구골나무, 박달목서가 있다. 이 중 은목서는 꽃의 색깔이 은빛이 난다 하여 붙여진 이름이다. 그리고 금목서는 꽃과 껍질이 금빛을 띠는데, 보통 목서라고 하면 대개는 은목서를 말한다. 한자명은 은계(銀桂)라고도 한다.

상록활엽소교목으로 높이는 3m 정도이고 수피는 갈색 또는 엷은 황회색이다. 잎은 혁질이며 가장자리에 톱니가 있다. 꽃은 3~5개가 잎겨드랑이에 모여 달리고 꽃받침은 술잔 모양이며 흰색으로 9~10월에 핀다. 열매는 타원형의 핵과로 이듬해 2~3월에 익는다.

박달목서_수피  박달목서_잎차례

거문도와 제주도에만 서식한다. 박달나무처럼 단단하고 잎 가장자리에 가시가 있어 박달목서라는 이름을 얻었다.

박달목서

- **학명** *Osmanthus insularis* Koidz.
- **과명** 물푸레나무과
- **형태** 상록활엽교목
- **꽃** 11~12월
- **열매** 이듬해 5월

박달목서_잎

박달목서_꽃

박달목서_열매(미성숙)

박달목서_열매(성숙)

생태적 특성

거문도와 제주도에만 서식한다. 박달나무처럼 단단하고 잎 가장자리에 가시가 있어 박달목서라는 이름을 얻었다. 거문도에 서식하는 것들은 그나마 형편이 낫지만 제주도의 박달목서는 멸종위기에 몰려 있다. 서귀포의 범섬에 한 그루, 한경면 용수리에 세 그루가 서식하는데, 모두 수나무라서 더 이상 번식하기 어려운 처지에 놓여 있다.

상록활엽교목으로 높이는 15m에 이른다. 가지는 회색이며, 작은 가지는 다소 편평한 편이다. 마주나는 잎은 긴 타원형 또는 난형이며, 길이는 7~12cm이다. 잎 가장자리는 밋밋하나 어린 가지에는 다소 톱니가 있다. 꽃은 11~12월에 잎겨드랑이에 흰색으로 모여 달리며, 꽃잎은 십자가 또는 네잎클로버 모양이다. 꽃은 작지만 향기는 짙은 편이다. 열매는 이듬해 5월에 검은색으로 익는다. 열매의 길이는 1.5~2.5cm이다.

보리밥나무_수피

보리밥나무_잎(뒷면)

먹을 것이 귀했던 시절, 보릿고개에 먹는 밥이나 마찬가지니 보리밥이라는 이름이 붙여졌다. 빨간 열매가 먹음직스럽기는 하지만 시큼하면서도 떫은맛이 나곤 한다.

보리밥나무

- **학명** *Elaeagnus macrophylla* Thunb.
- **과명** 보리수나무과
- **형태** 상록활엽덩굴성 목본
- **꽃** 10~11월
- **열매** 이듬해 3~4월

보리밥나무_잎(앞면)

보리밥나무_새순

보리밥나무_꽃

보리밥나무_열매

보리밥나무_씨앗

생태적 특성

보리밥나무는 봄보리수나무, 보리똥나무, 봄보리똥나무라고도 하며 울릉도에서는 뽈뚜나무라고도 한다. 뽈뚜는 울릉도에서 이 나무의 열매를 이르는 말로, 어린아이들의 군것질거리는 물론 술로 담가 먹기도 했다.

상록활엽덩굴성 목본으로 높이가 2~3m 정도밖에 안 되며 수피는 암갈색이다. 어린 가지에 연한 갈색의 비늘털로 덮여 있는 것이 특징이다. 어긋나는 잎은 둥근 난형을 이룬다. 잎 양면에 은백색 비늘털이 뒤덮여 있다가 나중에 앞면의 털은 사라지며 가장자리는 밋밋한 편이다. 10~11월에 꽃이 잎겨드랑이에 몇 개씩 달린다. 황백색으로 된 꽃받침은 화관상으로 종처럼 생긴다. 핵과의 열매는 타원형으로 이듬해 3~4월에 붉게 익는다. 열매의 길이는 1.5~1.7cm이다.

보리장나무_수피

보리장나무_잎(뒷면)

보리장나무는 덩굴볼레나무, 볼네나무, 덩굴보리수나무라고도 한다. 덩굴성 목본이지만 다른 물체를 감지 않고 자라는 것이 특징이다.

보리장나무

- **학명** *Elaeagnus glabra* Thunb.
- **과명** 보리수나무과
- **형태** 상록활엽덩굴성 목본
- **꽃** 10~11월
- **열매** 이듬해 4~5월

보리장나무_잎(앞면)

보리장나무_꽃

보리장나무_어린 열매

보리장나무_열매(성숙)

생태적 특성

보리 또는 보리수 이름이 붙은 나무는 크게 두 가지로 나뉘는데, 부처님이 도를 깨우쳤다는 뜻의 보리수(菩提樹)가 있고, 보리가 익을 무렵에 빨간 열매를 맺는다고 해서 붙여진 보리수(甫里樹)가 있다.

보리장나무는 덩굴볼레나무, 볼네나무, 덩굴보리수나무라고도 한다. 덩굴성 목본이지만 다른 물체를 감지 않고 자라는 것이 특징이다.

상록활엽덩굴성 목본으로 높이는 $2m$가량이며 줄기에는 가시가 나 있다. 어긋나는 잎은 긴 타원형 모양이며, 잎 양 끝이 좁다. 잎 가장자리는 물결 모양이며 비늘털이 있으나 앞면의 털은 사라진다. 10~11월에 흰색 꽃이 잎겨드랑이에 몇 개씩 달린다. 핵과의 열매는 타원형으로 길이는 1~1.8cm이고, 이듬해 4~5월에 붉게 익으며 적갈색 비늘털로 덮인다.

비파나무_수피  비파나무_잎(뒷면)

비파나무의 이름은 열매의 모양이 서양배 또는 현악기인 비파 모양으로 노랗게 익는다고 해서 붙여졌다.

비파나무

학명 *Eriobotrya japonica* (Thunb.) Lindl.
과명 장미과
형태 상록활엽소교목
꽃 10~11월
열매 이듬해 5~6월

비파나무_잎(앞면)

비파나무_꽃

비파나무_열매

비파나무_씨앗

생태적 특성

비파나무의 이름은 열매의 모양이 서양배 또는 현악기인 비파 모양으로 노랗게 익는다고 해서 붙여졌다.

상록활엽소교목으로 높이는 10m이다. 작은 가지는 황갈색이고 연한 갈색 털이 밀생한다. 잎은 혁질이고 피침형 및 타원상의 난형이며 가장자리에는 치아상 톱니가 드문드문 나 있고 뒷면에 갈색 털이 밀생한다. 꽃은 가지 끝에 원추화서를 이루며 꽃차례에 연한 갈색 털이 밀생하고 흰색으로 10~11월에 핀다. 열매는 구형 및 타원형으로 이듬해 5~6월에 황금색으로 익는다.

상동이라는 이름은 겨울에도 산다고 해서 생동목(生冬木)이라고 하던 것이 생동나무를 거쳐 상동나무가 되었다고 한다.

상동나무

- **학명** *Sageretia thea* (Osbeck) M. C. Johnst.
- **과명** 갈매나무과
- **형태** 낙엽활엽 또는 반상록활엽덩굴성 목본
- **꽃** 10~11월
- **열매** 이듬해 4~5월

상동나무_잎

상동나무_꽃

상동나무_열매

상동나무_수피

생태적 특성

이 나무는 겨울에도 산다고 해서 생동목(生冬木)이라고 하던 것이 생동나무를 거쳐 상동나무가 되었다고 한다.

낙엽활엽 또는 반상록활엽덩굴성 목본으로 높이는 $2m$에 달한다. 작은 가지에 8개의 모가 난 줄이 있는 것이 큰 특징이며, 갈색의 털이 나는데 끝이 가시로 변하는 것도 독특하다. 어긋나는 잎은 길이가 $1{\sim}3cm$로 작으며 난형으로 끝이 둔하고 밑부분이 둥글다. 잎 가장자리에는 잔톱니가 나 있다. 꽃은 10~11월에 황색으로 가지 끝 또는 그 근처의 잎겨드랑이에서 수상화서를 이루며 달린다. 꽃의 지름은 $3.5mm$ 정도이다. 난형으로 생긴 꽃받침조각은 끝이 뾰족하며 털이 나 있다. 가을에 꽃이 피고 이듬해 늦봄에 열매를 맺는 것은 일반 수종과 정반대이다.

송악_줄기와 부착근

송악_꽃

고창 선운사 입구의 삼인리 송악은 많은 덩굴이 암벽을 따라 올라가는 모양이 신기하기만 하다. 남부지방에서는 소가 뜯어먹는다고 '소밥나무'라고도 한다.

송악

- **학명** *Hedera rhombea* (Miq.) Siebold & Zucc. ex Bean
- **과명** 두릅나무과
- **형태** 상록활엽덩굴성 목본
- **꽃** 10월
- **열매** 이듬해 5월

송악_잎(앞면과 뒷면)

송악_열매　　송악_고창 삼인리(천연기념물 제367호)

생태적 특성

벽면이나 땅을 덮는 식물을 흔히 지피(地被)식물이라고 부른다. 대표적으로 잔디가 있는데, 지피식물은 먼지가 날리지 않게 하고 지열도 방지하는 효과가 있다. 나무로는 드물게 송악이 지피식물인데, 덩굴성 목본이라서 지지대에 따라 다양한 수형을 이룰 수가 있는 식물이기도 하다.

남부지방에서는 소가 뜯어먹는다고 '소밥나무'라고도 한다. 담장나무, 큰잎담장나무 등으로도 불리며, 한자명은 능엽상춘등(菱葉常春藤), 상춘등(常春藤) 등이다.

상록활엽덩굴성 목본으로 10m 이상 자라고 뿌리와 가지에서 기근이 나와 다른 물체를 타고 올라가며 작은 가지에 성상 인모가 있다. 잎은 어긋나며 혁질이고 삼각형 또는 난형 및 능형이며 가지의 잎은 3~5개로 얕게 갈라지기도 한다. 꽃은 양성화로 산형화서 또는 취산화서로 모여 달리고 녹황색으로 10월에 피며 작은 꽃자루는 별 모양의 털이 있다. 열매는 둥글며 이듬해 5월에 검은색으로 익는다.

차나무는 다(茶)에서 유래된 이름이다. 이를 중국 발음으로도 차(tcha)라고 한다. 잎을 따서 차를 만들어 풀 초(艹)를 쓰지만 초본이 아니고 목본이다.

차나무

- **학명** *Camellia sinensis* L.
- **과명** 차나무과
- **형태** 상록활엽관목
- **꽃** 10~11월
- **열매** 이듬해 10~11월

차나무_잎과 잎차례

차나무_꽃

차나무_열매

차나무_씨앗

차나무_수피

생태적 특성

차나무는 다(茶)에서 유래된 이름이다. 이를 중국 발음으로도 차(tcha)라고 한다. 잎을 따서 차를 만들어 풀 초(草)를 쓰지만 초본이 아니고 목본이다. 영어명은 Tea 혹은 Tea plant이며, 한자명은 차명(茶茗)이다.

상록활엽관목으로 높이는 4m까지 자라며 가지가 많이 달려 수형이 단정하고 아름답다. 잎은 어긋나며 혁질이고 피침상의 긴 타원형으로 길이는 4~10cm, 너비는 2~4.5cm이고 가장자리에는 물결 모양의 톱니가 있다. 꽃은 양성화로 1~3개가 액생 또는 정생하며 꽃받침 잎은 5~6개이고 꽃자루는 길이 6~10mm이며 흰색으로 10~11월에 피는데 향기가 있다. 열매는 시과로 목질화된 구형으로 지름 2~2.5cm이고 이듬해 10~11월에 다갈색으로 익으며 3갈래로 갈라진다.

참느릅나무_수피

참느릅나무_꽃

느릅나무 하면 옛날 잎을 따서 밀가루나 콩가루 등을 묻혀 떡을 만들어 먹던 구황식품이다. 이름에 '참' 자가 붙은 것은 느릅나무류에서도 가장 뛰어난 나무라는 뜻이다.

참느릅나무

학명 *Ulmus parvifolia* Jacq.
과명 느릅나무과
형태 낙엽활엽교목
꽃 9월
열매 10월

참느릅나무_잎과 잎차례

참느릅나무_열매(미성숙)

참느릅나무_열매(성숙)

생태적 특성

이름에 '참' 자가 붙은 것은 느릅나무류에서도 가장 뛰어난 나무라는 뜻이다. 한자로는 춘유(春楡) 또는 가유(家楡)라고 한다.

낙엽활엽교목으로 높이는 10m이고 지름이 70cm이다. 줄기는 곧게 자라며 작은 가지에는 털이 있고 수피는 홍갈색으로 두꺼우며 잘게 갈라진다. 잎은 타원형 또는 도란상의 피침형으로 두툼하고 좌우가 같지 않으며 짧은 톱니가 있다. 양면 모두 털이 없고 표면에 광택이 있으며 측맥은 10~20쌍이다. 꽃은 9월에 피고, 열매는 10월에 담갈색으로 익으며 타원형으로 날개가 달려 있다.

참식나무_수피

참식나무_잎(뒷면)

식나무라고도 부르며, 제주도에서는 심낭, 신낭 등으로 부른다. 전라남도 영광 불갑사 참식나무 자생지대는 천연기념물 제112호로 지정하여 보호하고 있다.

참식나무

- **학명** *Neolitsea sericea* (Blume) Koidz.
- **과명** 녹나무과
- **형태** 상록활엽교목
- **꽃** 10~11월
- **열매** 이듬해 10월

참식나무_잎(앞면)

참식나무_새잎

참식나무_암꽃

참식나무_수꽃

참식나무_열매(미성숙)

참식나무_열매(성숙)

생태적 특성

식나무라고도 부르며, 제주도에서는 심낭, 신낭 등으로 부른다. 한자명은 오과남(五瓜楠)이다.

난대성 상록활엽교목으로 해발 100~400m에서 많이 자라고 제주도에서는 해발 1,100m의 숲속에 자생한다. 높이는 10m이고 지름이 30cm이다. 수피는 암회색이고 평활하며 어린 가지는 녹색으로 갈색 털이 있다. 잎은 어긋나고 혁질이며 타원형 및 피침상의 타원형이다. 잎에는 황갈색 털이 많이 나 있으며 가장자리는 밋밋하다. 꽃은 암수딴그루이며 액생하고 산형화서에 모여나며 황백색으로 10~11월에 핀다. 열매는 선홍색의 구형으로 이듬해 10월에 익는데 광택이 나며 향기로워 향수의 재료로 쓰이며 기름을 추출하여 이용한다.

통탈목_수피

통탈목_어린 줄기

본래 등칡은 따로 있는데 쥐방울덩굴과의 이 등칡도 통탈목(通脫木) 또는 통초로 불린다. 두 식물이 약효가 비슷해서 혼동되어 사용되는 것으로 보인다.

통탈목

- 학명 *Tetrapanax papyriferus* (Hook.) K. Koch
- 과명 두릅나무과
- 형태 상록활엽관목 또는 소교목
- 꽃 10~11월
- 열매 이듬해 1~2월

통탈목_잎

통탈목_어린잎

통탈목_잎자루

통탈목_꽃

통탈목_겨울 가지

생태적 특성

통초(通草), 등칡, 목통수(木通樹)라고도 한다. 본래 등칡은 따로 있는데, 쥐방울덩굴과의 이 등칡도 통탈목(通脫木) 또는 통초로 불린다. 두 식물이 약효가 비슷해서 혼동되어 사용되는 것으로 보인다. 통초란 요도가 막혀서 소변을 시원하게 보지 못하고 수종이 발생했을 때 이 나무를 약재로 사용하면 효과가 있다고 하여 붙여진 것이다.

상록활엽관목 또는 소교목으로 높이는 3~6m이다. 수피는 심갈색이고 작은 가지에 황색의 별 모양 비늘털이 밀생한다. 잎은 가지 끝에 모여나고 원형이다. 꽃은 다수가 모여 산형화서를 이루며 꽃차례는 다시 큰 원추화서를 이룬다. 꽃 색깔은 엷은 황백색으로 10~11월에 핀다. 열매는 구형의 자흑색으로 이듬해 1~2월에 익는다.

팔손이_수피

팔손이_새잎

팔손이는 잎이 손바닥을 펼친 모양이며 여덟 가락으로 갈라져 있어 붙여진 이름이다. 한자명도 팔각금반(八角金盤)으로 숫자 8과 관련이 있다. 그러나 7개 혹은 9개로 갈라지기도 한다.

팔손이

- 학명 *Fatsia japonica* (Thunb.) Decne. & Planch.
- 과명 두릅나무과
- 형태 상록활엽관목
- 꽃 10~11월
- 열매 이듬해 4~5월

팔손이_잎

팔손이_꽃(양성화)

팔손이_꽃차례

팔손이_열매

생태적 특성

팔손이는 잎이 손바닥을 펼친 모양이며 여덟 가락으로 갈라져 있어 붙여진 이름이다. 한자명도 팔각금반(八角金盤)으로 숫자 8과 관련이 있다. 그러나 7개 혹은 9개로 갈라지기도 한다. 이 나무는 새집증후군을 일으키는 것으로 알려진 포름알데히드를 제거하는 데 효과가 우수한 식물로 유명하다. 또한 공기를 정화시키는 음이온을 대량 방출하는 나무로도 잘 알려져 있어 아파트의 실내에서 많이 키운다.

상록활엽관목으로 높이는 2~4m이고 작은 가지는 굵으며 털이 없다. 잎은 호생하고 심장형의 장상으로 7~9개로 갈라진다. 잎의 가장자리에 톱니가 있고 잎자루는 30cm 이상으로 매우 길다. 꽃은 산형화서로 가지 끝에 모여서 원추화서를 이루며 흰색으로 10~11월에 핀다. 열매는 둥근 장과로 이듬해 4~5월에 검은색으로 익는다.

겨울
나무

겨우살이_수피

겨우살이_씨앗

사철 푸른 상록수로 겨울에도 죽지 않는다고 해서 겨우살이라고 한다. 열매는 겨울철에 새들의 좋은 먹이가 되고, 새들의 배설물에 의해 주로 활엽수에 활착하여 번식한다.

겨우살이

- **학명** *Viscum album* var. *coloratum* (Kom.) Ohwi
- **과명** 겨우살이과
- **형태** 상록기생관목
- **꽃** 3~4월
- **열매** 10~11월

겨우살이_잎

겨우살이_암꽃   겨우살이_수꽃

겨우살이_열매   겨우살이_신갈나무에 기생한 모습

생태적 특성

사철 푸른 상록수로 겨울에도 죽지 않는다고 해서 겨우살이라고 한다. 참나무, 물오리나무, 밤나무, 팽나무 등에 기생하므로 기생목(寄生木)이라고도 하고 동청(凍靑)이라고도 부른다.

상록기생관목으로 높이는 30~60cm이다. 가지는 Y자형으로 갈라지고 마치 새집의 둥지같이 둥글게 자란다. 수관 폭은 1m 정도이며 황록색으로 털이 없고 마디 사이가 3~6cm이다. 숙주가 되는 나무의 줄기나 가지에 뿌리를 박고 살아간다. 잎은 마주나고 피침형이며 밑부분이 좁다. 암수딴그루이며 꽃가루가 없다. 소포(小苞)는 술잔 모양이고 화피는 종 모양으로 갈라지며 3~4월에 가지 끝에서 연노란색의 작은 꽃이 핀다. 열매는 둥글고 연한 황색으로 10~11월에 익는데, 먹을 것이 부족한 겨울철에 새들의 좋은 먹이가 되고, 새들의 배설물에 의해 주로 활엽수에 활착하여 번식한다.

동백나무_수피    동백나무_새순

붉은 동백나무 꽃을 보면 이제 봄이 곧 온다는 생각을 갖게 된다. 동백나무에서 백(柏) 자는 흰(白) 눈 속에서도 자라는 나무(木)라는 뜻으로, 겨울에도 잎이 푸르고 꽃이 피는 상록수임을 나타낸다.

동백나무

- **학명** *Camellia japonica* L.
- **과명** 차나무과
- **형태** 상록활엽소교목
- **꽃** 12~이듬해 4월
- **열매** 9~10월

동백나무_잎

동백나무_꽃

동백나무_열매(미성숙)

동백나무_열매(성숙)

동백나무_씨앗

동백나무_겨울눈

생태적 특성

동백, 뜰동백나무, 뜰동백으로도 불리며, 한자로는 홍산차(紅山茶), 동백목(冬柏木), 동백(冬柏)으로 쓴다. 특이한 것은 이름에 차를 뜻하는 차(茶) 자를 붙인 것인데, 이는 이 동백나무가 차나무과이기 때문이다.

동백꽃은 벌과 나비의 힘을 빌리지 않는 대신, 화밀(花蜜)이 많아 동박새에 의해 수정이 이루어진다. 동백꽃은 동박새에게 꿀을 먹이고 동박새는 동백꽃의 꽃가루를 날라다주어 꽃가루받이를 시켜주는 공생관계이다. 이렇게 새를 이용해 수분하는 꽃을 조매화(鳥媒花)라고 한다.

상록활엽소교목으로 높이는 $7m$ 정도이고 작은 가지는 홍갈색이다. 잎은 어긋나고 타원형 및 긴 타원형으로 예저이며 물결 모양의 잔톱니가 있다. 꽃은 양성화로 가지 끝에 1개씩 피며 꽃잎은 5~7장으로 12월부터 이듬해 4월에 핀다. 열매는 구형의 삭과로 9~10월에 익고 3개로 갈라지며 씨는 암갈색이다.

매실나무_수피

매실나무_꽃(흰색)

추위를 무릅쓰고 피는 매화는 선비의 불굴의 정신을 뜻한다고 하여 예로부터 사군자로 추앙받은 나무이기도 하다.

매실나무

- **학명** *Prunus mume* (Siebold) Siebold & Zucc.
- **과명** 장미과
- **형태** 낙엽활엽소교목
- **꽃** 2~4월
- **열매** 6~7월

매실나무_잎

매실나무_꽃(진분홍색)

매실나무_어린 열매

매실나무_열매(미성숙)

매실나무_열매(성숙)

매실나무_씨앗

생태적 특성

매실은 생각만 해도 새콤한 신맛이 입안에 도는데, 재미있는 것은 매실의 매(梅) 자가 본래는 모(某) 자였으며, 매 자에는 어머니가 되는 것을 알린다는 뜻이 숨어 있다고 한다. 한자 속에도 어미 모(母) 자가 들어 있듯, 옛날에 여자가 갑자기 매실이 먹고 싶어지면 임신을 떠올리곤 했던 것이다. 어쨌든 매실나무는 간단히 매(梅)라고도 하고 춘매(春梅), 천지매(千枝梅)라고도 한다. 아주 이른 봄에 꽃을 피우기로 유명해 흔히 설중매(雪中梅)라는 별칭으로도 불릴 정도이다.

낙엽활엽소교목으로 높이는 6m 정도이며 둘레는 60cm이다. 잎은 어긋나고 난형으로 가장자리에는 잔톱니가 나 있다. 꽃은 전년도 잎겨드랑이에 1개 또는 2개가 잎보다 먼저 2~4월에 피고 연한 녹색으로 은은한 향기가 강하며 꽃잎은 도란형으로 연분홍색을 띤다. 꽃이 예뻐 가정에서는 관상수나 풍치수 용도로 심는다.

초령목_수피    초령목_어린 가지

'신령을 부르는 나무'라는 뜻으로, 민간신앙에 의해 이름 붙여진 희귀한 나무이다. 이 나무의 가지를 부처 앞에 꽂는다는 데에서 유래한다는 설도 있다.

초령목

- **학명** *Michelia compressa* (Maxim.) Sarg.
- **과명** 목련과
- **형태** 상록활엽교목
- **꽃** 2~4월
- **열매** 8~9월

초령목_잎

초령목_꽃 초령목_꽃 속 초령목_열매

생태적 특성

목련으로는 가장 일찍 꽃이 피는 종으로 상록수이며 나무의 모양과 꽃이 매우 아름답고 키도 큰 나무이다.

초령목은 일본과 타이완, 필리핀에 분포한다. 우리나라에서는 거의 볼 수 없는 수종인데, 제주도와 흑산도에서만 자라며 오래전 흑산도에 한 그루가 천연기념물 제369호로 지정, 보호되고 있었으나 고사하였다. 당시 초령목은 높이가 20m, 지름이 2.4m였고, 가지는 동쪽으로 10m, 서쪽으로 15m, 남쪽으로 15m, 북쪽으로 10m 퍼진 상태로 수령은 150~300년으로 추정되었다. 이 나무가 고사한 이후로 초령목은 국내에서 멸종된 것으로 알려졌으나 최근에 제주도에서 자생지가 확인되었다.

상록활엽교목으로 높이는 15m이다. 잎은 어긋나며 긴 난형으로 흰 꽃이 잎겨드랑이에 1개씩 핀다. 꽃에서 좋은 향기가 난다. 꽃이 진 다음에 꽃받침이 자라고 심피도 커져서 그 속에 2개씩 씨가 들어간다. 열매의 크기는 5~10cm이다.

꽃의 모양이 매우 특이한데 마치 노란 국수 가락을 흩뜨려 놓은 것처럼 생겼다. 산수유 꽃과도 비슷하고 봄을 맞이하는 꽃이라고 해서 영춘화라고도 한다.

풍년화

- **학명** *Hamamelis japonica* Siebold & Zucc.
- **과명** 조록나무과
- **형태** 낙엽활엽관목 또는 소교목
- **꽃** 2~3월
- **열매** 10월

풍년화_잎과 잎차례

풍년화_꽃

풍년화_열매

풍년화_수피

풍년화_수형(봄)

생태적 특성

풍년화라는 이름은 듣기만 해도 마음이 풍요로워지는 듯하다. 풍년화는 만작(滿作)이라고도 한다. 꽃의 모양이 매우 특이한데 마치 노란 국수 가락을 흩뜨려놓은 것처럼 생겼다. 산수유 꽃과도 비슷하고 봄을 맞이하는 꽃이라고 해서 영춘화라고도 한다.

낙엽활엽관목 또는 소교목으로 높이는 $4m$이다. 밑에서 많은 줄기가 올라와 수형을 이루며 수피는 회갈색이고 매끄러우며 작은 가지는 황갈색 또는 암갈색이다. 꽃은 잎겨드랑이에 모여 달리고 꽃잎은 4개로 연황색이다. 꽃은 2~3월에 잎보다 먼저 핀다. 열매는 삭과로 짧은 선모가 있고 10월에 익으며 종자는 광택이 있는 검은색이다.

찾아보기

ㄱ

가래나무 • 20
가문비나무 • 22
가시나무 • 24
가죽나무 • 468
갈매나무 • 26
갈참나무 • 28
감나무 • 30
감탕나무 • 32
개나리 • 34
개느삼 • 36
개다래 • 470
개머루 • 472
개비자나무 • 38
개암나무 • 40
개오동 • 474
개옻나무 • 42
개잎갈나무 • 628
갯버들 • 44
거제수나무 • 46
겨우살이 • 658
계수나무 • 48
계요등 • 476
고광나무 • 50
고로쇠나무 • 52
고욤나무 • 54
고추나무 • 56
골담초 • 58
곰솔 • 60
광나무 • 478
광대싸리 • 480
괴불나무 • 62
구기자나무 • 482
구상나무 • 64
구실잣밤나무 • 484
국수나무 • 66
굴거리나무 • 68
굴참나무 • 70
굴피나무 • 72
귀룽나무 • 74
귤 • 486
금송 • 76
까마귀밥나무 • 78
까마귀베개 • 80
까마귀쪽나무 • 630
까치박달 • 82
꽃댕강나무 • 488
꽝꽝나무 • 84
꾸지나무 • 86
꾸지뽕나무 • 88

ㄴ

나도밤나무 • 490
나래회나무 • 492
낙상홍 • 494
낙우송 • 90
남천 • 496
너도밤나무 • 92
노각나무 • 498
노간주나무 • 94
노린재나무 • 96
노박덩굴 • 98
녹나무 • 100
누리장나무 • 500
눈잣나무 • 502
느티나무 • 102
능금나무 • 104
능수버들 • 106
능소화 • 504

ㄷ

다래 • 108

다릅나무 • 506
다정큼나무 • 110
닥나무 • 112
단풍나무 • 114
담쟁이덩굴 • 508
담팔수 • 510
당단풍나무 • 116
대추나무 • 118
대팻집나무 • 120
댕강나무 • 122
덜꿩나무 • 124
독일가문비 • 126
돈나무 • 128
돌가시나무 • 130
동백나무 • 660
두릅나무 • 512
두충 • 132
등 • 134
등칡 • 136
딱총나무 • 138
땅비싸리 • 140
때죽나무 • 142
떡갈나무 • 144
뜰보리수 • 146

리기다소나무 • 148

마가목 • 150
마삭줄 • 514
만병초 • 516
말발도리 • 152
말오줌때 • 154
말채나무 • 156
망개나무 • 518
매발톱나무 • 158

매실나무 • 662
머귀나무 • 160
먼나무 • 162
멀구슬나무 • 164
멀꿀 • 166
멍석딸기 • 168
메타세쿼이아 • 170
모감주나무 • 520
모과나무 • 172
모란 • 174
모람 • 522
목련 • 176
목서 • 632
무궁화 • 524
무화과나무 • 526
무환자나무 • 178
물오리나무 • 180
물푸레나무 • 182
미루나무 • 184
미선나무 • 186
미역줄나무 • 528

ㅂ

박달나무 • 188
박달목서 • 634
박쥐나무 • 190
박태기나무 • 192
밤나무 • 194
방크스소나무 • 196
배나무 • 198
배롱나무 • 530
백당나무 • 200
백량금 • 202
백리향 • 532
백목련 • 204
백송 • 206
백정화 • 208

백합나무 • 210
버드나무 • 212
벚나무 • 214
벽오동 • 534
병꽃나무 • 216
보리밥나무 • 636
보리수나무 • 218
보리장나무 • 638
복분자딸기 • 220
복사나무 • 222
복자기 • 224
부용 • 536
분꽃나무 • 226
분비나무 • 228
붉가시나무 • 230
붉나무 • 538
붓순나무 • 232
비목나무 • 234
비술나무 • 236
비자나무 • 238
비파나무 • 640
뽕나무 • 240

ㅅ

사람주나무 • 540
사방오리 • 242
사스레피나무 • 244
사시나무 • 246
사위질빵 • 542
사철나무 • 544
산가막살나무 • 248
산개나리 • 250
산돌배 • 252
산딸기 • 254
산딸나무 • 546
산뽕나무 • 256
산사나무 • 258
산수국 • 548
산수유 • 260
산초나무 • 550
살구나무 • 262
삼나무 • 264
삼지닥나무 • 266
상동나무 • 642
상산 • 268
상수리나무 • 270
생강나무 • 272
생달나무 • 552
서어나무 • 274
서향 • 276
석류나무 • 278
섬국수나무 • 554
섬잣나무 • 280
세쿼이아 • 282
소나무 • 284
소사나무 • 286
소태나무 • 556
솜대 • 288
송악 • 644
쇠물푸레나무 • 290
수국 • 558
수수꽃다리 • 292
수양버들 • 294
순비기나무 • 560
쉬나무 • 562
스트로브잣나무 • 296
시무나무 • 298
식나무 • 300
신갈나무 • 302
신나무 • 304
싸리 • 564

ㅇ

아그배나무 • 306
아까시나무 • 308
앵도나무 • 310
야광나무 • 312
양버즘나무 • 314
연필향나무 • 316
영춘화 • 318
예덕나무 • 566
오갈피나무 • 568
오동나무 • 320
오리나무 • 322
오미자 • 324
오죽 • 570
올괴불나무 • 326
옻나무 • 328
왕대 • 572
왕머루 • 330
왕벚나무 • 332
용버들 • 334
우묵사스레피 • 574
월계수 • 336
위성류 • 338
유동 • 340
유자나무 • 342
육박나무 • 576
윤노리나무 • 344
으름덩굴 • 346
은단풍 • 348
은사시나무 • 350
은행나무 • 352
음나무 • 578
이나무 • 354
이팝나무 • 356
인동덩굴 • 580
일본목련 • 358
일본잎갈나무 • 360
잎갈나무 • 362

ㅈ

자금우 • 364
자귀나무 • 582
자두나무 • 366
자목련 • 368
자작나무 • 370
작살나무 • 584
잣나무 • 372
장구밤나무 • 586
장미 • 374
전나무 • 376
정금나무 • 588
조록싸리 • 590
조릿대 • 378
조팝나무 • 380
족제비싸리 • 382
졸참나무 • 384
좀깨잎나무 • 592
좀작살나무 • 594
종가시나무 • 386
주목 • 388
주엽나무 • 596
죽순대 • 598
중국굴피나무 • 390
중국단풍 • 392
진달래 • 394
쪽동백나무 • 396
찔레꽃 • 398

ㅊ

차나무 • 646

찾아보기 | 671

참가시나무 • 400
참느릅나무 • 648
참빗살나무 • 402
참식나무 • 650
참죽나무 • 404
처진개벚나무 • 406
천선과나무 • 408
철쭉 • 410
청가시덩굴 • 600
청미래덩굴 • 412
초령목 • 664
초피나무 • 414
측백나무 • 416
층꽃나무 • 602
층층나무 • 418
치자나무 • 604
칠엽수 • 420
칡 • 606

ㅋ

큰꽃으아리 • 422

ㅌ

태산목 • 424
탱자나무 • 426
통탈목 • 652

팔손이 • 654
팥꽃나무 • 428
팥배나무 • 430
팽나무 • 432
편백 • 434
포도 • 608
푸조나무 • 436

풀명자 • 438
풍게나무 • 440
풍년화 • 666
피나무 • 610
피라칸다 • 612

ㅎ

함박꽃나무 • 442
합다리나무 • 614
해당화 • 444
향나무 • 446
헛개나무 • 616
협죽도 • 618
호두나무 • 448
호랑가시나무 • 450
홍가시나무 • 452
화살나무 • 454
황매화 • 456
황벽나무 • 458
황칠나무 • 620
회양목 • 460
회화나무 • 622
후박나무 • 462
후피향나무 • 624
히어리 • 464